中国城市科学研究系列报告
中国城市科学研究会　主编

U0167829

# 中国建筑节能年度发展研究报告 2021

## （城镇住宅专题）

 清华大学建筑节能研究中心　著

中国建筑工业出版社

**图书在版编目(CIP)数据**

中国建筑节能年度发展研究报告. 2021：城镇住宅
专题 / 清华大学建筑节能研究中心著. — 北京：中国
建筑工业出版社，2021.9

（中国城市科学研究系列报告）

ISBN 978-7-112-26521-3

Ⅰ. ①中… Ⅱ. ①清… Ⅲ. ①建筑－节能－研究报告
－中国－2021 Ⅳ. ①TU111.4

中国版本图书馆 CIP 数据核字（2021）第 177013 号

责任编辑：齐庆梅
文字编辑：胡欣蕊
责任校对：李美娜

中国城市科学研究系列报告

中国城市科学研究会　主编

**中国建筑节能年度发展研究报告 2021（城镇住宅专题）**
清华大学建筑节能研究中心　著

\*

中国建筑工业出版社出版、发行（北京海淀三里河路 9 号）
各地新华书店、建筑书店经销
北京红光制版公司制版
廊坊市海涛印刷有限公司印刷

\*

开本：787 毫米×1092 毫米　1/16　印张：17¼　字数：295 千字
2021 年 9 月第一版　　2021 年 9 月第一次印刷
定价：**68.00** 元
ISBN 978-7-112-26521-3
（37849）

# 本书顾问委员会

主任：仇保兴

委员：（以姓氏拼音排序）

陈宜明　韩爱兴　何建坤　胡静林

赖　明　倪维斗　王庆一　吴德绳

武　涌　徐锭明　寻寰中　赵家荣

周大地

# 本 书 作 者

**清华大学建筑节能研究中心**

江亿（第 1 章）

胡姗（第 2 章，3.1，3.4）

张洋（第 2 章，3.3）

杨子艺（2.2，3.1，3.4）

罗奥（3.2）

张亦弛（3.2）

燕达（3.4）

康旭源（3.4）

钱明杨（3.5）

石文星（5.3）

赵彬（6.5）

姚明瑶（6.5）

代慧（6.5）

**特邀作者**

| | |
|---|---|
| 中国建筑股份公司技术中心 | 周辉(3.3) |
| 空调设备及系统运行节能国家重点实验室 | 刘华(3.5)、苏玉海(3.5)、牟桂贤(3.5) |
| 中国标准化研究院 | 夏玉娟(3.6)、刘猛(3.6)、杨洁(3.6) |
| 清华大学建筑学院 | 张杰(第 4 章) |
| | 陈宇琳(4.1) |
| | 邹晴晴(4.3)、邵磊(4.3) |
| 北京建筑大学 | 李煜(4.2)、刘烨(4.2) |

重庆大学        李百战(5.1)、杜晨秋(5.1)

姚润明(5.2)

陈金华(5.3)

喻伟(5.4)

上海市建筑科学研究院有限公司     徐强(5.2)

湖南大学        李念平(5.4)

彭晋卿(7.2)、王蒙(7.2)

天津大学        刘俊杰(6.1, 6.2, 6.3, 6.4)

戴希磊(6.1, 6.2, 6.4)

刘进宇(6.2)

赵磊(6.3, 6.4)

深圳建筑科学研究院     郝斌(第 7 章)、李叶茂(第 7 章)

**统稿**

杨子艺、胡姗

# 总　序

　　建设资源节约型社会，是中央根据我国的社会、经济发展状况，在对国内外政治经济和社会发展历史进行深入研究之后做出的战略决策，是为中国今后的社会发展模式提出的科学规划。节约能源是资源节约型社会的重要组成部分，建筑的运行能耗大约为全社会商品用能的三分之一，并且是节能潜力最大的用能领域，因此应将其作为节能工作的重点。

　　不同于"嫦娥探月"或三峡工程这样的单项重大工程，建筑节能是一项涉及全社会方方面面，与工程技术、文化理念、生活方式、社会公平等多方面问题密切相关的全社会行动。其对全社会介入的程度很类似于一场新的人民战争。而这场战争的胜利，首先要"知己知彼"，对我国和国外的建筑能源消耗状况有清晰的了解和认识；要"运筹帷幄"，对建筑节能的各个渠道、各项任务做出科学的规划。在此基础上才能得到合理的政策策略去推动各项具体任务的实现，也才能充分利用全社会当前对建筑节能事业的高度热情，使其转换成为建筑节能工作的真正成果。

　　从上述认识出发，我们发现目前我国建筑节能工作尚处在多少有些"情况不明，任务不清"的状态。这将影响我国建筑节能工作的顺利进行。出于这一认识，我们开展了一些相关研究，并陆续发表了一些研究成果，受到有关部门的重视。随着研究的不断深入，我们逐渐意识到这种建筑节能状况的国情研究不是一个课题通过一项研究工作就可以完成的，而应该是一项长期的不间断的工作，需要时刻研究最新的状况，不断对变化了的情况做出新的分析和判断，进而修订和确定新的战略目标。这真像一场持久的人民战争。基于这一认识，在国家能源办、建设部、发改委的有关领导和学术界许多专家的倡议和支持下，我们准备与社会各界合作，持久进行这样的国情研究。作为中国工程院"建筑节能战略研究"咨询项目的部分内容，从 2007 年起，把每年在建筑节能领域国情研究的最新成果编撰成书，作为《中国建筑节能年度发展研究报告》，以这种形式向社会及时汇报。

清华大学建筑节能研究中心

# 前　　言

　　2020年是人类历史上不可忘记的一年。太多太多的大事在这一年发生，这些事改变了人类的进程，改变了世界。今年的《中国建筑节能年度发展研究报告2021》主题是城镇住宅建筑节能，2020年发生的多件大事也涉及这一主题。

　　第一件大事是与新冠肺炎疫情的决战。经过一年的努力，中国人民率先取得了胜利，在全世界大多数国家还在与新冠肺炎进行一轮又一轮的殊死决战时，我国已经连续一个月国内零感染，基本上避免了新冠肺炎在中国大地上的传播。这是人类几百年来抵制自然界各种病毒传播取得的重大成果，对未来处理解决类似的突发事件和自然灾害都有重要的借鉴作用。实现这一胜利的诸多因素中很重要的一条是我们的社会制度，社会制度行之有效地把所有居民都组织好，管理好。通过这种组织管理方式，既可按照疫情变化有效切断一切可能的传播途径，又能使各种社会活动、经济活动和民生保障能够有条不紊地进行，从而既保障人民生活的稳定，又保证生产和各种经济活动的正常进行，还使得文化、科技、教育等各方面社会活动少受干扰。当西方社会在人员流动管制与恢复社会活动二者之间反复权衡，总也找不到两全其美的解决方式时，我们却在全面战胜疫情的同时实现了社会、经济、民生三方面应有的发展。在这一成功的背后，是与世界上大多数其他国家不同的我国城镇居住模式和组织管理模式。伴随我国住房的商品化改革，城镇初步形成了以住宅小区为基本单元的居住模式，从而也初步构成以住宅小区为单元的对居民的组织与管理模式。正是这一组织和管理模式，得以有效地通过管控人员流动来避免疫情传播；通过自治式有组织的救援，有效保障了各种隔离区内居民的正常生活。我国城市居住小区的建设模式目前已有超过二十年的历史，这种居住管理方式已经逐渐成为城镇中的主导模式。居住小区的建设、管理、运行模式在战胜新冠肺炎疫情这种突如其来的社会事件中起到重要作用，也在很大程度上决定了城镇居民的"美好生活"水平。怎样进一步理顺居住小区的管理模式，总结抗疫期间的经验，系统地建立现代化新型居住小区的管理模式？为此，本书特别邀请了清华大学建筑学院住宅与社区研究所撰写了一章来分析、讨论和总结这一问题。

习近平主席在 2020 年 9 月 22 日的联合国大会上郑重宣示了中国政府在减缓气候变化方面的战略部署：要在 2030 年之前实现碳排放达峰，力争 2060 年实现碳中和。此次会议之后，习近平主席又先后在六次国际会议上重申了这一战略目标，党的十九届五中全会和最近的经济工作会议上也强调了这一战略目标。2030 年和 2060 年的愿景为我国以能源转型为目的的能源革命给出了清晰的目标和具体的时间表。这一战略行动不仅仅是能源领域转型，也将对我国未来四十年的社会、经济、文化发展产生深远影响。建筑部门作为工业、交通和建筑这三大用能部门之一，与能源消费和碳排放密切相关，能源转型和碳中和也必然会对这个部门的发展带来巨大影响。如何实现这个部门的碳达峰和碳中和，既是相关政府领导部门面临的必须要回答的任务，也是相关领域从业者密切关注的大事。为此本报告专门安排了第 1 章对建筑部门实现碳中和的目标进行了较深入的研讨，并在此基础上讨论了实施路径和对整个建筑行业的影响。能源转型就是从以化石能源为基础的碳基能源系统转为以可再生能源为基础的零碳能源系统。能源结构的变化将导致能源转换、输送和服务方式的变化，也将导致终端用能方式的彻底变化。对于建筑部门来说，就是要放弃以前一些曾积极推广的模式，如煤改气、以燃气为主要能源的热电冷三联供等依赖于化石能源的方法；应加大对在发展零碳能源系统中重点和关键问题的研究与推广力度，如建筑光伏应用、建筑蓄能、建筑柔性用电等。在零碳能源系统下建筑的功能将从单纯地用能转为用能、产能和蓄能三位一体。这将给未来建筑的营造、改造、运行、维护等都带来巨大的变化。

2020 年还是"十三五"规划的完成年。作为"十三五"重大科研项目，科技部组织的与绿色建筑和建筑节能相关的系列课题都相继结题。与居住建筑相关的重大科研项目中已顺利结题的有两个项目：由天津大学主持的居住建筑通风策略研究；由重庆大学主持的长江流域居住建筑冬夏室内热环境营造方式研究。为了反映这些项目的研究成果，本报告专门安排了第 5、第 6 两章来汇集这些成果。感谢天津大学刘俊杰等和重庆大学李百战等老师的积极支持和热心撰稿。建筑电气化是实现未来零碳建筑的重大举措，是碳中和这一战略目标对建筑用能提出的新要求。为此，特别邀请了深圳建筑科学研究院的郝斌副总工程师撰写了建筑电气化一章，这是在零碳愿景下建筑能源系统将出现的新变化。配合这一变化，国家相继出台了各种建筑电器的节能评估标准，力图通过这些标准促进相关产品的高效节能、健康发展。为此也邀请了中国标准化研究院的李鹏程、刘猛等撰写了相关章节对电器能耗标准进行介绍和评论。这本节能发展研究报告是在全国同行们积极支持和协助下完成的，感谢这些作者对本书的大力支持。

　　本书作为住宅节能专论，是在由燕达、胡姗老师和杨子艺、张洋等研究生组成的住宅专辑编写小组负责组织、编辑完成。他们除了完成所负责章节内容的编写，还负责其余各章节的组稿、编辑、校对等大量工作。疫情管控给工作带来很大不便，但他们积极克服了一个个困难，较好地按时完成了整书任务。

　　两会期间国家颁布了"十四五"发展规划，建筑节能与低碳发展将是"十四五"期间的重要任务。配合这一任务，本书将持续编写、出版。感谢广大读者对本书的多年持续支持，让我们共同努力，使这本书为全面实现建筑部门的碳中和的伟大目标发挥其应有的作用。

江亿

2021 年 3 月于清华荷清苑

# 目　录

扫码可看书中部分彩图

# 第1篇 中国建筑能耗与温室气体排放

# 第1章　建筑部门实现碳中和的路径

　　力争在 2030 年之前实现碳达峰，2060 年实现碳中和，这是中央对我国低碳发展给出的明确目标和时间表。低碳发展不仅仅是能源领域的任务，还要涉及各行业、各部门的各项工作，将对我国今后四十年的社会经济发展带来巨大和深远的影响。建筑部门是能源消费的三大领域（工业、交通、建筑）之一，也是造成直接和间接碳排放的主要责任领域之一。大力减少建筑部门相关过程中的碳排放，将极大地改变建筑建造、运行、维护维修各个环节的理念和方法，使整个行业产生革命性变化。

　　碳达峰年份是指在这一年之后的碳排放将逐年下降。碳排放总量是单位 GDP 的碳排放量与 GDP 的乘积，随着我国社会经济发展，GDP 总量一定会持续增长，而随着节能减排的不断深入，单位 GDP 对应的碳排放量应该不断下降。当 GDP 的增长速度高于单位 GDP 碳排放量的下降速度时，碳排放总量就出现增长，而单位 GDP 的碳排放量下降率高于 GDP 增长速度时，碳排放总量就会下降。单位 GDP 碳排放下降速度与 GDP 增长速度相平衡时，就应该是碳达峰的时间。因此碳达峰年份表明了发展模式的转变，由追求 GDP 增长总量的高速发展模式转为更追求发展质量、追求节能减碳的高质量发展模式。我国目前 GDP 年增长率已降低到 6% 左右，未来很难再出现超过 10% 的高速增长。而单位 GDP 能耗则持续下降，从 2014 年以来每年下降 5%～7%（见图 1-1）。随着能源革命的不断深入，零碳能源（核电、风电、水电、光电）在能源总量中的占比不断提高，而单位 GDP 碳排放量等于单位 GDP 能耗与单位能耗的碳排放量的乘积，由此就得到碳达峰指标：

　　碳达峰指标＝GDP 增速×单位 GDP 能耗的降低×单位能耗碳排放量的降低

　　碳达峰指标大于 0，则碳排放总量持续增长；碳排放指标等于 0，则碳排放达峰；而当碳排放指标小于 0，则碳排放总量将持续下降。图 1-1 中给出我国自 2010 年以来每年 GDP，单位 GDP 能耗和单位能耗的碳排放的变化，可以看到，碳达峰指标正在逐年降低。随着能源结构的调整，单位能源消耗对应的碳排放的不断降

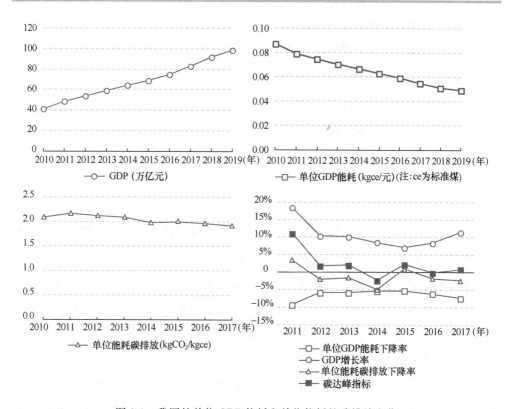

图 1-1　我国的单位 GDP 能耗和单位能耗的碳排放变化

低，碳达峰指标达到零和小于零将很快达到。

　　然而，碳中和是指碳排放总量要等于或小于碳汇所吸附的总量。研究表明我国未来可实现的碳汇很难超过 15 亿 t $CO_2$，这只相当于我国近年来 $CO_2$ 排放总量的七分之一。由于有些基础工业需要燃烧，不可避免地要排放 $CO_2$。所以碳汇指标最多用于中和这些无法实现零排放的工业过程。对大多数部门来说实现碳中和就意味着零排放。对于建筑部门，应该把零排放作为其实现碳中和的基本目标。所以与碳达峰相比，实现零碳排放更是巨大的挑战。因此，研究实现碳达峰、碳中和的路径，应该先根据社会、经济和科技的发展，设计出未来在满足社会发展、经济富足和人民生活满意条件下的零碳场景，然后再研究从目前的状态怎样走向这一零碳目标的过程，得到实现碳达峰、碳中和的合理路径。

　　什么是建筑部门的零碳？就是建筑部门相关活动导致的 $CO_2$ 排放量和同样影响气候变化的其他温室气体的排放量都为零。那么什么是建筑部门相关活动导致的这些排放量呢？按照对碳排放的研究和定义，可以分为以下四种类型：

（1）建筑运行过程中的直接碳排放；

（2）建筑运行过程中的间接碳排放；

（3）建筑建造和维修导致的间接碳排放；

（4）建筑运行过程中的非二氧化碳类温室气体排放。

下面分别讨论这四类碳排放的现状、减排途径和最终目标。

## 1.1　建筑运行过程中的直接碳排放

这主要指建筑运行中直接通过燃烧方式使用燃煤、燃油和燃气这些化石能源所排放的 $CO_2$。从外界输入到建筑内的电力、热力也是建筑消耗的主要能源种类，但由于其发生排放的位置不在建筑内，所以建筑用电力、热力属于间接碳排放，不属于建筑的直接碳排放。我国目前城乡共有 600 亿 m² 建筑，如果以建筑外边界为界限，考察这一界限内发生的由于使用化石燃料而造成的 $CO_2$ 排放，可发现主要是以下几种活动通过燃烧造成的碳排放：

（1）炊事。我国城市居民、单位食堂和餐饮业多数采用燃气灶具，农村则使用燃气、燃煤和柴灶。柴灶使用生物质能源，其排放的 $CO_2$ 不属于碳排放范围。燃煤每释放 1GJ 热量就要排放约 92kg 的 $CO_2$，而燃气释放同样热量也要排放约 50kg $CO_2$，目前我国由于炊事排放的 $CO_2$ 约为每年 2 亿 t，约占全国 $CO_2$ 排放总量的 2%。用电力替代炊事，实现炊事电气化，是炊事实现零碳的最可行的途径。近年来随着新一轮的全面电气化行动，各类电炊事设备不断出现，从家用小型的蒸蛋器到大食堂的电蒸锅、炒锅，在技术上完全可以实现炊事的电能全覆盖，同样可以保证中国菜肴的色香味。而按照热值计算如果电价为 0.50 元/kWh 的话，相当于燃气的价格为 5 元/Nm³。由于电炊事设备的热效率一般可达到 80% 以上，远高于燃气炊具 40%~60% 的热效率，所以按照目前的价格体系，燃气炊具改为电炊具后，燃料成本基本不变。因以，实现炊事电气化，取消燃煤燃气的关键是烹调文化。通过电动炊具的不断创新和电气化对实现低碳重要性的全民教育，我国炊事实现零直接碳排放应无大障碍。

（2）生活热水。目前我国城镇基本上已普及生活热水。除少数太阳能生活热水外，燃气和电驱动大致上平分天下。目前全国制备生活热水大约造成全年 $CO_2$ 排放 0.8 亿 t 左右，接近全国碳排放总量的 1%。用电力替代燃气热水器，应该是未来低碳发展的必然趋势。电驱动制备生活热水分电直热型和电动热泵型。目前国内已经有不少厂家生产相当可靠的热泵热水器，全年平均 $COP$ 可达 3 以上。这样，当电价为 0.50 元/kWh，采用热泵热水器获取 1GJ 热量的电费是 48 元/GJ，而燃气价格为 3 元/Nm³ 时获取 1GJ 热量的燃气费用为 86 元/GJ。所以采用电动热泵制备生活热水以实现"气改电"在运行费上已经可以得到回报。即使是电直热方式，加热费用也仅为燃气的 1.6 倍。但对于分散的即热式电热水器，可以即开即用，避免放冷水的过程，也节省热水管道的热损失，所以电直热热水器的综合成本也不高于燃气热水器。通过文化宣传和电热水器的推广，电热水器替代燃气热水器也是指日可待。

（3）供暖用分户壁挂燃气炉和农村与近郊区的分户燃煤供暖。北方城镇住宅建筑约 5% 为燃气壁挂炉，近几年华北农村清洁取暖改造也使燃气供暖炉进入了部分农户。此外就是目前 70% 以上的北方农村以及部分城乡接合部的居住建筑冬季仍采用燃煤炉具取暖。这些供暖设施导致每年超过 3 亿 t 的 $CO_2$ 排放，应该是全面取消建筑内 $CO_2$ 直接排放工作的重点。除了室外温度可低到 $-20℃$ 以下的极寒冷地区，我国绝大多数地区都可以在冬季采用分散的空气源热泵供暖，近二十年来经过企业和研究部门的合作与持续努力，空气源热泵技术有了巨大的进步，可以满足绝大多数情况下的供暖要求。选择了合适的末端散热装置后，空气源热泵供暖可以获得完全不低于燃气壁挂炉的室内舒适性，而运行费、初投资又都不高于燃气系统。对于少数不适合采用空气源热泵的极寒冷地区，采用直接电热的供暖方式，运行费是采用燃气炉的 1.5~2 倍，这可能需要有关部门从减少碳排放的角度对部分低收入群体的"气改电"进行适当的补贴。

（4）医院、商业建筑、公共建筑使用的燃气驱动的蒸汽锅炉和热水锅炉。在多数场合下，燃气热水锅炉可以由空气源热泵替代，并可以降低运行费用。而很多蒸汽锅炉提供的蒸汽仅有很少部分用于消毒、干衣、炊事等必须采用蒸汽的应用，多数又被交换为热水，服务于其他生活热水需求。对于这种情况，应尽可能减少对蒸汽的需求，能用热水就用热水，用热泵制取热水满足需求。个别需要蒸汽的应用，可以用小型电热式蒸汽发生器制备蒸汽。当蒸汽制备小型化、分散化之后，蒸汽传输、泄漏等造成的损失就可以大大减少，这样，尽管电制备蒸汽的燃料费用为燃气的 1.5~2 倍，但由于蒸汽泄漏损失的减少，实际的运行费用并不会增加。

（5）由于历史上某些地区电力供应不足的原因，我国部分公共建筑目前还是用燃气型吸收式制冷机。这不仅导致 $CO_2$ 的直接排放，其运行费也远高于电动制冷机。由于直燃型燃气吸收式制冷机的 $COP$ 不超过 1.3，当燃气价格为 3 元/$Nm^3$，每 kWh 冷量的燃气成本为 0.23 元/kWh，而当电价为 0.80 元/kWh 时，每 kWh 冷量的电费成本不超过 0.15 元/kWh。尽早把直燃型吸收式制冷机换成电驱动冷机，在减少直接碳排放、降低运行费用等各方面都有很大效益。

以上就是我国目前建筑内的 $CO_2$ 直接排放，总量约为 6 亿 t $CO_2$。根据上面的分析，可以看出实现建筑内 $CO_2$ 的直接排放为零排放，目前没有任何技术和经济问题，并且在多数情况下还可以降低运行成本，获得经济效益。实施的关键应该是理念和认识上的转变以及炊事文化的变化。通过各级宣传部门各种渠道使大家认识到，使用天然气也有碳排放，只有实现"气改电"才能实现建筑零碳，在政策机制上全面推广"气改电"，应该是实现建筑零直接碳排放的最重要的途径。

## 1.2　使用电力、热力导致的间接碳排放

目前建筑运行最主要的能源是外界输入的电力。我国 2019 年建筑运行用电量为 1.89 万亿 kWh。我国目前发电量中 30% 为核电、水电、风电和光电，属于零碳电力，其余都是以燃煤燃气为动力的"碳排放"电力。2019 年我国每 kWh 电力平均排放 0.577 kg $CO_2$，因此建筑用电对应的间接碳排放为 11 亿 t $CO_2$。再就是北方城镇广泛使用的集中供热系统，由热电联产或集中的燃煤燃气锅炉提供热源。燃煤燃气锅炉房的 $CO_2$ 排放完全归于为了供暖导致的建筑间接碳排放；热电联产电厂的碳排放则按照其产出的电力和热力的㶲来分摊。由此可得到我国目前城镇集中供热导致的 $CO_2$ 间接排放量为 4.5 亿 t。这样，建筑用电和建筑供暖用热力这两项就构成每年 15.5 亿 t 的 $CO_2$ 间接排放，占我国目前 $CO_2$ 排放总量的 16%。随着建筑实现全面电气化，其他各类直接的燃料应用也将转为电力，这就将使建筑用电量进一步增加。按照分析预测，2040 年以后我国人口稳定在 14 亿人时，城市人口 10 亿人，农村人口 4 亿人，城乡建筑总规模为 750 亿 $m^2$，其中北方城镇需要供暖的建筑面积达到 200 亿 $m^2$。这就使得建筑运行需要的电力、热力进一步增加，从而使得建筑用电、用热导致很大的 $CO_2$ 间接排放。

由于建筑的电力、热力供应造成的间接碳排放是建筑相关碳排放中最主要的部分,所以降低这部分碳排放,并进一步实现零碳或碳中和,成为建筑减排和实现碳中和最主要的任务。为此,就必须改变电力和热力的生产方式,努力实现电力、热力生产的零碳或碳中和。核电、水电、风电、光电以及以生物质为燃料的火电都属于零碳电力,如果使这些电力成为我国的主要电源,而只用少量的燃煤燃气电力作为补充,再依靠一些 $CO_2$ 捕捉和贮存的技术回收燃煤燃气火电排放的 $CO_2$,就有可能实现电力生产的碳中和。下面先来看看我国未来实现零碳电力的可行性。

### 1.2.1 零碳电力的布局和节能的重要性

目前我国已有的核电约 0.6 亿 kW,主要布局在东部沿海。按照核电发展规划,从广东阳江、大亚湾到大连红沿河,即使整个沿海地区可能的位置都规划布局核电,我国的沿海核电装机容量也仅能发展到 2 亿 kW,年发电量在 1.5 万亿 kWh。而内地的核电发展受到地理条件、水资源保障等多种因素限制,目前还没有下决心布局。

我国水力资源丰富,但除青藏高原外,水力资源已经基本开发完毕。目前已建成和即将建成的水电装机容量 4 亿 kW,年发电量 2 万亿 kWh;未来可开发利用的装机容量上限在 5 亿 kW,年发电量 2.5 万亿 kWh。

生物质燃料发电。我国目前生物质燃料开发利用程度还很差,每年商品形式的生物质能仅几千万吨标准煤(tce)。根据分析,我国各类生物质资源总量可达 10 亿 tce,这是唯一的零碳燃料,需要首先满足一些必须使用燃料的工业生产需要。这样,生物质能最多可为电力生产提供 3 亿~4 亿 tce,每年发电 1 万亿 kWh。这样,可以可靠获得并有效利用的核电、水电上限为 7 亿 kW,年发电 4 万亿 kWh。再加上未来可能的生物质发电,我国未来可以调控的零碳电力在 9 亿~10 亿 kW,每年可提供 5 万亿 kWh 电力。

2019 年我国电力供应总量为 7.2 万亿 kWh。如果按照以上的分配,有 5 万亿 kWh 的零碳电力,那么不足的 2.2 万亿 kWh 电力就可以通过发展风电(包括海上风电)、光电来补足。我国目前风电光电的装机容量都分别突破了 2 亿 kW,风电光电的年发电小时数在 1200 到 1500 之间,所以目前风电光电发电总量约为 6000 亿 kWh。要满足上述 2.2 万亿的零碳电力缺口,需要的风电光电装机容量应在 15

亿 kW 以上。

发展风电光电面临最大的问题是峰谷调节问题。如果按照目前的电力系统架构和调控模式，需要有风电光电装机功率 70％ 以上的可调节电力与其匹配，才能适应风电光电随天气的随机变化，在每个瞬间使发电功率与用电功率匹配。这样，15 亿 kW 的风电光电需要 10 亿 kW 的调峰电源。核电用于调峰经济性很差，因此只应作为基础电源。水电是非常好的调峰电源，但仅有 5 亿 kW。如果再利用各种可能的地理条件发展 1 亿 kW 抽水蓄能电站，就还需要生物质燃料的火电厂承担 4 亿 kW 调峰任务，年发电 2000h。

按照上述分析，针对全国目前的 7.2 万亿 kWh 的用电总量，如果充分开发利用核电、水电、抽水蓄能电站，以及风电、光电和生物质能电站，可以实现电力系统零碳。但是如果再进一步增加总的电量需求，就面临诸多困难。由于核电、水电和生物质燃料的火电都已经达到其发展上限，增加部分就只能通过风电、光电来满足。而进一步发展风电光电面临着如下困难：

首先是风电光电的安装空间。风电光电都属于低密度能源，视地理条件不同，其能源密度仅在 $100W/m^2$ 左右。如果未来需要每年 8 万亿 kWh 风电光电，需要装机容量 60 亿 kW 以上，需要的安装空间为 600 亿 $m^2$，也就需要至少 6 万 $km^2$ 土地。这样规模的土地在西北荒漠地区并不难找，但在这样的边远地区发展大规模风电光电、再集中长途输电到东部负荷密集区，就必须有相应容量的可调电源来平衡其变化。然而如上所述我国可挖掘的集中式零碳调峰电源的规模仅为 10 亿 kW，不可能解决 60 亿 kW 风电光电的调峰问题。这就使得此方向目前尚无解决问题的技术路线。

只安排 5 亿～10 亿 kW 的风电光电在西北，利用那里丰富的水力资源和部分生物质燃料的火电为其调峰。沿海地区尽最大可能，发展 5 亿 kW 左右的海上风电。利用建筑屋顶和其表面发展光伏，利用中东部地区零星空地发展风电光电。我国城乡建筑可利用屋顶空间约为 250 亿 $m^2$，这样再利用各类零星空地 250 亿 $m^2$，也就是 2.5 万 $km^2$，发展不同形式的风电光电。

在建筑屋顶和零星空地发展分布式风电光电，就有可能发展分布式蓄电和需求侧响应的柔性用电负载来平衡风电光电的随机变化，解决电源与用电侧变化的不匹配问题。这时如果改变目前的集中式发电、统一输配电的方式，发展分布式发电、自发自用、分散调节，再加上一天内光伏发电的变化与用电负荷的变化的部分相重合，就可以把风电光电配套的调峰功率从 70% 降低到 40%～50%，或者具有相当于风电光电日发电量 70% 的日储能能力就可以应对。如果在中东部发展分布式风电光电 50 亿 kW，年发电量 7.5 万亿 kWh，则采用分布式方式需要的调节能力为 25 亿～30 亿 kW，蓄能容量为 200 亿 kWh/日就可以解决这样规模的风电光电的调节问题。我国未来大力发展电动汽车，如果有 2 亿辆电动小汽车，其电池的平均容量为 50kWh，就相当于有了储电能力 100 亿 kWh/天，充放电功率 20 亿 kW 的蓄能装置。如果有 300 亿 m² 建筑通过安装分布式蓄电池和"光储直柔"配电改造为柔性用电方式，则也可以形成 6 亿 kW 左右的调峰能力。再努力发展一批可中断方式用电的工厂，就基本可以满足 50 亿 kW 分布式风电光电的调峰需求。

以上是当风电光电装机容量达 60 亿 kW（西部地区 10 亿 kW，中东部地区 50 亿 kW），每年提供风电光电 8 万亿 kWh 时的情景。再加上核电、水电和生物质热电，电力总量为每年 13 万亿 kWh。可以看到，这已经属于非常困难的情况，各种资源全部调度，发展利用到极致，任何一个环节如果不能达到上述设想的最大程度，就难以实现总电量 13 万亿 kWh 的目标。如果未来要求的总电量进一步增加，就使得零碳电力的目标很难实现。因为我们缺少足够的水力资源进行调峰，也缺少足够的生物质能源供给调峰火电。依靠更多的化学储能或通过电解水制氢、用储氢的方式储能，可以解决一天内的风电光电变化和几天内天气变化导致的风电光电不足，但光电和水电都存在冬季短缺的问题，要求冬季有足够的调峰电源来平衡冬天的电力不足。生物质火电是解决电力季节差问题，充当季节调峰功能最合适的方式。而通过储能方式进行跨季节调峰，所需要的储能容量为日内调峰需要容量的几十倍，所以无论大规模蓄电池还是储氢，都不适宜做跨季节调峰。而同样受资源条件所限制，我国也很难分出更多的生物质能源用于电力调峰，前面给出的每年用于调峰火电 4 亿 tce 的生物质能源已经是最大可能的上限。如果要求每年提供风电光电 10 万亿 kWh，总的电量消费超过 15 万亿 kWh 时，就很难破解上述诸多矛盾。此时可能的解决途径是挖掘更多的空间安装风力和光伏发电，满足冬季用电的功率需求，而春、夏、秋季可能就有大量的弃风弃电。这样增加的这部分风电光电仅为了满足冬季需求，投资回报率就会很低。再一个可能的方式就是保留部分火电，安排较大规模的 CCS（Carbon Capture and Storage）碳捕获与封存或 CCUS（Carton

Capture, Utilization and Storage）碳捕获、利用与封存回收这些火电排放的 $CO_2$。这不仅需要大量投资，而且目前并没有找到真正可以把巨量的 $CO_2$ 长期封存于地下或固化于建筑材料等大体量构造物中可能的储存方式。火电＋CCS 和弃风弃光这两条路径都对应着回报很低的巨大投资，都属于没有其他办法时不得已而为之的最后办法。然而如果能通过深度节能的方式，根据我们的水能、核能和生物质能资源条件，把年用电消费总量控制在 12 万亿～13 万亿 kWh 以内，就不需要这些高投资而无回报的措施。而下大功夫节能，改变生产方式、生活方式，完全可以在每年 12 万亿 kWh 电量的前提下，实现我国社会、经济和人民生活水平进入到现代化强国之列。此方面的深入研究和规划将在本中心后续出版的报告中进行详细讨论，建筑作为工业、交通、建筑这三大用能部门之一，节能将是实现碳中和的最重要的前提条件。

在节能模式下，12 万亿 kWh 的电力消费总量可分配到城乡建筑运行领域 3.5 万亿 kWh。相对于 2019 年建筑运行的 1.9 万亿 kWh 用电量，尚有 80％的增长空间，这将服务于除了北方城镇冬季供暖之外的建筑用电的全面电气化，以及城镇化使得城镇人口从目前的 8 亿增长到 10 亿导致城镇房屋进一步增加所需要的用电（25％）、"气改电"所增加的用电（30％），以及建筑服务水平和人民生活水平提高导致用电量的增长（25％）。对应于未来的 14 亿人口，3.5 万亿 kWh 电力相当于人均建筑运行用电量 2500kWh/人，如果将其分配到居住建筑和公共建筑各一半，则居住建筑户均电耗 3500kWh/户，各类公共建筑平均用电 $60kWh/m^2$。这些指标都远低于美国、日本、西欧、北欧国家的目前状况，但远高于我国目前的建筑用电状况。从生态文明的发展理念出发，科学和理性地规划我国建筑用能的未来，坚持"部分时间、部分空间"的节约型建筑用能模式，避免欧美国家在建筑用能上奢侈浪费的现象在我国出现，这应该作为我国今后现代化建设的一个基本原则。

### 1.2.2 建筑从能源系统单纯的消费者转为支持大规模风电光电接入的积极贡献者

上一节已经说明，建筑本身已成为发展光电的重要资源。充分利用城乡建筑的屋顶空间和其他可接受太阳辐射的外表面安装光伏电池，通过这种分布式光伏发电的形式，在很大程度上解决大规模发展光电时空间资源不足的问题，尽可能充分利用建筑表面安装光伏，应该成为建筑设计的重要追求，外表面的光伏利用率也应成为今后评价绿色建筑或节能建筑的重要指标。

除了光伏发电，在零碳能源系统中，建筑还承担又一重要使命，协助消纳风电光电。建筑自身的光伏电力的特点是一天内根据太阳辐射的变化而变化。中东部地区和海上的风电光电基地的发电量也是在一天内根据天气条件随时变化。这些变化与用电侧的需求变化并不匹配，从而就需要有蓄能装置平衡电源和需求的变化。建筑与周边的停车场和电动车结合，完全可以构成容量巨大的分布式虚拟蓄能系统，从而在未来零碳电力中发挥巨大作用，实现一天内可再生电力与用电侧需求间的匹配。这就要通过"光储直柔"新型配电系统实现。

"光储直柔"的基本原理见图 1-2，配电系统与外电网通过 AC/DC 整流变换器连接。依靠系统内配置的蓄电池、与系统通过智能充电桩连接的电动汽车电池，以及建筑内各种用电装置的需求侧响应用电方式，AC/DC 可以通过调整其输出到建筑内部直流母线的电压来改变每个瞬间系统从交流外网引入的外电功率。当所连接的电动汽车足够多，且自身也配置了足够的蓄电池时，任何一个瞬间从外接的交流网取电功率都有可能根据要求实现零到最大功率之间的任意调节，而与当时建筑内实际的用电量无直接关系。这样，每个采用了"光储直柔"配电方式的建筑就可以直接接受风电光电基地的统一调度，每个瞬间根据风电光电基地当时的风电光电功率分配各座建筑从外网的取电功率，调度各"光储直柔"建筑的 AC/DC，按照这一要求的功率从外电网取电。如果"光储直柔"建筑具有足够的蓄能能力及可调节能力，完全按照风电光电基地调度分配的瞬态功率来从外电网取电，则可以认为这

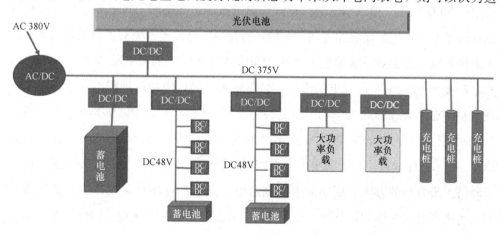

图 1-2　光储直柔建筑配电系统

座建筑消费的电力完全来自风电光电，而与外电网电力中风电光电的占比无关。

未来我国将至少拥有 2 亿辆以上的电动小汽车（不包括出租车）。按照目前的配置，这些车辆每辆配置 50～70kWh 蓄电池。按照研究分析和统计，任何时刻这些车辆的 80% 都停靠在停车场，处在行驶状态的小汽车不超过 20%。如果这些停靠的车辆都与充电桩连接，而这些充电桩又接入邻近建筑的"光储直柔"配电系统，则就拥有每天 100 亿 kWh 的蓄电能力。如果我国未来拥有 450 亿 $m^2$ "光储直柔"建筑，每 $100m^2$ 设置 10kWh 蓄电池，则又具有每天 45 亿 kWh 的蓄电能力。这些建筑和充电桩配合，具有 30 亿 kW 的最大充电能力，可以每天在平均 6h 的时间内完成充电任务，满足 2 亿辆汽车和 450 亿 $m^2$ 的用电需要。2 亿辆小汽车全年用电约 4000 亿 kWh，450 亿 $m^2$ 建筑全年用电 2 万亿 kWh，合计全年约 2.5 万亿 kWh 电力，为未来风电光电总量的 35%～40%。如果未来风电光电的 30% 安排在我国西北戈壁，除满足当地用电需求外，通过那里的水电资源协调，西电东送供电；70% 的风电光电为中东部负荷密集区内的分布式发电，则"光储直柔"建筑和停车场的电动汽车就可以消纳一半分布式风电光电，基本解决大比例风电光电的消纳问题。我国未来城乡将有 750 亿 $m^2$ 左右的建筑，其中城镇住宅建筑 350 亿 $m^2$，农村建筑 200 亿 $m^2$，办公和学校建筑 120 亿 $m^2$，其他商业、交通、文化体育建筑 80 亿 $m^2$。其中居住建筑、农村建筑和办公与学校建筑都适宜采用"光储直柔"方式。如果这些建筑的三分之二改造成光储直柔方式，则总量为 450 亿 $m^2$。

上述分析的前提仍然是大电网仅仅下行送电，作为电网终端的建筑并不向电网送电。"光储直柔"建筑和电动汽车只是通过蓄能，在电网上风电光电富足时接收这些风电光电，满足建筑和电动汽车的运行用电，这就不需要对电网做双向送电的大规模改造。不会对目前的电网系统带来太大的影响，而且在增加了 2 亿辆小汽车、20 亿～40 亿 kW 的充电功率后，并不要求电网相应地增加配电容量。对于出现个别的连阴天或静风天气时，2 亿辆小汽车可以起很大的电力移峰作用，通过 5 亿～6 亿 kW 火电的短期运行补充电力的不足，再依靠 CCS 回收其所释放的 $CO_2$。我国已建成规模庞大的火电发电能力，保留部分火电用于在这种情况下调峰是经济上最合理的方案。而实际上我国水电、光电都存在夏天高、冬天低的季节差，解决冬夏间电源的季节差，最经济的方式也是依靠调峰火电。同时，冬季运行的调峰火电的余热又可以为北方城镇建筑充当冬季供暖热源。

### 1.2.3 获得零碳和低碳热力的途径

我国目前北方城镇建筑有约 150 亿 m² 冬季需要供暖，随着城镇化进一步发展和居民对建筑环境需求的不断提高，未来北方城镇冬季供暖面积将达到 200 亿 m²。目前北方城镇供暖建筑的冬季平均耗热量为 0.3GJ/m²，这就需要每年 42 亿 GJ 的热量来满足供暖需求。目前这些热量中约有 40% 是由各种规模的燃煤燃气锅炉提供，50% 则由热电联产电厂提供，其余 10% 主要是通过不同的电动热泵从空气、污水、地下水及地下土壤等各种低品位热源提取热量来满足供热需求。目前燃煤、燃气锅炉造成约 10 亿 t $CO_2$ 的排放，热电联产和电动热泵供热也需要分摊电厂所排放 $CO_2$ 的一部分责任。

在未来要大幅度减少这部分碳排放，首先就要减少供暖需求的热量。现在的150 亿 m² 供暖建筑中，约 30 亿 m² 是 20 世纪 80—90 年代建造的不节能建筑，其热耗是同一地区节能建筑的 2~3 倍，这是目前北方城镇建筑供暖热耗平均值为0.3GJ/m²，远高于节能建筑所要求的低于 0.2GJ/m² 的主要原因。此外，就是普遍出现的过热现象。很多供暖建筑冬季室内温度高达 25℃，远高于要求的 20℃ 的舒适供暖温度。当室外温度为 0℃ 时，室温为 25℃ 的房间供暖能耗比室温为 20℃ 的房间高 25%。改造这 30 亿 m² 的不节能建筑，通过改进调节手段和政策机制尽可能消除室温过高的现象，就能够在未来实现将供暖平均热耗从 0.3GJ/m² 降低到0.2GJ/m² 的目标。这样，未来北方城镇供暖的 200 亿 m² 建筑需要的供热量为 40亿 GJ，低于目前 140 亿 m² 的耗热量。由此可见，通过节能改造和节能运行降低实际需求，是实现低碳的首要条件。

改革开放四十年来，我国北方城镇基本上建成完善的集中供热管网，约 80%的城镇建筑具备与城镇集中供热热网连接的条件。我国目前已成为世界上集中供热管网普及范围最广的国家。充分利用现有的管网条件，采集热电厂和工业生产过程的余热资源，是否可以满足供热热源需求呢？

核电是未来零碳电力系统中的重要电源。我国目前已在沿海建成并运行 0.5 亿kW 核电厂，年发电接近 4000 亿 kWh。按照规划，未来将在东部沿海建设 2 亿kW 的核电。其中至少有 1 亿 kW 建于从连云港至大连的北方沿海。1 亿 kW 的核电需要排出低品位余热 1.5 亿 kW。目前这些余热都排入海中，这是为什么要把核电厂建在海边的重要原因。而有效回收这部分热量,即使每 kW 发电功率回收 1.2kW 的余热,在冬季 3000h 也可得到 3.6 亿 MWh,也就是 12.5 亿 GJ 的热量。如果采用跨季节蓄热,使核电全年都按照热电联产运行,而在非供暖季将热量储存,则每年可获得 32 亿 GJ 的余热,几乎可满足 80% 的北方地区供热需求。所以核能具有巨大的深度开发利用潜力。

可以采用的技术路径是用核电余热通过蒸馏法进行海水淡化,制备温度为 95℃ 的热淡水。通过单管向需要热量和淡水的人口密集区输送热淡水,其经济性输送距离可在 150~200km 内。在接近城市负荷区的首站可以通过换热方式把输送的淡水冷却到 10~15℃,成为城市的淡水水源,而换出的热量则成为城市集中供热热源。如果海水温度为 0℃,采用这种方式时 80% 的余热成为城市集中供热热源,15% 的热量进入城市自来水系统或在输送过程中损失,5% 随浓海水回到大海。这样北方核电余热在冬季即可提供 10 亿 GJ 的热量用于城镇供热,同时每个冬季还提供 30 亿 t 淡水,接近目前已完成的南水北调中线工程的年调水量。这对缓解北方沿海地区水资源短缺现象也可以起很大作用。这一方式消耗的核电余热 80% 都成为城市供暖热源,所以可认为是"零能耗海水淡化",输送用水泵能耗仅为目前双管循环水方式的一半,所以经济输送距离可从目前的 70~100km 增加到 150~200km。而淡水是搭载在热量输送中,于是就实现了"淡水的免费输送"。研究海水淡化的流程又可以得知,制备热淡水的装置由于所需的换热能力减少了约 50%,所以装置的初投资比常规的蒸馏法海水淡化装置至少低 30% 以上。这就使得这种利用余热"水热联产、水热同送和水热分离"的方式的初投资比利用余热分别进行的海水淡化和热电联产方式低 50% 以上,输出等量的热与淡水产品所消耗的余热减少 30%。

如果在城市附近利用湖泊或池塘等自然条件建设大规模的跨季节储热系统,则可使核电全年排出的余热都得到有效利用。图 1-3 是带有跨季节蓄热的系统原

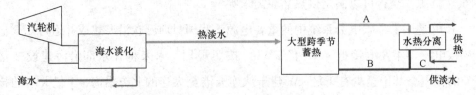

图 1-3 带有跨季节蓄能的海水淡化、水热联产系统

理。非供暖季利用核电排出的余热制备成热淡水经长途输送后，进入大型蓄热水池顶层，置换出 10～15℃ 的冷淡水从下部排出，经管道 B、C 送入自来水厂。在冬季供暖结束时蓄水池内全部为冷水，经过春、夏、秋三季的持续置换，到开始供热时蓄水池内已经全部置换为 90℃ 的热水。供热季开始，从核电厂制备的热淡水继续进入蓄水池顶层，同时还从顶层流出更大流量的热水经过管道 A 进入热交换器，在水热分离装置把热量释放给另一侧的热网循环水，自身冷却到 10～15℃ 的冷水部分再经过管道 B 返回到蓄水池，部分经管道 C 被送入自来水厂。由于核电站一般全年运行 7500～8000h，这种带有跨季节蓄能的全年运行方式可以提供的淡水量和热量为前述仅冬季运行的方式的 2.5 倍。如果有 1 亿 kW 的核电站，全年可提供 25 亿 GJ 的热量和 75 亿 t 淡水，可以满足沿海岸线法线方向 200km 以内地域的城镇 2 亿人口的全部建筑的供暖需求和一半的淡水需求。

对于远离海岸线的北方内陆地区，则可以采用用于冬季调峰的火电厂以热电联产模式运行所输出的余热。1kW 发电能力可在发电的同时产生 1.3kW 以上的热量。这样，北方有 3 亿 kW 调峰火电的话就可以输出 3.5 亿 kW 热量，冬季平均运行 2000h 就可提供 25 亿 GJ 的热量，其 80% 即可完全满足北方内陆 100 亿 m² 供暖建筑的热源需求。

对于难以连接集中供热管网的部分城镇建筑，未来可能占城镇建筑总量的 20%，可以采用各类电动热泵热源方式，包括空气源、地源、污水源，以及 2000～3000m 深的中深层套管换热型热泵方式。如果这些热泵方式的平均 COP 为 2.5，则 20% 的北方城镇建筑，也就是 40 亿 m² 建筑需要的 8 亿 GJ 热量需要耗电 900 亿 kWh。这占我国冬季 3 万亿 kWh 左右的冬季用电总量的 3%，不会对电力系统的冬夏平衡带来太大的问题。

## 1.3　建筑建造和维修耗材的生产与运输导致的碳排放

我国制造业用能占全国能源消费总量的 65%，制造业用能导致的碳排放成为我国最主要的碳排放。而制造业用能中，80% 为钢铁、有色、化工和建材这四个行业。而化工产业的部分用能是以能源作为生产原料，并不构成碳排放。因此钢铁、有色、建材三大产业是我国制造业主要的碳排放产业。我国的这三个产业具有巨大的产能，2019 年我国钢产量超过 10 亿 t，为世界第一，而世界钢产量第二至第十的国家钢产量之和也没有达到 10 亿 t。我国水泥、平板玻璃等的产量更是达到世界总产量的 50% 以上，从而形成巨大的碳排放。而之所以具有这样的产量又是由于旺盛的市场需求所导致。进入 21 世纪以来，我国经济发展的主要驱动力是快速的城镇化带来的城镇建设和大规模基础设施建设。2019 年城镇房屋总量几乎为 2000 年的 4 倍，高速公路、高速铁路则从零起步，二十年的时间，我国高速公路、铁路的总里程都位于世界第一。二十年建筑业和基础设施建造的飞速发展，极大地改变了我国 960 万 km² 土地的面貌，为实现美丽中国奠定了重要基础。然而，这样的建设速度就导致对钢铁、建材和有色金属产品的极旺盛需求。我国钢铁产品的 70%，建材产品的 90%，有色产品的 20% 都用于房屋建造和基础设施建造，其中用于房屋建造占一半以上。而这些产品的生产、运输又形成巨大的碳排放。我国民用建筑建造由于建材生产、运输和施工过程导致的 $CO_2$ 排放量已达 16 亿 t，接近建筑运行的 22 亿 t 的 $CO_2$ 排放量。二者之和几乎达到我国碳排放总量的 40%，成为全社会 $CO_2$ 排放占比最大的部门，详见本书第 2 章 2.4 节。尽管这 16 亿 t 建材生产运输的碳排放被计入工业生产和交通运输的碳排放，但是如果没有旺盛的建筑市场需求，工业和交通部门就不会这样大规模生产和运输这些建材。所以这部分碳排放也应由建筑部门分担其减排责任。

这样的房屋建设速度是否一直要持续下去呢？目前，我国城乡建筑建成面积已超过 600 亿 m²，尚有超过 100 亿 m² 的建筑处于施工阶段。全部完工后，我国将拥有超过 700 亿 m² 建筑，人均建筑面积达 50m²，其中城镇住宅建筑人均将超过 35m²，农村居住建筑面积更高，而公共建筑和商业建筑人均也将超过 10m²。我国的人均建筑面积的指标已经超过目前日本、韩国、新加坡这三个亚洲发达国家，并接近法国、意大利等欧洲国家水平。我国土地资源相对匮乏，中、高层的居住建筑模式也使得居住单元面积小于欧美单体或双拼型住宅。据一些调查统计研究，我国目前城镇住房的空置率已超过 20%，考虑三四年后将陆续竣工的 100 亿 m² 建筑（其中有 60% 以上为居住建筑），即使进一步城镇化，城镇居民再增加 25%，从目前的 8 亿人口增加到 10 亿人，住房总量也基本满足需求。部分居民的住房问题完全是房屋分配问题，而不再是总量不足的供给问题。按照"房屋是用来住的，不是用来炒的"这一精神，再进一步增大房屋规模只能增加空置率，产生出更多的

"鬼城"。

图1-4为近年来我国城乡建筑的竣工量和拆除量。从图中可以发现，2000年初期年竣工远大于年拆除量，由此形成建筑总量的净增长，满足对建筑的刚性需求。而近几年，考虑城镇地区，尽管每年的城镇住宅和公共建筑竣工面积仍然维持在30亿～40亿m² 之间，但每年拆除的建筑面积也已经达到将近20亿m²。这也表明我国房屋建造已经从增加房屋供给以满足刚需转为拆旧盖新以改善建筑性能和功能。"大拆大建"已成为建筑业的主要模式。然而根据统计，拆除的建筑平均寿命仅为三十几年，远没有达到建筑结构寿命。大拆大建的主要目的是提升建筑性能和功能，优化土地利用。然而，如果持续这样的大拆大建，就会使建造房屋不再是一段历史时期的行为而成为持续的产业。那么由此导致的对钢铁、建材的旺盛需求也就将持续下去，同时钢铁和建材的生产也就将持续地旺盛下去，由此形成的碳排放就很难降下来了。

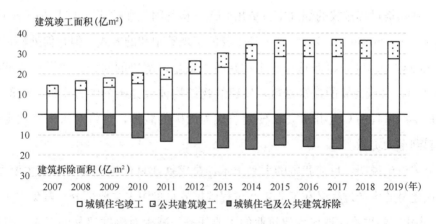

图1-4　我国城镇建筑竣工量和拆除量（2007—2019年）

与大拆大建相比，建筑的加固、维修和改造也可以满足功能提升的需要，但如果不涉及结构主体，就不需要大量钢材水泥，由此导致的碳排放要远小于大拆大建。改变既有建筑改造和升级换代模式，由大拆大建改为维修和改造，可以大幅度降低建材的用量，从而也就减少建材生产过程的碳排放。建筑产业应实行转型，从造新房转为修旧房。这一转型将大大减少房屋建设对钢铁、水泥等建材的大量需求，从而实现这些行业的减产和转型。

为什么宁可拆了重建也不愿维修改造呢？调查表明，尽管大拆大建需要大量的建筑材料，但所需人工费却远低于维修改造。并且大拆大建还可以在原有土地上增加建筑面积，从而带来巨大的商业利益。因此，必须从生态文明的理念出发，制定科学合理的政策机制，杜绝大拆大建现象，鼓励劳动力密集型而不是材料和碳排放密集型的房屋改造模式。

无论是新建还是改造，目前的建筑业还在很大程度上依赖水泥。而水泥生产过程又要排放大量 $CO_2$。这一问题的彻底解决需要彻底改变目前的房屋建造方式和建材形式。在工业革命以前我国五千年的房屋建造史中并没有水泥，利用传统工艺也可以建造出万里长城、巨型宫殿，也可以出现屹立千年的建筑。水泥仅是近二百年发展出来的建筑材料并形成以其为基础的建造方式。低碳发展很可能需要建造行业的革命，而其根本出发点就是用新型的低碳零碳建筑材料替代高碳排放的水泥，并围绕新的建筑材料的特点发展出新型建筑结构和房屋建造方式。

未来的能源系统很难完全避免使用化石能源。通过燃烧来使用少量的化石能源，并从燃烧过程排放的烟气中分离出 $CO_2$，将其固化和贮存，也就是 CCS（Carbon Capture and Storage），将是一种重要的实现碳中和的方式。但在何处贮存固化或液化的 $CO_2$，却是 CCS 这一碳中和路径中最难以解决的问题。如果通过某种方式，把 $CO_2$ 合成为新的建筑材料，使建筑物结构体成为碳的贮存空间，则既可解决建材生产过程的 $CO_2$ 排放，又使建筑成为固碳的载体，这将对未来实现碳中和目标起到重大贡献。

上述讨论说明：目前我国的大兴土木，是钢铁建材产量居高不下的主要原因，而钢铁建材的生产过程又在工业生产过程碳排放总量中占主要部分。避免"大拆大建"，使建筑的维修改造成为建筑业的主要任务，减少对钢铁建材的需求，将有效减少工业生产过程的碳排放。研究新型的低碳建材及与其相配套的结构体系和建造方式，是未来建筑业实现低碳的重要任务。利用从烟气中分离出的 $CO_2$ 生产新型建材，从而使建筑成为固碳的载体，还可以进一步使建筑业从目前的高碳行业转为负碳行业，为碳中和事业做出贡献。

## 1.4　解决非二氧化碳类温室气体排放问题

除了 $CO_2$ 导致气候变暖，还有很多非二氧化碳气体排放到大气后也造成温室效应。取这些气体中一个碳原子与二氧化碳气体中一个碳原子所产生的温室效应之比称为 $GWP$（Global Warming Potential），这些非二氧化碳气体的 $GWP$ 可高达几十到几千。因此尽管这些气体排放量远小于 $CO_2$，但其对气候变化的影响不容轻视。根据有关机构的初步分析，我国排放的非二氧化碳温室气体按照 $GWP$ 的方法看，相当于使用化石能源所排放的 $CO_2$ 量的 $20\%\sim30\%$。其中，建筑中采用气体压缩方式进行空调制冷所普遍使用的氢氟烃、氢氯氟烃类制冷工质就是主要的非二氧化碳类温室气体。表 1-1 为目前常用的几种制冷工质的 $GWP$ 值。

几种常见制冷剂的 $GWP$ 值 　　　　　　　　　　　　　　表 1-1

| 制冷剂类型 | 制冷剂名称 | 蒙特利尔协定标准 $GWP$ 值 |
| --- | --- | --- |
| HFCs 氢氟碳化物 | HFC-134a | 1430 |
| | HFC-227ea | 3220 |
| HFC 氢氟烃混合物 | R-404A | 3922 |
| | R-410A | 2088 |
| HCFCs 含氢氯氟烃 | HCFC-22 | 1810 |
| | HCFC-141b | 725 |

氢氟烃、氢氯氟烃类制冷工质只有排放到大气中才会产生温室效应。如果通过改进密封工艺，可以实现空调制冷运行过程中的无泄漏，就可以实现运行过程中的零排放。近年来我国制冷空调技术水平有了长足的进步，空调、冰箱等各类使用氟类工质的制冷系统运行泄漏量显著减少。只要继续改进密封工艺，并严格管控，杜绝非移动设备运行过程中的泄漏是完全可以实现的。而对于车辆空调，由于其长期处于剧烈振动中，做到无泄漏有一定困难，应该根据车辆的特点，发展新型的无氟空调制冷方式。

目前制冷工质实际的大量排放出现在维修和拆除过程中。尤其是居住建筑分散型空调，当移机或废弃时，往往直接把系统放空，制冷工质直接排到大气。在中央空调大型制冷机组、各类中型、大型热泵的维修中，也有向大气排出系统中制冷工质的现象。通过合理的政策机制，形成严格的制冷工质回收制度，禁止各种场合下的制冷工质排放，可有效地消除这部分非二氧化碳温室气体排放。近年来，一些机构研发回收和再利用从系统中取出制冷工质的技术。再利用技术有一定的困难，且成本较高，这就使得很多情况下放弃了对这些制冷工质的回收。如果改变思路，不是从回收利用的角度，而是从避免排放的角度，按照大气和水污染管理的方法，强化制冷工质的回收和处理，结果就会有所不同。当回收的工质难以处理和再利用时，可以烧掉，使其转变为 $CO_2$ 排放，$GWP$ 降为 1。学习环境治理领域的成功经验和方法，制定对制冷工质有效的管理方法，可以避免空调制冷工质导致的非二氧化碳气体排放。

再进一步的路径就是发展新的无氟制冷技术，在一些不能避免泄漏、不易管理的场合完全避免使用非共氟类制冷工质。目前已经有大量的新技术来实现无氟制冷。在干燥地区采用间接式蒸发冷却技术，可以获得低于当时大气湿球温度的冷水，满足舒适性空调和数据中心冷却的需要且大幅度降低制冷用电量；利用工业排出的 100℃ 左右的低品位热量，通过吸收式制冷，也可以获得舒适空调和工业生产环境空调所要求的冷源，且由于使用的是余热，可以产生节能效益。而目前涌现出来的新型制冷技术如热声制冷、磁制冷，以及技术上又有所突破的半导体制冷等，则可以完全不用制冷工质，用电或热驱动制冷。以前这些新型制冷方式功率小，效率低，仅服务于特殊需求条件下。近年来这些方式在理论、技术上都出现重大突破，制冷容量增加，效率提高，可应用范围也在逐步向建筑部门渗透。

采用无氟制冷工质则是又一条解决非二氧化碳温室气体排放的技术路径。$CO_2$ 就是可选择的制冷工质。由于它的三相临界点温度为 31.2℃，所以其热泵工况是变温地释放热量而不是像其他类型工质那样以相变状态的温度放热，这就使得工质与载热媒体有可能匹配换热，从而提高热泵效率。近二十年来，采用 $CO_2$ 工质的热泵产品获得了巨大成功。由于 $CO_2$ 工质工作压力高，对压缩机和系统的承压能力提出很高要求，我国在此方面的制造技术还有所欠缺。这需要将其作为解决非二氧化碳温室气体排放的一个重要任务，组织多方面合作攻关，尽早发展出自己的成套技术和产品。

再一个重要方向是转向传统的氨制冷剂。这是人类最初采用气体压缩制冷时就使用的制冷剂。后来由于安全性等问题，逐渐退出其制冷应用。在考虑氟系的制冷剂替代中，氨就又重新回到历史舞台。通过多项创新技术，可以克服氨系统原来的一些问题，未来在冷藏冷冻、空调制冷领域氨很可能会占有一定的市场。

非二氧化碳温室气体是与 $CO_2$ 同样重要的影响气候变化的问题，需要建筑部门认真对待。非二氧化碳类温室气体排放问题的解决，会导致建筑中冷冻冷藏、空调制冷技术的革命性变化，实现技术的创新性突破，值得业内关注。

## 1.5 生态文明的发展理念是实现碳中和的基础

以上围绕实现碳中和的目标，从技术的角度讨论了建筑部门的发展路径。而真正能够按照这一路径实现最终的碳中和目标不仅需要技术革命，更需要在建筑与使用者关系这一基本问题上坚持生态文明的发展观，从人与自然的关系、可持续发展的角度确定建筑环境营造方式的基本理念。

从工业革命开始形成的工业文明，其本质是充分挖掘自然界的一切资源以满足人类的需求。工业文明理念促进了人类社会的极大发展。然而，人的欲望是无穷尽的，有限的自然资源无法满足无穷尽的需求，这是这些年来出现资源枯竭、环境恶化、气候变暖的根本原因。而生态文明的发展理念，就是追求人类的发展与自然界生态环境之间的平衡，在不改变自然生态环境的前提下实现人类的可持续发展。从这一基本理念出发，就可以回答上述涉及的很多争论问题：

未来到底还要建造多少房屋？是满足生活与社会、文化和经济活动的基本需求，还是非要追求奢侈型居住和社会活动的建筑环境？关于居住单元的规模、办公空间的规模、学校的规模、商业、交通、文体设施建筑的规模，这些年来出现过多次争论。从居住健康、幸福、社会繁荣的角度，从资本运作的需要，很难给出规模的上限。但是考虑土地资源、碳排放空间等自然资源的约束，却存在制约着建筑规模无限扩张的上限。严格控制建筑总量，在科学确定的规模总量之下合理地规划各类建筑的规模，避免无节制的扩张，是生态文明发展观的基本原则和要求，更是实现未来碳中和的基础。

按照什么方式营造建筑室内环境？是如何实现生态文明发展的又一个基本问题。我国城市建筑运行的人均能耗目前仅约为美国的四分之一到五分之一。单位面积的运行能耗也仅约为美国的 40%。这样大的差别主要是由于不同的室内环境营造理念所造成的。我国传统的建筑使用习惯是"部分时间、部分空间"的室内环境营造模式。也就是有人的房间开启照明、空调和其他需要的用能设备，而无人时关闭一切用能设备。这就不同于美国的"全时间、全空间"，无论有人与否，室内环境在全天 24h 内都维持于要求的状态。这种方式无疑会给使用者带来很大的便捷，但由于每个建筑空间的实际使用率仅为 10%～60%，全天候的室内环境营造就导致了对能源的巨大需求，为建筑运行实现零碳带来极大的困难。此外，就是建筑的通风方式，是完全依靠机械通风还是尽可能优先采用自然通风；室内热湿环境水平，是维持在满足舒适需求的下边界（冬天维持在温度下限、夏天维持在温度上限）还是维持在舒适性的上边界（冬季维持在温度上限、夏季则维持在温度下限）或过量供冷、过量供热。这都会造成建筑运行用能需求的巨大差别。从生态文明理念出发，坚持我国传统的节约型建筑运行模式，在这种较低的建筑运行能耗强度水平上，可以实现建筑运行零碳目标。而一旦这种传统的运行模式被打破，出现建筑运行能耗强度在目前水平上增加两三倍甚至更多的情况，则前面提出的各种零碳思路就不能奏效。同样，按照前文所讨论，要实现建筑设备的"需求侧响应"模式运行，也要在不影响使用者基本需求的前提下根据供给侧可再生电力的变化适当调整室内用电状况，这也会在一定程度上影响使用者的舒适性和所接受服务的便捷性。但这种较小的不适与不便换来的是避免了使用化石能源，从而实现了零碳。这就是在零碳和高标准享受之间的平衡。实际上，随着零碳理念的深入人心，发达国家也开始反思，开始倡导节约低碳的运行模式。从生态文明的理念出发，由追求极致的享受到追求人类需求与自然环境的平衡，是人类文明发展和进步的表现，也是我们应恪守的发展理念。

## 1.6  通向零碳的路径

我国目前建筑运行每年排放 20 亿 t 以上的 $CO_2$，建筑建造每年还间接导致钢铁建材等制造领域的 16 亿～18 亿 t 的 $CO_2$ 排放。距实现 2060 年的碳中和目标还有 40 年时间。建筑部门在这四十年内应该通过怎样的发展路径来实现未来目标？

清晰地定义了 40 年后的目标，就可以科学规划这 40 年的发展路径，使其在满足实现社会经济文化发展需要的前提下，逐步向未来情景逼近。避免"摸着石头过河"，减少重复建设，少走弯路。

面对现实的大量问题、需求，可以有多种解决方案，但有些方案是通向未来碳中和场景的中间过程，有些确实与未来碳中和的场景背道而驰。那么，是否就应该尽可能选取那些与未来目标相一致的方案？

例如，目前北方地区的取消散煤、实现清洁能源供暖的行动，可以采用"煤改气"方式、也可以采用"煤改电"，煤改电动热泵。从当前看，煤改天然气可以完成取消散煤、实现清洁供暖的任务。但是，从前述讨论看，天然气也属于化石能源，天然气燃烧排放的 $CO_2$ 约为产生等热量所需要的燃煤燃烧的一半，未来也属于被替换的范围。那么，我们是否就应该坚持煤改电，尤其是煤改电动热泵，而不是先改燃气，然后再"气改电"呢？

自 2000 年以来，世界上就一轮一轮地掀起推广燃气驱动的热电冷三联供系统，将其作为分布式能源的主要形式，实现节能和低碳。然而这种方式仍然是由作为化石能源的天然气驱动，不可避免地要排放 $CO_2$。并且，既然是热电冷联供，仅仅当热与电或冷与电的需求相匹配时，才可实现最高的效率。而对于一座建筑或一个建筑群来说，电的需求和冷热需求很难同步匹配。按照"以电定热"运行，就会使无热量需求时大量的余热被排放；而"以热定电"又会出现气电顶替风电光电的现象，干扰未来风电光电为主的电力系统的运行。热电冷三联供的更大问题是促成了区域供冷方式。而实际上从供冷特点看，建筑对供冷的需求在大多数情况下都希望是"部分时间、部分空间"模式的，集中促使了"全时间、全空间"的供冷服务，导致终端消费量成倍的增加。20 年来，国内也建起不少热电冷三联供系统，但在实际运行中尚未发现一个真正降低了运行能耗，获得节能效果的案例。接受历史的教训，从实现未来碳中和目标的角度规划，我们是否应坚决停止再上这类项目了呢？

反之，发展建筑表面的光伏发电，这是未来大势所趋。目前光伏组件的成本越来越低，光伏发电成本已低于煤电。发展光伏又不会对建筑带来什么负面影响，那么为什么不能尽早地在新建建筑中推广，在既有建筑中追加？发展光伏的主要困难是接入和消纳。在建筑内没有实现"光储直柔"改造，形成良好的光伏接入与消纳条件时；并且在电网未进行深入改造，形成可再生电力分布式接入的条件时，大规模的建筑光伏可能会对电网带来一定冲击。那么，就可以先建设建筑周边停车场的光伏直流充电桩，由电动汽车通过慢充方式消纳光伏电力。这既有利于电动车的推广，又与未来建筑的"光储直柔"配电改造相一致，是通向建筑碳中和路径中间的重要节点。这就是一种把长远方向与近期任务有机结合的发展方式。

坚持绿色建筑发展方向，通过绿色技术和方式提升建筑的功能和服务水平，这是建筑永远不变的发展方向。在设计和营造中，通过被动化技术，使建筑对机械系统提供的冷、热、光的需求减少到最小；再通过供能系统的最优化技术，使其供能效率得到最大提高。这应该仍然是建筑和机电系统未来发展的基本要求。在此基础上，再发展储能和灵活用能的技术与措施，就可以逐步逼近和实现未来的碳中和目标。

# 1.7  总    结

本章介绍了减缓气候变化、实现碳中和目标和建筑部门的四个主要任务：取消直接碳排放，协助减少电力和热力应用导致的间接碳排放，减少建造和维修用材的生产和运输导致的碳排放，以及避免建筑中空调制冷系统使用非二氧化碳类的温室气体排放。生态文明理念是完成这四项任务的基础。为了实现碳中和的目标，这四个方面都必须出现革命性变革，其中包括改变用能种类、改变用能方式、改变建筑材料和结构、改变空调制冷方法。只有通过这些根本的改变才有可能实现消除或中和建筑相关的温室气体排放。与此同时，这些革命性变化又反过来促进整个建筑行业的技术进步。因此碳减排、碳中和并不是制约了经济发展，而是打破技术和经济发展的僵局，开拓出新的疆土，从而哺育出颠覆性技术，促进全行业出现跨越式发展。这应该是碳减排、碳中和为我们带来的发展机遇，抓住这个机遇，从新的角度去看行业的发展，可以使我们对许多问题看得更清楚，从而也就会有完全不同的解决思路，促进事物出现革命性变化。

**本章参考文献**

[1] 王庆一. 2019能源数据[M]. 北京：绿色创新发展中心，2019. p1-20.

[2] 甘犁. 2017中国城镇住房空置分析[M]. 成都：中国家庭金融调查与研究中心，2018. p5-9.

[3] 清华大学建筑节能研究中心. 2020年中国建筑节能年度发展研究报告[M]. 北京：中国建筑工业出版社，2020. p1-50.

[4] UNEP. Ozon Action Kigali Fact Sheet 3：GWP, $CO_2$（e）and the Basket of HFCs[EB]（2017）. 2021年3月1日. https://wedocs. unep. org/handle/20. 500. 11822/26866.

# 第 2 章　中国建筑能耗与温室气体排放

## 2.1　中国建筑领域基本现状

### 2.1.1　城乡人口

近年来，我国城镇化高速发展。2019 年，我国城镇人口达到 8.48 亿，农村人口 5.64 亿，城镇化率从 2001 年的 37.7％增长到 60.6％，如图 2-1 所示。

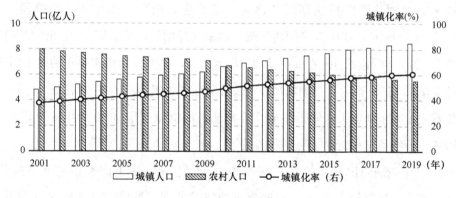

图 2-1　中国逐年人口发展（2001—2019 年）

大量人口由乡村向城镇转移是城镇化的基本特征，在我国城镇化过程中人口的聚集主要在特大城市和县级城市两端。根据中国城市规划设计研究院原院长李晓江的相关研究，2000—2010 年城镇人口增长的 41％在超大、特大、大城市，37％在县城和镇❶。近年来，由于大型城市人口过度聚集，进入门槛过高，使得这些城市的人口增速都显著降低，例如从 2016 年起北京、上海地区的常住人口保持基本稳

---

❶　李晓江，郑德高. 人口城镇化特征与国家城镇体系构建。

定，其中北京常住人口就出现了缓慢下降❶。

农村人口向县城和小城镇转移是我国城镇化进程的另外一极。目前，我国约有 1/4 的人口居住在小城镇，截至 2016 年，我国共有县城 1483 个，建成区总人口 1.55 亿人；建制镇 20883 个，建成区总人口 1.95 亿人，自 2001 年至今，建制镇 实有住宅面积从 28.6 亿 m² 增长到 53.9 亿 m²，规模翻倍❷。在新型城镇化背景 下，我国将持续加大对小城镇的支持力度。目前，受制于经济发展水平和发展理 念，我国小城镇基础设施、能源系统无论从规划设计还是管理运行层面相对还较为 落后，在未来为促进人口城镇化的均衡和实现经济的持续增长，需要重视小城镇在 我国城镇化过程中的重要地位，加强其规划建设。

### 2.1.2　建筑面积

快速城镇化带动建筑业持续发展，我国建筑业规模不断扩大。从 2007 年到 2019 年，我国建筑营造速度增长迅速，城乡建筑面积大幅增加。分阶段来看，2007 年至 2014 年，我国的民用建筑竣工面积快速增长，从每年 20 亿 m² 左右稳定 增长至 2014 年的超过 40 亿 m²；自 2014 年至今，我国民用建筑每年的竣工面积基 本稳定在 40 亿 m² 以上，其中城镇住宅及公共建筑竣工面积约在 36 亿 m²（图 1-4）。 伴随着大量开工和施工，城镇住宅及公共建筑的拆除面积从 2007 年的 7 亿 m² 快 速增长，最终稳定在每年 17 亿 m² 左右。

2019 年我国的民用建筑竣工面积约为 41 亿 m²，竣工面积中住宅建筑约占 80%，非住宅建筑约占 20%。根据建筑功能的差别，可以将公共建筑分为办公、 酒店、商场、医院、学校以及其他等类型，其中各类型公共建筑在 2001—2019 年 期间的竣工面积比例变化不大，以办公、商场及学校为主，2019 年三者竣工面积 合计在公共建筑中的占比约 75%，其中商场占比 32%，办公建筑占比 24%，学校 占比 18%。在其余类型中，医院和酒店的占比较小，分别占 5% 和 3%（图 2-2）。

每年大量建筑的竣工使得我国建筑面积的存量不断高速增长（图 2-3），2019 年我国建筑面积总量约 644 亿 m²，其中城镇住宅建筑面积为 282 亿 m²，农村住宅

---

❶　国家统计局. 中国统计年鉴, 2019 年和 2020 年。
❷　数据来源：住房和城乡建设部. 中国城乡建设统计年鉴, 2006—2017 年。

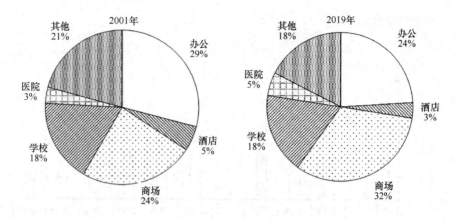

图 2-2　各类公共建筑竣工面积占比（2001、2019 年）

建筑面积 228 亿 $m^2$，公共建筑面积 134 亿 $m^2$。

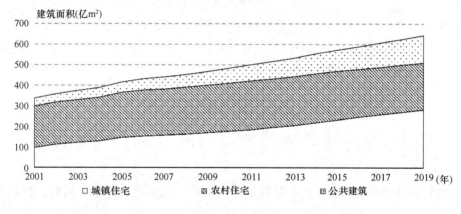

图 2-3　中国总建筑面积增长趋势（2001—2019 年）

数据来源：清华大学建筑节能研究中心估算结果，模型竣工面积输入更改为《中国建筑业统计年鉴》

　　　　　建筑业企业统计口径下数据。

　　对比我国与世界其他国家的人均建筑面积水平，可以发现我国的人均住宅面积已经接近发达国家水平，但人均公共建筑面积与一些发达国家相比还处在低位，见图 2-4。在我国既有公共建筑中，人均办公建筑面积已经较为合理，但人均商场、医院、学校的面积还相对较低。随着电子商务的快速发展，商场的规模很难继续增长，但医院、学校等公共服务类建筑的规模还存在增长空间，因此公共服务类建筑可能是下一阶段我国新增公共建筑的主要分项。此外，其他建筑中包括交通枢纽、文体建筑以及社区活动场所等，预计在未来也将成为主要发展的公共建筑类型。

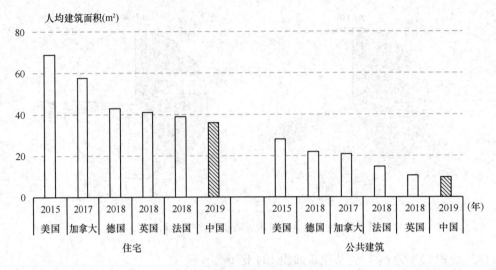

图 2-4   中外人均建筑面积对比

数据来源：IEA Buildings Summary，世界银行 WDI 数据库，Odyssee Mure 数据库（2018），美国
ERI 数据库，加拿大 NRCAN，*Energy Use Data Handbook Tables*（2017），日本国土交
通省数据库，韩国 Summary of architectural statistics for 2018，印度 Satish Kumar
（2019）❶

## 2.2   全球建筑领域能源消耗与温室气体排放

建筑领域的用能和排放涉及建筑的不同阶段，包括建筑建造、运行、拆除等，
建筑领域相关的绝大部分用能和温室气体排放都是发生在建筑的建造和运行这两个
阶段，因此本书所关注的是建筑的建造和建筑运行使用两大阶段，如图 2-5 所示。

从能源消耗的角度来讲，建筑领域能源消耗包含建筑建造能耗和建筑运行能耗
两大部分。

建筑建造阶段的能源消耗指的是由于建筑建造所导致的从原材料开采、建材生
产、运输以及现场施工所产生的能源消耗。在一般的统计口径中，民用建筑建造与
生产用建筑（非民用建筑）建造、基础设施建造一起，归到建筑业中，统一称为建
筑业建造能耗或排放。本书基于清华大学建筑节能研究中心的估算，提供了中国建

❶  Satish Kumar et al.（2019）. Estimating India's commercial building stock to address the energy data
challenge. Building Research & Information，2019，47，24-37.

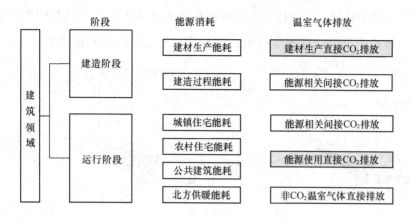

图 2-5 建筑领域能耗及温室气体排放的边界和种类

筑业建造能耗/排放和中国民用建筑建造能耗/排放两个口径的分析数据，详见 2.3.1 节和 2.4.1 节。

建筑运行用能指的是在住宅、办公建筑、学校、商场、宾馆、交通枢纽、文体娱乐设施等建筑内，为居住者或使用者提供供暖、通风、空调、照明、炊事、生活热水，以及其他为了实现建筑的各项服务功能所产生的能源消耗。许多国际能源研究机构在研究全球各国建筑用能时，通常将建筑运行阶段能耗划分为居住建筑用能和非居住建筑用能两大部分。但是这种划分无法体现中国建筑能耗的真实类型及特点。基于对中国建筑用能的长期研究，本书将中国建筑用能分为了城镇住宅能耗、农村住宅能耗、公共建筑能耗和北方供暖能耗这四大类，具体定义详见本书 2.3 节。

从温室气体排放的角度来看，按照排放源的特点可将建筑领域温室气体排放分为四种：建筑运行过程中的直接碳排放；建筑运行过程中的间接碳排放；建筑建造和维修导致的碳排放；建筑运行过程中的非二氧化碳类温室气体排放。对这四种排放的定义、现状和减排途径详见本书的第 1 章。

根据国际能源署（IEA，International Energy Agency）对于全球建筑领域用能及排放的核算结果，如图 2-6 所示：2019 年全球建筑业建造（含房屋建造和基础设施建设）和建筑运行相关的终端用能❶占全球能耗的 35%，其中建筑建造和基础设施建设的终端用能占全球能耗的比例为 5%，建筑运行占全球能耗的比例为

---

❶ 终端用能，将供暖用热、建筑用电与终端使用的各能源品种直接相加得到。采用终端用能法表示的建筑运行用能、建筑业用能与采用一次能耗折算方法得到的数值和比例均偏小。

30%；2019 年全球建筑业建造（含房屋建造和基础设施建设）相关 $CO_2$ 排放占全球总 $CO_2$ 排放的 10%，建筑运行相关 $CO_2$ 排放占全球总 $CO_2$ 排放的 28%。

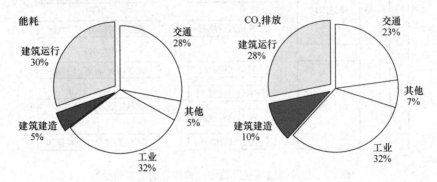

图 2-6    全球建筑领域终端用能及 $CO_2$ 排放（2019 年）

数据来源：International Energy Agency，2019 Global status report for buildings and construction. 建筑业，包含民用建筑建造，生产性建筑和基础设施建造。

根据清华大学建筑节能研究中心对于中国建筑领域用能及排放的核算结果：2019 年中国建筑建造和运行用能[❶]占全社会总能耗的 33%，与全球比例接近。但中国建筑建造占全社会能耗的比例为 11%，高于全球 5% 的比例。建筑运行占中国全社会能耗的比例为 22%，仍低于全球平均水平，未来随着我国经济社会发展及生活水平的提高，建筑用能在全社会用能中的比例还将继续增长。另一方面，从 $CO_2$ 排放角度看，2019 年中国建筑建造和运行相关 $CO_2$ 排放占中国全社会总 $CO_2$ 排放量的比例约为 38%，其中建筑建造占比为 16%，建筑运行占比为 22%（图 2-7）。

由于我国处于城镇化建设时期，因此建筑和基础设施建造能耗与排放仍然是全社会能耗与排放的重要组成部分，建造能耗占全社会的比例高于全球整体水平，也高于已经完成城镇化建设期的经济合作与发展组织（OECD，Organization for Economic Co-operation and Development）国家。但与 OECD 国家相比，我国建筑运行能耗与碳排放占比仍然较低。随着我国逐渐进入城镇化新阶段，建设速度放缓，建筑的运行能耗和排放将成为更大的部分。

---

❶    按照一次能耗方法折算，将供暖用热、建筑用电折算为一次能源消耗之后，再与终端使用的各能源品种加和。

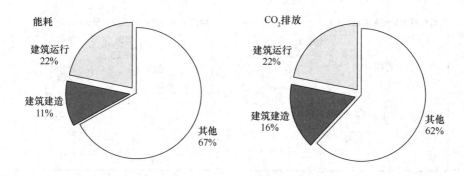

图 2-7 中国建筑领域用能及 $CO_2$ 排放（2019 年）❶

比较各国的建筑运行能耗，分别从人均能耗和单位面积能耗的角度来进行对比，见图 2-9。由于各国的电力供应结构差异巨大，无法将电力与化石能源进行简单加入，所以将建筑消耗的电力和化石能源分别表示在横轴与纵轴上，气泡的大小代表该国建筑运行的一次能耗总量。从气泡图中可以发现，我国的建筑运行用能总量已经与美国接近，但用能强度仍处于较低水平，无论是人均能耗还是单位面积能耗都比美国、加拿大、欧洲及日本、韩国低得多。我国建筑领域人均用电量是美国、加拿大的六分之一，是法国、日本等的三分之一左右。我国建筑领域的人均化石能源用量是美国、加拿大的三分之一，是法国、日本等的二分之一左右。我国的单位面积建筑用电量也仅为美国、加拿大的三分之一左右。图 2-8 中代表一个国家建筑能耗的气泡越靠近横轴，说明其建筑用能中电力占比较大，电气化程度较高。可以看出与美国、法国等国相比，我国的电气化水平还低于这些国家。考虑我国未来建筑节能低碳发展目标，我国需要走一条不同于目前发达国家的发展路径，这对于我国建筑领域的低碳与可持续发展将是极大的挑战。同时，目前还有许多发展中国家正处在建筑能耗迅速变化的时期，中国的建筑用能发展路径将作为许多国家路径选择的重要参考，从而进一步影响到全球建筑用能的发展。

比较各国人均碳排放与单位建筑面积碳排放（图 2-9），可以发现因为我国建筑运行能耗较低，所以建筑运行的人均碳排放和单位面积碳排放低于大部分发达国家。但例如法国，因为其建筑用电中低碳电力占比较高，所以法国的实际碳排放强

---

❶ 数据来源：清华大学建筑节能研究中心使用模型估算。建筑业，包含民用建筑建造，生产性建筑和基础设施建造。

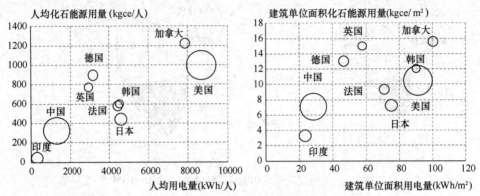

注：圆圈大小表示建筑一次能耗总量，按照各国火力发电煤耗系数折算为一次能耗。

图 2-8    中外建筑运行能耗对比（2018 年）

数据来源：IEA 各国能源平衡表，IEA Buildings Summary，世界银行 WDI 数据库，Odyssee Mure
数据库（2018），美国 ERI 数据库，加拿大 NRCAN，Energy Use Data Handbook Tables
（2017），日本国土交通省数据库，韩国 Summary of architectural statistics for 2018，印
度 Satish Kumar（2019）❶。中国为清华大学建筑节能研究中心使用模型估算 2019 年结
果。建筑能耗总量中各国消耗的电力按照各国火力发电煤耗系数折算为一次能耗。

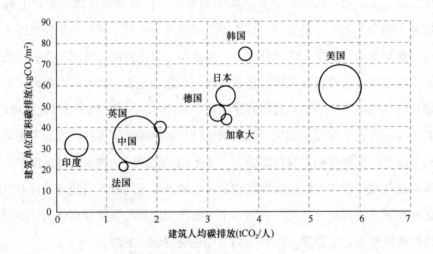

图 2-9    中外建筑运行碳排放对比（2018 年）

数据来源：IEA $CO_2$ emissions from fuel combustion 数据库 2018 年结果，中国为清华大学建筑节能
研究中心使用模型估算 2019 年结果。

---

❶    Satish Kumar et al.（2019）. Estimating India's commercial building stock to address the energy data
challenge. Building Research & Information，2019，47，24-37.

度比中国还低。各国人均总碳排放与建筑部门碳排放占比如图 2-10 所示。从图 2-10中可得，目前我国人均总碳排放显著高于全球水平，建筑部门略高于全球水平，显著高于印尼、印度等国家，显著低于绝大部分发达国家。近年来，我国应对气候变化的压力不断增大，建筑部门也需要实现低碳发展、尽早达峰，如何实现这一目标，是建筑部门发展的又一巨大挑战，关于我国建筑领域如何实现碳中和的路径，详见本书的第 1 章。

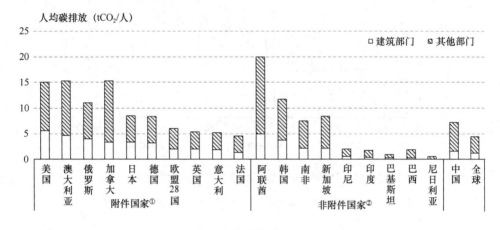

图 2-10　各国人均碳排放对比（2018 年）

数据来源：IEA，$CO_2$ Emissions from Fuel Combustion 2019 Highlights 2019 数据库 2018 年结果，

中国为清华大学建筑节能研究中心采用模型估算 2019 年结果。

① 附件国家指《联合国气候变化框架公约》附件中的国家。

② 非附件国家指不在《联合国气候变化框架公约》附件中的国家。

# 2.3　中国建筑领域能源消耗

## 2.3.1　建筑建造能耗

随着我国城镇化进程不断推进，民用建筑建造能耗也迅速增长。大规模建设活动的开展使用大量建材，建材的生产进而导致了大量能源消耗和碳排放的产生，是我国能源消耗和碳排放持续增长的一个重要原因。

根据清华大学建筑节能研究中心的估算结果，2019 年中国民用建筑建造能耗为 5.4 亿 tce，占全国总能耗的 11%。中国民用建筑建造能耗从 2004 年的 2.4 亿

tce 增长到 2019 年的 5.4 亿 tce，如图 2-11 所示。由于近年来民用建筑总竣工面积趋稳并缓慢下降，民用建筑建造能耗自 2016 年起逐渐稳定并缓慢下降。在 2019 年民用建筑建造能耗中，城镇住宅、农村住宅、公共建筑分别占比为 69％、7％和 23％。

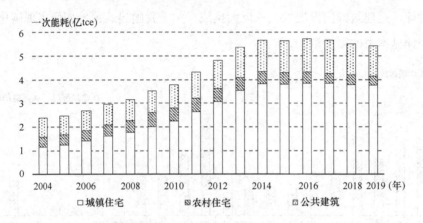

图 2-11　中国民用建筑建造能耗（2004—2019 年）

数据来源：清华大学建筑节能研究中心估算。仅包含民用建筑建造❶。

实际上，建筑业不仅包括民用建筑建造，还包括生产性建筑建造和基础设施建设，例如公路、铁路、大坝等的建设。建筑业建造能耗主要包括各类建筑建造与基础设施建设的能耗。根据清华大学建筑节能研究中心的估算结果❷，2019 年中国建筑业建造能耗为 14 亿 tce，占全社会一次能源消耗的百分比高达 29％。2004 年至 2019 年，中国建筑业建造能耗从接近 4 亿 tce 增长到 14 亿 tce，如图 2-12 所示。建材生产的能耗是建筑业建造能耗的最主要组成部分，其中钢铁和水泥的生产能耗占到建筑业建造总能耗的 80％以上。

我国快速城镇化的建造需求不仅直接带动能耗的增长，还决定了我国以钢铁、水泥等传统重化工业为主的工业结构，这也是导致我国目前单位工业增加值能耗高的重要原因。2017 年中国制造业单位增加值能耗为 6.4tce/万元（2010 年 USD 不变价），而在主要发达国家中，法国、德国、日本、英国制造业单位增加值能耗均

---

❶　自本册起，将建筑竣工面积的数据来源由《中国统计年鉴》固定资产投资口径"下的数据，更改为"《中国建筑业统计年鉴》建筑业企业统计口径"下的数据。

❷　估算方法见《中国建筑节能年度发展研究报告 2019》附录。

低于 2tce/万元（2010 年 USD 不变价），美国、韩国制造业单位增加值能耗相对较高，分别为 3.1 tce/万元（2010 年 USD 不变价）和 4.5 tce/万元（2010 年 USD 不变价），但也低于中国目前的水平，如图 2-13 所示。

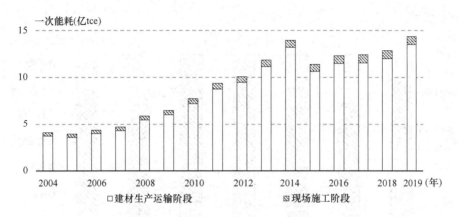

图 2-12　中国建筑业建造能耗（2004—2019 年）❶

数据来源：清华大学建筑节能研究中心估算。建筑业，包含民用建筑建造，生产性建筑和基础设施建造。

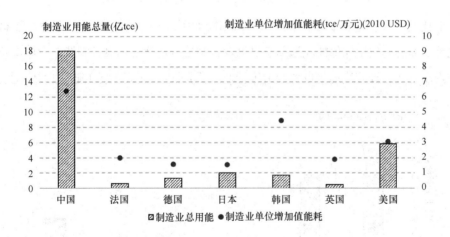

图 2-13　制造业用能总量及单位增加值能耗对比❷

各国制造业用能结构对比如图 2-14 所示，2017 年中国钢铁、有色、建材三大

---

❶　建材用量数据来自《中国建筑业统计年鉴》。

❷　各国制造业用能数据来源于 IEA world energy balance 数据库，并按照中国能源平衡表口径进行折算，将能源行业自用能、高炉用能、化工行业化石燃料非能源使用等计入工业能源消费，能耗总量采用电热当量法折算；制造业增加值数据来自世界银行数据库。

行业用能占到制造业总用能的 54％，而其他发达国家中，除日本占比较高达到为
38％之外，法国、德国、韩国占比在 27％左右，仅为中国的一半，而英国、美国
的占比分别为 18％和 11％。中国上述三大行业的用能占比也远高于欧美及亚洲发
达国家水平。

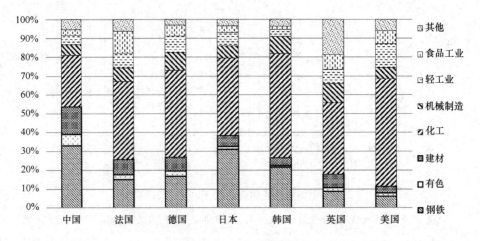

图 2-14    中国及部分发达国家制造业用能结构对比❶

对比我国各制造业子行业单位增加值用能如图 2-15 所示，钢铁、有色、建材等
传统重工业的单位增加值能耗远高于机电设备制造（包括通用设备制造、专用设备制
造、汽车制造、计算机通信设备制造等行业），同时也显著高于轻工业、食品工业。

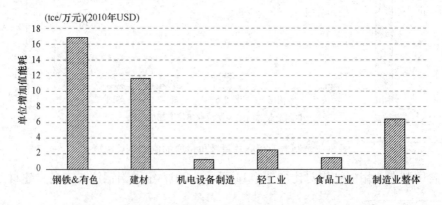

图 2-15    中国制造业子行业单位增加值能耗对比（2017 年）❷

---

❶    各国制造业能耗结构来自 IEA world energy balance 数据库，并按照中国能源平衡表口径进行折算。
❷    数据来源：国家统计局，中国统计年鉴 2018。

　　大规模的建设活动是导致上述工业结构状况的重要原因。2017 年我国由建筑业包括基础设施建设企业所消耗的钢材和水泥分别达到了 8.5 亿 t 和 21.3 亿 t，占到了我国当年这两类产品总产量的 82% 和 91%，由此也带来了大量的建材生产能耗。2017 年我国由于建筑业用材生产所造成的工业用能约 12 亿 tce，从 2013 年到 2017 年，建筑业相关用材生产能耗在工业总能耗中的比重均在 40% 左右，如图 2-16 所示。我国快速城镇化造成的大量建筑用材需求，是导致我国钢铁、建材、化工等传统重工业占比高的重要原因。

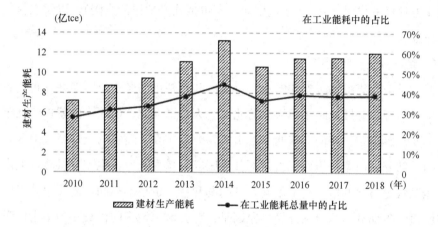

图 2-16　中国建筑业用材生产能耗❶

　　目前，我国城镇化和基础设施建设已初步完成，今后大规模建设的现状将发生转变。2019 年我国城镇地区的人均住宅面积是 33m²/人，已经接近亚洲发达国家日本和韩国的水平，仍然远低于美国水平。我国在城镇化过程中已经逐渐形成了以小区公寓式住宅为主的城镇居住模式，因此不会达到美国以独栋别墅为主的模式下人均住宅面积水平。而从城市形态来看，我国高密集度大城市的发展模式使公共建筑空间利用效率高，从而也无必要按照欧美的人均公共建筑规模发展。在未来，只要不"大拆大建"，维持建筑寿命，由城市建设和基础设施建设拉动的钢铁、建材等高能耗产业也就很难再像以往那样持续增长。因此，在接下来的城镇化过程中，避免大拆大建，发展建筑延寿技术，加强房屋和基础设施的修缮，维持建筑寿命，对于我国产业结构转型和用能总量的控制具有重要意义。

---

　❶　建筑业用材这里主要考虑了钢材、水泥、铝材、玻璃、建筑陶瓷五类。

### 2.3.2　建筑运行能耗

本书所关注的建筑运行能耗指的是民用建筑的运行能源消耗，包括住宅、办公建筑、学校、商场、宾馆、交通枢纽、文体娱乐设施等非工业建筑。基于对我国民用建筑运行能耗的长期研究，考虑到我国南北地区冬季供暖方式的差别、城乡建筑形式和生活方式的差别，以及居住建筑和公共建筑人员活动及用能设备的差别，本书将我国的建筑用能分为四大类，分别是：北方城镇供暖用能、城镇住宅用能（不包括北方地区的供暖）、公共建筑用能（不包括北方地区的供暖），以及农村住宅用能，详细定义如下。

1. 北方城镇供暖用能

指的是采取集中供暖方式的省、自治区和直辖市的冬季供暖能耗，包括各种形式的集中供暖和分散供暖。地域涵盖北京、天津、河北、山西、内蒙古、辽宁、吉林、黑龙江、山东、河南、陕西、甘肃、青海、宁夏、新疆的全部城镇地区，以及四川的一部分。西藏、川西、贵州部分地区等，冬季寒冷，也需要供暖，但由于当地的能源状况与北方地区完全不同，其问题和特点也很不相同，需要单独考虑。将北方城镇供暖部分用能单独计算的原因是：北方城镇地区的供暖多为集中供暖，包括大量的城市级别热网与小区级别热网。与其他建筑用能以楼栋或者以户为单位不同，这部分供暖用能在很大程度上与供暖系统的结构形式和运行方式有关，并且其实际用能数值也是按照供暖系统来统一统计核算，所以把这部分建筑用能作为单独一类，与其他建筑用能区别对待。目前的供暖系统按热源系统形式及规模分类，可分为大中规模的热电联产、小规模热电联产、区域燃煤锅炉、区域燃气锅炉、小区燃煤锅炉、小区燃气锅炉、热泵集中供暖等集中供暖方式，以及户式燃气炉、户式燃煤炉、空调分散供暖和直接电加热等分散供暖方式。使用的能源种类主要包括燃煤、燃气和电力。本书考察一次能源消耗，也就是包含热源处的一次能源消耗或电力的消耗，以及服务于供热系统的各类设备（风机、水泵）的电力消耗。这些能耗又可以划分为热源和热力站的转换损失、管网的热损失和输配能耗，以及最终建筑的得热量。

2. 城镇住宅用能（不包括北方城镇供暖用能）

指的是除了北方地区的供暖能耗外，城镇住宅所消耗的能源。在终端用能途径上，包括家用电器、空调、照明、炊事、生活热水，以及夏热冬冷地区的省、自治区和直辖市的冬季供暖能耗。城镇住宅使用的主要商品能源种类是电力、燃煤、天然气、液化石油气和城市煤气等。夏热冬冷地区的冬季供暖绝大部分为分散形式，热源方式包括空气源热泵、直接电加热等针对建筑空间的供暖方式，以及炭火盆、电热毯、电手炉等各种形式的局部加热方式，这些能耗都归入此类。

3. 商业及公共建筑用能（不包括北方地区供暖用能）

这里的商业及公共建筑指人们进行各种公共活动的建筑。包含办公建筑、商业建筑、旅游建筑、科教文卫建筑、通信建筑，以及交通运输类建筑，既包括城镇地区的公共建筑，也包含农村地区的公共建筑。2014 年之前《中国建筑节能年度发展研究报告》在公共建筑分项中仅考虑了城镇地区公共建筑，而未考虑农村地区的公共建筑，农村公共建筑从用能特点、节能理念和技术途径各方面与城镇公共建筑有较大的相似之处，因此从 2015 年起将农村公共建筑也统计入公共建筑用能一项，统称为公共建筑用能。除了北方地区的供暖能耗外，建筑内由于各种活动而产生的能耗，包括空调、照明、插座、电梯、炊事、各种服务设施，以及夏热冬冷地区城镇公共建筑的冬季供暖能耗。公共建筑使用的商品能源种类是电力、燃气、燃油和燃煤等。

4. 农村住宅用能

指农村家庭生活所消耗的能源。包括炊事、供暖、降温、照明、热水、家电等。农村住宅使用的主要能源种类是电力、燃煤、液化石油气、燃气和生物质能（秸秆、薪柴）等。其中的生物质能部分能耗没有纳入国家能源宏观统计，但是作为农村住宅用能的重要部分，本书将其单独列出。

本书考察建筑运行的一次能耗。对于建筑使用的电力，本书根据全国平均火力供电煤耗系数转化一次能耗。对于建筑运行导致的对于热电联产方式的集中供热热源，根据《民用建筑能耗标准》GB/T 51161—2016 的规定，根据输出的电力和热量的㶲值来分摊输入的燃料。

本章的建筑能耗数据来源于清华大学建筑节能研究中心建立的中国建筑能耗模型（China Building Energy Model，CBEM）的研究结果，分析我国建筑能耗现状和从 2001—2018 年的变化情况。从 2001—2019 年，建筑能耗总量及其中电力消耗量均大幅增长，见图 2-17。2019 年建筑运行的总商品能耗为 10.2 亿 tce❶，约占全国能源消费总量的 22%，建筑商品能耗和生物质能共计 11.1 亿 tce（其中生物质能耗约 0.9 亿 tce），具体如表 2-1 所示。

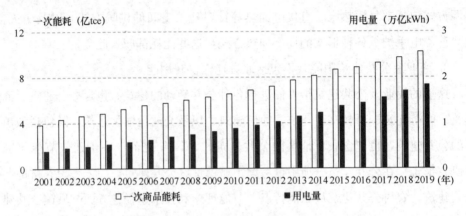

图 2-17　中国建筑运行消耗的一次能耗和电总电量（2001—2019 年）

中国建筑能耗（2019 年）                                    表 2-1

| 用能分类 | 宏观参数<br>（面积或户数） | 用电量<br>（亿 kWh） | 商品能耗<br>（亿 tce） | 一次能耗强度 |
|---|---|---|---|---|
| 北方城镇供暖 | 152 亿 m² | 611 | 2.13 | 14.1kgce/m² |
| 城镇住宅<br>（不含北方地区供暖） | 282 亿 m² | 5374 | 2.42 | 792kgce/户 |
| 公共建筑<br>（不含北方地区供暖） | 134 亿 m² | 9932 | 3.42 | 25.6kgce/m² |
| 农村住宅 | 228 亿 m² | 3054 | 2.22 | 1527kgce/户 |
| 合计 | 14 亿人<br>644 亿 m² | 18971 | 10.2 | |

将四部分建筑能耗的规模、强度和总量表示在图 2-18 中国建筑运行能耗（2019 年）中的四个方块中，横向表示建筑面积，纵向表示单位面积建筑能耗强

---

❶　本书中尽可能单独统计、核算电力消耗和其他类型的终端能源消耗，当必须把二者合并时，2015 年以前出版的《中国建筑节能年度发展研究报告》中采用发电煤耗法对终端电耗进行换算，从《中国建筑节能年度发展研究报告 2015》起采用供电煤耗法对终端耗电量进行换算，即按照每年的全国平均火力供电煤耗把电力消耗量换算为用标准煤表示的一次能源，本书第 2 章中在计算农村住宅能耗总量时对于电力消耗也采用此方法进行折算。因本书定稿时国家统计局尚未公布 2018 年的全国火电供电煤耗值，故选用 2017 年该数值，为 309gce/kWh。

度，四个方块的面积即是建筑能耗的总量。从建筑面积上来看，城镇住宅和农村住宅的面积最大，北方城镇供暖面积约占建筑面积总量的四分之一，公共建筑面积仅占建筑面积总量的五分之一，但从能耗强度来看，公共建筑和北方城镇供暖能耗强度又是四个分项中较高的。因此，从用能总量来看，基本呈四分天下的局势，四类用能各占建筑能耗的1/4左右。近年来，随着公共建筑规模的增长及平均能耗强度的增长，公共建筑的能耗已经成为中国建筑能耗中比例最大的一部分。

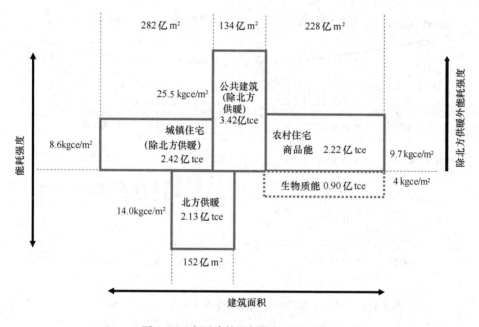

图 2-18　中国建筑运行能耗（2019 年）

2008—2019 年间，四个用能分项的总量和强度变化如图 2-19 所示，从各类能耗总量上看，除农村用生物质能持续降低外，各类建筑的用能总量都有明显增长；而分析各类建筑能耗强度，进一步发现以下特点：

（1）北方城镇供暖能耗强度较大，近年来持续下降，显示了节能工作的成效。

（2）公共建筑单位面积能耗强度持续增长，各类公共建筑终端用能需求（如空调、设备、照明等）的增长，是建筑能耗强度增长的主要原因，尤其是近年来许多城市新建的一些大体量并应用大规模集中系统的建筑，能耗强度大大高出同类建筑。

（3）城镇住宅用户均能耗强度增长，这是由于生活热水、空调、家电等用能需求增加，夏热冬冷地区冬季供暖问题也引起了广泛的讨论；由于节能灯具的推广，住宅中照明能耗没有明显增长，炊事能耗强度也基本维持不变。

（4）农村住宅的户均商品能缓慢增加，在农村人口和户数缓慢减小的情况下，农村商品能耗基本稳定，其中由于农村各类家用电器普及程度增加和北方清洁取暖"煤改电"等原因，用电量近年来提升显著。同时，生物质能使用量持续减少，因此农村住宅总用能近年来呈缓慢下降趋势。

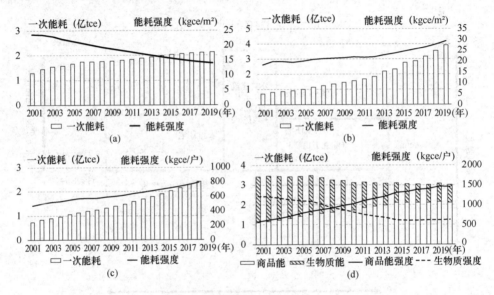

图 2-19　建筑用能各分项总量和强度逐年变化（2001—2019 年）

（a）北方城镇供暖；（b）公共建筑；（c）城镇住宅；（d）农村住宅

## 1. 北方城镇供暖

2019 年北方城镇供暖能耗为 2.13 亿 tce，占全国建筑总能耗的 20％。2001—2019 年，北方城镇建筑供暖面积从 50 亿 m² 增长到 152 亿 m²，增加了 2 倍，而能耗总量增加不到 1 倍，能耗总量的增长明显低于建筑面积的增长，体现了节能工作取得的显著成绩——平均的单位面积供暖能耗从 2001 年的 23kgce/m²，降低到 2019 年的 14.0kgce/m²，降幅明显。

具体说来，能耗强度降低的主要原因包括：建筑保温水平提高使得需热量降低，高效热源方式占比提高和运行管理水平提升。

（1）建筑围护结构保温水平的提高。近年来，住房和城乡建设部通过多种途径提高建筑保温水平，包括：建立覆盖不同气候区、不同建筑类型的建筑节能设计标准体系、从2004年底开始的节能专项审查工作，以及"十三五"期间开展的既有居住建筑改造。这三方面工作使得我国建筑的保温水平整体大大提高，起到了降低建筑实际需热量的作用，详见本书第3.2节相关内容。

（2）高效热源方式占比迅速提高。各种供暖方式的效率不同，总体看来，高效的热电联产集中供暖、区域锅炉方式取代小型燃煤锅炉和户式分散小煤炉，使后者的比例迅速减少；各类热泵飞速发展，以燃气为能源的供暖方式比例增加。同时，近年来供暖系统效率提高显著，使得各种形式的集中供暖系统效率得以整体提高，详见《中国建筑节能年度发展研究报告2019》。

2. 城镇住宅（不含北方供暖）

2019年城镇住宅能耗（不含北方供暖）为2.42亿tce，占建筑总商品能耗的24%，其中电力消耗5374亿kWh。随着我国经济社会发展，居民生活水平不断提升，2001—2019年城镇住宅能耗年平均增长率高达8%，2019年各终端用电量增长至2001年的4倍。

从用能的分项来看，炊事、家电和照明是中国城镇住宅除北方集中供暖外耗能比例最大的三个分项，由于我国已经采取了各项提升炊事燃烧效率、家电和照明效率的政策及相应的重点工程，所以这三项终端能耗的增长趋势已经得到了有效的控制，近年来的能耗总量年增长率均比较低。对于家用电器、照明和炊事能耗，最主要的节能方向是提高用能效率和尽量降低待机能耗，例如：节能灯的普及对于住宅照明节能的成效显著；电视机、饮水机和电热马桶圈等的待机会造成能量大量浪费的电器，应该提升生产标准，例如加强电视机机顶盒的可控性、提升饮水机的保温水平、通过智能控制降低电热马桶圈待机电耗，避免这些装置待机的能耗大量浪费。对于一些会造成居民生活方式改变的电器，例如衣物烘干机等，不应该从政策层面给予鼓励或补贴，警惕这类高能耗电器的大量普及造成的能耗跃增。而另一方面，夏热冬冷地区冬季供暖、夏季空调以及生活热水能耗虽然目前所占比例不高，户均能耗均处于较低的水平，但增长速度十分快，夏热冬冷地区供暖能耗的年平均增长率更是高达50%以上，因此这三项终端用能的节能应该是我国城镇住宅下阶段节能的重点工作，方向应该是避免在住宅内大面积使用集中系统，提倡分散式系统，同时提高各类分散式设备的能效标准，在室内服务水平提高的同时避免能耗的剧增。

**3. 公共建筑（不含北方供暖）**

2019 年全国公共建筑面积约为 134 亿 m²，公共建筑总能耗（不含北方供暖）为 3.42 亿 tce，占建筑总能耗的 34%，其中电力消耗为 9932 亿 kWh。公共建筑总面积的增加、大体量公共建筑占比的增长，以及用能需求的增长等因素导致了公共建筑单位面积能耗从 2001 年的 17kgce/m² 增长到 25.5kgce/m² 以上，能耗强度增长迅速，同时能耗总量增幅显著。公共建筑单位面积能耗持续增长的现象是由于近年来竣工的公共建筑都属于大体量、采用集中式空调的高档商用建筑，其单位面积电耗都在 100kWh/m² 以上。相比以往电耗在 60kWh/m² 左右的小体量学校、办公楼和小商店，随着这些新建的高能耗公共建筑在公共建筑总量中的比例持续提高，公共建筑的平均电耗就持续增加。

我国城镇化快速发展促使了公共建筑面积大幅增长，2001 年以来，公共建筑竣工面积接近 80 亿 m²，约占当前公共建筑保有量的 79%，即四分之三的公共建筑是在 2001 年后新建的。这一增长一方面是由于近年来大量商业办公楼、商业综合体等商业建筑的新建，另一方面是由于我国全面建成小康社会、提升公共服务的推进，相关基础设施需逐渐完善，公共服务性质的公共建筑，如学校、医院、体育场馆等规模的增加。在公共建筑面积迅速增长的同时，大体量公共建筑占比也显著增长，这一部分建筑由于建筑体量和形式约束导致的空调、通风、照明和电梯等用能强度远高于普通公共建筑，这就是我国公共建筑能耗强度持续增长的重要原因。

**4. 农村住宅**

2019 年农村住宅的商品能耗为 2.22 亿 tce，占全国当年建筑总能耗的 22%，其中电力消耗为 3054 亿 kWh，此外，农村生物质能（秸秆、薪柴）的消耗约折合 0.9 亿 tce。随着城镇化的发展，2001—2019 年农村人口从 8.0 亿减少到 5.5 亿人，而农村住宅的规模已经基本稳定在 230 亿 m² 左右。

近年来，随着农村电力普及率的提高、农村收入水平的提高，以及农村家电数量和使用的增加，农村户均电耗呈快速增长趋势。例如，2001 年全国农村居民平均每百户空调器拥有台数仅为 16 台/百户，2019 年已经增长至 71 台/百户，不仅带来空调用电量的增长，也导致了夏季农村用电负荷尖峰的增长。随着北方地区"煤改电"工作的开展和推进，北方地区冬季供暖用电量和用电尖峰也出现了显著增长，详见《中国建筑节能年度发展研究报告 2020》。同时，越来越多的生物质能被散煤和其他商品能源替代，这就导致农村生活用能中生物质能源的比例迅速下降。

作为减少碳排放的重要技术措施，生物质以及可再生能源利用将在农村住宅建筑中发挥巨大作用。在国家发展改革委国家能源局印发《能源技术革命创新行动计划（2016—2030 年）》中，提出将在农村开发生态能源农场，发展生物质能、能源作物等。在国家能源局印发《生物质能发展"十三五"规划》中，明确了我国农村生物质用能的发展目标，"推进生物质成型燃料在农村炊事供暖中的应用"，并且将生物质能源建设成为农村经济发展的新型产业。同时，我国于 2014 年提出《关于实施光伏扶贫工程工作方案》，提出在农村发展光伏产业，作为脱贫的重要手段。如何充分利用农村地区各种可再生资源丰富的优势，通过整体的能源解决方案，在实现农村生活水平提高的同时不使商品能源消耗同步增长，加大农村非商品能利用率，既是我国农村住宅节能的关键，也是我国能源系统可持续发展的重要问题。

近年来随着我国东部地区的雾霾治理工作和清洁取暖工作的深入展开，各级政府和相关企业投入巨大资金增加农村供电容量、铺设燃气管网、将原来的户用小型燃煤锅炉改为低污染形式，农村地区的用电量和用气量出现了大幅增长。农村地区能源结构的调整将彻底改变目前农村的用能方式，促进农村的现代化进程。利用好这一机遇，科学规划，实现农村能源供给侧和消费侧的革命，建立以可再生能源为主的新的农村生活用能系统，将对实现我国当前的能源革命起到重要作用。

## 2.4　中国建筑领域温室气体排放

### 2.4.1　建筑建造能耗相关 $CO_2$ 排放

建筑与基础设施的建造不仅消耗大量能源，还会导致大量 $CO_2$ 排放。其中，除能源消耗所导致的 $CO_2$ 排放之外，水泥的生产过程排放[1]也是重要组成部分。2019 年我国民用建筑建造相关的碳排放总量约为 16 亿 $tCO_2$，自 2016 年保持了逐

---

[1]　指水泥生产过程中除燃烧外的化学反应所产生的碳排放。

年缓慢下降的趋势。在这之中，建材生产运输阶段用能相关的碳排放以及水泥生产工艺过程碳排放是主要部分，分别占比 77％和 20％（图 2-20）。

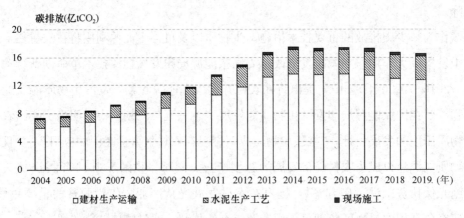

图 2-20   中国民用建筑建造碳排放（2004—2019 年）❶

数据来源：清华大学建筑节能研究中心估算。仅包含民用建筑建造。

民用建筑建造的碳排放约占我国建筑业建造相关碳排放的 40％。2019 年我国建筑业建造相关的碳排放总量约 43 亿 $tCO_2$，接近我国碳排放总量的二分之一（图 2-21）。

图 2-21   中国建筑业建造 $CO_2$ 排放（2004—2019 年）❶

数据来源：清华大学建筑节能研究中心估算。建筑业，包含民用建筑建造、生产性建筑和基础设施建造。

❶   更新了水泥生产工艺排放因子。

### 2.4.2　建筑运行能耗相关的 $CO_2$ 排放

建筑能耗总量的增长、能源结构的调整都会影响建筑运行相关的 $CO_2$ 排放。建筑运行阶段消耗的能源种类主要以电、煤、天然气为主,其中:城镇住宅和公共建筑这两类建筑中 70% 的能源均为电,以间接 $CO_2$ 排放为主,北方城镇供暖消耗的热电联产的热力也会带来间接的 $CO_2$ 排放;而北方供暖和农村住宅的能源消耗中使用煤的比例高于电,在北方供暖分项中用煤的比例超过了 80%,农村住宅中用煤的比例约为 60%,这会导致大量的直接 $CO_2$ 排放。随着我国电力结构中零碳电力比例的提升,我国电力的平均排放因子❶显著下降,至 2019 年约为 577 $gCO_2/kWh$;而电力在建筑运行能源消耗中的比例不断提升,这两方面都显著地促进了建筑运行用能的低碳化发展。

2019 年中国建筑运行的化石能源消耗相关的碳排放约 22 亿 $t CO_2$,如图 2-22 所示。其中直接碳排放约占 29%,电力相关的间接碳排放占 50%,热力相关的间接碳排放占 21%。2019 年我国建筑运行相关 $CO_2$ 排放折合人均建筑运行碳排放指标为 1.6t/人,折合单位面积平均建筑运行碳排放指标为 35kg/$m^2$。按照四个建筑用能分项的碳排放占比分别为:农村住宅 23%、公共建筑 30%、北方供暖 26%、城镇住宅 21%。

将四部分建筑碳排放的规模、强度和总量表示在图 2-23 中的方块图中,横向表示建筑面积,纵向表示单位面积碳排放强度,四个方块的面积即是碳排放总量。可以发现四个分项的碳排放呈现与能耗不尽相同的特点:公共建筑由于建筑能耗强度最高,所以单位建筑面积的碳排放强度也最高,为 48$kgCO_2/m^2$;而北方供暖由于大量燃煤,碳排放强度次之,为 36$kgCO_2/m^2$;农村住宅和城镇住宅单位面积的一次能耗强度相关不大,但农村住宅由于电气化水平低,燃煤比例高,所以单位面积的碳排放强度高于城镇住宅:农村住宅单位建筑面积的碳排放强度为 23$kgCO_2/m^2$,而城镇住宅单位建筑面积的碳排放强度为 16$kgCO_2/m^2$。

### 2.4.3　建筑领域非 $CO_2$ 温室气体排放

除 $CO_2$ 排放以外,建筑运行阶段使用的制冷产品,包括冷机、空调、冰箱等,

---

❶　全国平均度电碳排放因子参考中国电力联合会编著的《中国电力年度发展报告 2020》。

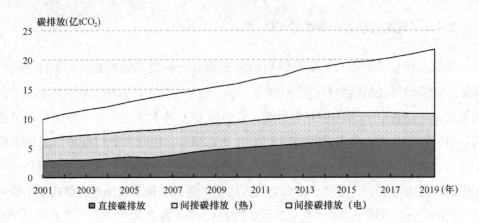

图 2-22　建筑运行相关 $CO_2$ 排放量（2019 年）

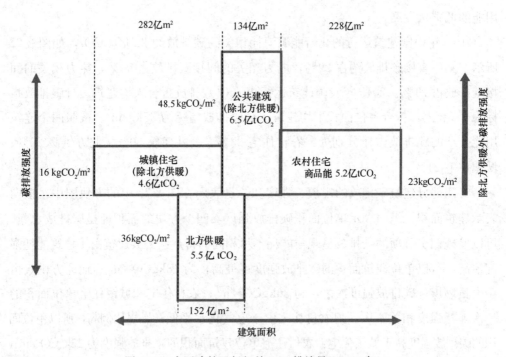

图 2-23　中国建筑运行相关 $CO_2$ 排放量（2019 年）

所使用的制冷剂也是导致全球温升的一种温室气体，因此建筑运行阶段还会带来这部分非 $CO_2$ 温室气体排放。HFCs（氢氟烃类）类物质由于其臭氧损耗潜值为零的特点，曾被认为是理想的臭氧层损耗物质替代品，被广泛用作冷媒。但其全球变暖潜值（GWP，global warming potential）较高，目前也成为建筑领域的非二氧化碳温室气体排放主要来源。HFCs 在建筑领域主要用于空调制冷设备制冷剂的制造，由此所导致的温室气体排放也是中国占比最大的非二氧化碳温室气体排放。根据北京大学胡建信教授的研究结果，中国由于家用空调和商用空调造成的 HFCs 温室气体排放每年约为 1 亿～1.5 亿 $tCO_2$（eq❶），而且近几年快速增长。

值得注意的是，空调制冷装置充灌的冷媒量并不等于当年冷媒的排放总量，这是由于中国 30％以上的空调制冷产品出口，冷媒随之出口；而安装在国内的空调制冷设施的当年冷媒泄漏量也小于当年的总充灌量。这是由于我国建筑的空调制冷装置安装量仍在逐年增加，泄漏量应为总安装量达到平衡之后的年充灌总量。但随着中国家用空调和冰箱增量的减少和更新换代率的降低，以及使用期制冷剂泄漏问题的改善，未来建筑领域非二氧化碳温室气体排放有较大的下降空间。

---

❶ 胡建信，中国氢氟碳化物（HFCs）减排情景分析。

# 第 2 篇　城镇住宅建筑节能专题

# 第3章　城镇住宅建筑用能状况

## 3.1　城镇住宅建筑

在本章的开始，首先对本书所涉及的城镇、城镇住宅、城镇住宅能耗等基本概况进行解释和界定。城镇包括城区和镇区。城区是指在市辖区和不设区的市，区、市政府驻地的实际建设连接到的居民委员会和其他区域。镇区是指在城区以外的县人民政府驻地和其他镇，政府驻地的实际建设连接到的居民委员会和其他区域❶。城镇住宅指的是位于城区和镇区的住宅。本书中所提到的住宅用能包括的是居民在住宅内使用各种设备来满足生活、学习和休息所产生的能源消费，包括空调、供暖（本书不探讨北方城镇的集中供暖，此处的供暖指的是分散形式的供暖）、炊事、生活热水、照明以及家用电器这六个方面所消耗的能源，能源种类主要包括电、燃气等。

我国正处在快速城市化的过程之中，城镇人口迅速增加，每年城镇约新增人口1600万人左右，从2000年至2019年，我国城镇人口从4.59亿人增加至7.71亿人。随着城镇化发展和经济社会的发展，传统的中国家庭规模和家庭结构也在发生变化。中国传统家庭模式一般至少包括夫妻和子女两代人，并普遍存在三世同堂、四世同堂甚至五世同堂的现象。改革开放以来，为适应社会生产方式和生活方式的变化，结构复杂而规模庞大的传统大家庭，已逐步向结构简单而规模较小的家庭模式转化。家庭规模小型化、家庭结构简单化和家庭模式多样化，成为中国现代家庭的主要特征。根据2012年中国统计年鉴提供的数据，中国城镇居民平均每户家庭人口从1985年的3.89人/户下降到2019年约2.82人/户。

（1）城镇住宅建造发展

---

❶《统计上划分城乡的规定》，国务院于2008年7月12日国函［2008］60号批复。

随着城镇化的进程，城镇地区大量新建住宅建筑，来满足新增城镇人口的居住需求。1990—2000 年，我国所建房子以小户型和多层建筑为主，住宅单元面积为 60～70m² ，层高也多为 7 层以下，这一时期所建的建筑满足了快速城镇化过程中急迫的居住需求。经济的发展和人民生活水平的提高也导致了新建住宅中，大单元面积住宅的比例不断提升。2000—2010 年期间，城镇居住需求一定程度上得到满足以后，新建住宅开始向中户型、中高层建筑转变，这一期间所建的户型多为 80～90m² 的大户型，建筑面积在 60～70m² ，开始越来越多地出现高层建筑，如图 3-1 所示。近年来随着我国城市化的快速发展，一方面城市人口迅速增加；另一方面城市土地日益紧张，土地综合开发费不断增高，开发商为了增加开发效益，大量建设高层、高密度的住宅。在多方力量的推动下，近年来，我国很多城市的住宅建设主要以高层为主，且容积率和高度不断上升，如图 3-2 所示。

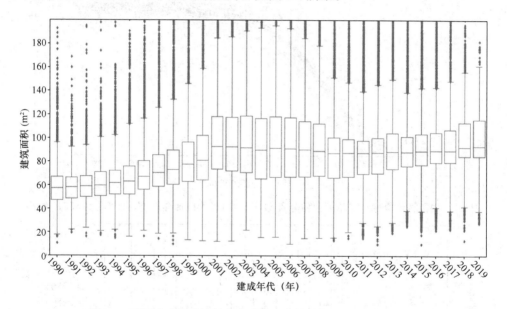

图 3-1　不同建成年代城镇住宅建筑面积箱型图（1990—2019 年）

（2）城镇住宅单元户面积

我国现存城市住宅的单元面积以 60～80m²/户的小户型和 80～100m²/户中户型为主，如图 3-3、图 3-4 所示。根据 2015 年全国调查结果，全国城市地区住宅的户均面积的平均值为 92m²/户，中位数为 80m²/户。城市地区的单户面积相较于镇区和乡村地区偏小，镇区和乡村地区住宅的户均面积的平均值分别为 118m²/户和 119m²/户。

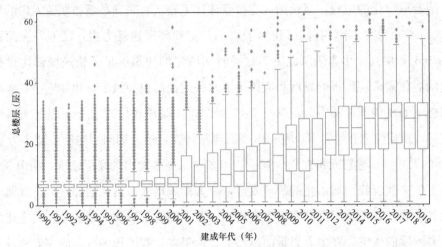

图 3-2　不同建成年代城镇住宅建筑的层数（1990—2019 年）

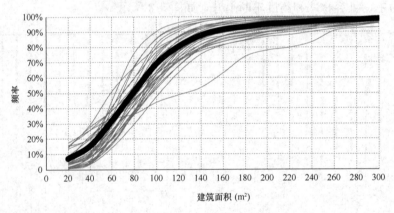

图 3-3　中国城镇家庭住宅单元面积分布（2015 年 1‰人口抽样调查，样本量：155158 户）

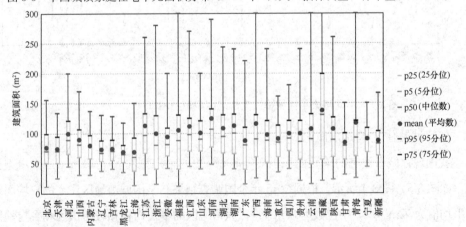

图 3-4　中国各省市城镇住宅单元户面积（2015 年全国调查，样本量 155158 户）

　　中国城市住宅层数由低层到高层的变化过程，客观上反映了土地资源、人口数量及生态环境等诸多矛盾的日益激化。随着我国经济的快速发展，一方面，城市化水平快速提高，越来越多的人口向城市聚集；另一方面，人们的生活水平也在不断提高，人们改善居住条件的愿望越来越强烈，因此，城市住宅需求不论从数量还是质量方面都在不断提高。然而，面对人口、土地资源、生态环境等背景的挑战，大多数城市都存在资源不足的生态危机。必须承认，高人口密度和高建筑密度的城市人居环境，是中国城市居民需要长期面对并接受的现实。这也从资源、能源总量约束的角度说明，必须通过合理控制住宅单元面积，对城镇住宅建筑的总量进行约束和控制。

　　（3）城镇住宅规模增长

　　随着城镇化建设，从 2001 年至 2019 年，城镇住宅建筑的总面积从 71 亿 m² 增加至 282 亿 m²，面积总量增加了近 3 倍。2019 年城镇住宅面积总量为 282 亿 m²，其中北方集中供暖地区城镇住宅面积 97 亿 m²，约占全国城镇住宅总量的 39％（图 3-5）。

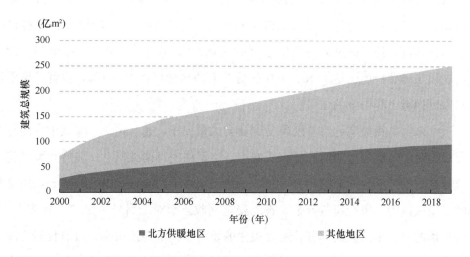

图 3-5　中国城镇住宅建筑总规模（2000—2019 年）

　　我国城镇居民的居住水平也大幅提高，全国城镇人均住宅面积（城镇住宅面积除以城镇总人口）由 2001 年的不到 20m²/人增长为 2019 年的 33m²/人，如图 3-6 所示。《中国统计年鉴》中也提供了城镇人均居住建筑面积这一数据，该数据是对全国城镇家庭户进行大规模抽样调查得到的结果，其中全国城镇家庭户人均住宅面积从 24.5m²/人增长到 2015 年近 34m²/人。这一指标不考虑城镇中的学生、军人等无房城镇居民，也真实地反映城镇住宅家庭户的居住水平提升。

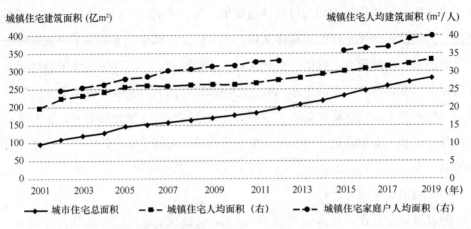

图 3-6    全国城镇住宅规模增长（2001—2019 年）❶

近年来，城镇化建设的住宅已经基本可以满足我国城镇居民的居住需求。根据 2017 年西南财经大学中国家庭金融调查与研究中心的结果，2017 年我国城镇家庭住房拥有率（拥有住房的家庭占全部家庭的比例）为 90.2%，城镇家庭住房自有率（居住在自有住房的家庭占全体家庭的比例）为 80.8%，位于全球前列。2017 年，城镇住房套户比已达 1.18，其中家庭自有住房套户比为 1.155，也就是说平均每户家庭拥有 1 套以上的住房。

近年来，城镇住宅的空置现象受到社会大量关注，尤其是二三线城市住房空置情况更为明显，空置率明显高于一线城市。空置住宅有两类概念：住房和城乡建设部统计数据中"空置率"的调查对象，是指当年竣工而没有卖出去的房子，主要考虑的是金融风险，银行信贷资金是否能安全回收。而对于另外一个"空置率"，即已经售出的住房中空置的部分，主要关注的是房屋存量的使用率，目前我们关注更多的是此"空置率"的概念。此类空置的原因主要有两类，一类是仅有一套住房的家庭因外出务工等原因而空置，还有一类是家庭持有多套但既未自己居住，也未出租。对此空置率定义，我国现在还没有官方的统计数据。西南财经大学中国家庭金

---

❶ 城镇住宅总面积和人均住宅面积数据来源为 CBEM 模型估算，城镇家庭户人均面积来源于统计年鉴。

融调查与研究中心 2017 年的报告，城镇地区住房空置率在 2011 年、2013 年、2015 年及 2017 年分别 18.4％、19.5％、20.6％以及 21.4％。据此估算，2017 年，我国城镇住宅市场空置房的数量已经达到 6500 万套。根据有关研究，我国城镇住宅的自然空置率约为 9.8％。我国目前的空置率水平显然已经高于自然空置率的标准，尤其是二三线城市明显偏高。大量房屋的空置，既占用了大量住房贷款资源，挤压了居民其他消费，同时还浪费了建材生产、房屋建造、装饰装修的能耗，增加了无谓的房屋维护能耗（包括基本的水电和冬季供暖），这是我国实现碳达峰和碳中和必须正视的问题。

根据上面的分析，可以发现我国的城镇住宅总量已经达到 282 亿 m²，全国城镇居民套户比达到 1.18，人均住宅面积达到的 33m²/人。对比我国住宅建筑与世界其他国家的人均建筑面积水平，可以发现我国的人均住宅面积已经接近发达国家水平，如图 2-4 所示。这也说明我国的城镇住宅建筑目前已经可以满足城镇居民的基本需求，城镇居住的主要矛盾已经从总量上的缺乏转变为分配上的不均衡。

未来随着城镇化的进一步提高，我国将有 10 亿多人口居住在城镇地区，按照人均面积 35m²/人，需要 350 亿 m²，也就是说未来还需再增加 70 亿 m² 即可满足我国城镇地区的居住需求。按照我国目前城镇住宅每年新增 10 亿～12 亿 m² 的建造速度，约在 2030 年期间城镇住宅会达到 350 亿 m² 的峰值，直至稳定在这一水平。

（4）城镇住宅存量的建造年代分析

另一方面，对我国现存城镇住宅建筑进行分析可以发现，目前现存的城镇住宅一半以上都是建于 2000 年以后。由于缺乏最新的覆盖全国范围的建筑建造年代调查，所以采用 2015 年全国 1‰人口调查数据对全国城镇住宅建造年代进行分析。2015 年 1‰人口抽样调查对全国 432447 户家庭进行调查，其中城市家庭 155158 户，城镇家庭 107228 户，乡村家庭 17006 户。在调查中对家庭所居住的住房的建成年代进行了调查。根据 2015 年 1‰人口抽样调查的结果按城、镇、乡分类，对居住建筑建成年代分布进行了分析。结果表明，截至 2015 年，无论是对于城镇住宅地区，还是农村地区，我国 90％以上的住宅建筑均建成于 1980 年以后，有一半以上的住宅建筑建成于 2000 年以后，如图 3-7 所示。

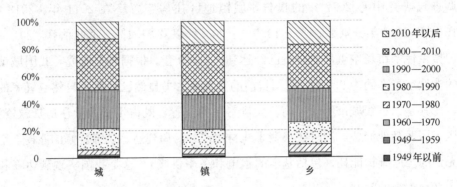

图 3-7　全国居住建筑的建造年代分布（2015 年调查结果）

从整体来看，全国城市地区住宅建筑的房龄主要分布在 10～40 年之间，平均值为 15 年左右，乡村地区的建筑寿命略高于城市和城镇地区，各地区分布详见图 3-8～图 3-10。从全国各省市分布来看，居住建筑的建造年代分布差异不大，但整体看北方地区 2000 年以后建筑的比例略高于南方地区，个别地区开始城镇化建设的进程晚于其他地区（例如西藏）。

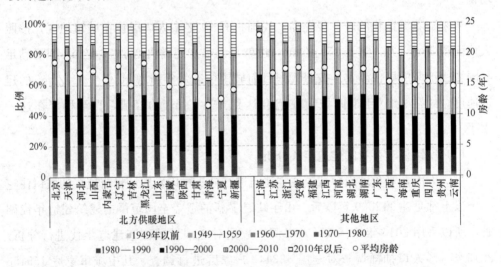

图 3-8　全国各地区城市居住建筑的建造年代分布（2015 年调查结果，城）

为了改善建筑的围护结构性能，我国于 1986 年颁布第一部针对居住建筑的节能设计标准，主要针对的是有集中供暖需要的北方严寒和寒冷地区的居住建筑颁布了《民用建筑节能设计标准（采暖居住建筑部分）》JGJ 26—1986，并陆续于 1995年和 2010 年提升了严寒和寒冷地区居住建筑节能设计标准。对于夏热冬冷地区，

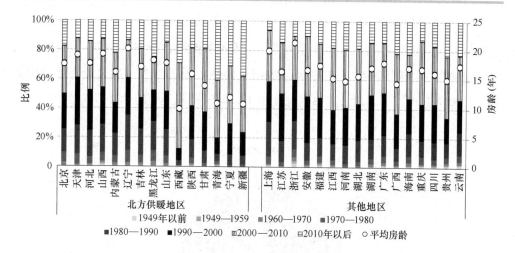

图 3-9　全国各地区城镇住宅建筑的建造年代分布（2015 年调查结果，镇）

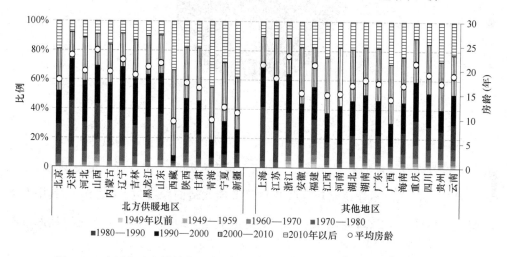

图 3-10　全国各地区城镇住宅建筑的建造年代分布（2015 年调查结果，乡村）

于 2001 年、2010 年分别发布和提升了针对该地区的居住建筑的节能设计标准。对于夏热冬暖地区，于 2003 年和 2012 年发布和提升了针对该地区的对居住建筑的节能设计标准。节能设计标准的一个重点就是提升围护结构性能，以降低冬季供暖的热需求，尤其对于北方集中供暖地区，按照不同阶段标准设计建造的居住建筑，其供暖热需求差别能达到 3 倍以上。

对截至 2015 年住宅的存量进行估算，全国 282 亿 m² 城镇住宅中，约有 49 亿 m² 建于 1990 年以前，围护结构性能较差，其中位于北方供暖城镇地区的建筑约有 19 亿 m²，如图 3-11 所示。除此以外，全国还有 83 亿 m² 城镇住宅建筑建于 1990—

2000年，其中位于北方供暖城镇地区的建筑约有33亿 m²，这些建筑的保温水平也较低，冬季供暖需求显著高于采用了2010年节能设计标准的建筑。总体来看，北方城镇地区约有52亿 m² 的城镇住宅围护结构需要进一步节能改造，通过围护结构性能提升可以显著改善其室内温度水平，同时实现显著的供暖节能效果。

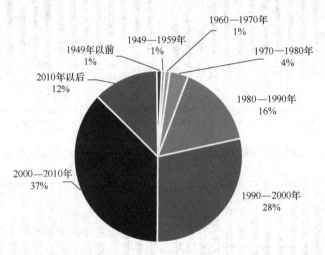

图 3-11　中国城镇住宅建造年代分布（2015年，模型估算）

自"十一五"开始，我国开始开展北方供热计量与围护结构改造工作，《"十一五"建筑节能专项规划》《"十二五"建筑节能专项规划》中进行了相关规划。截至2016年，全国城镇累计完成既有居住建筑节能改造面积超过13亿 m²，其中北方供暖地区累计完成12.4亿 m²。图 3-12 显示了北方地区各省"十二五"期间既有

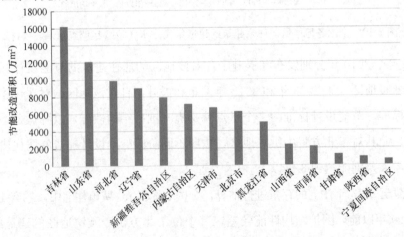

图 3-12　北方地区各省、市、自治区"十二五"期间既有建筑节能改造面积

建筑节能改造工作完成情况。考虑到北方地区总量 52 亿 m² 的改造需求，北方城镇地区仍有约 40 亿 m² 的改造需求，应通过合适的政策机制和技术方法来推动此项工作。

## 3.2 北方居住建筑围护结构改造

### 3.2.1 分布规模与建筑热耗现状

根据前文分析，截至 2015 年，北方供暖城镇地区建于 1990 年以前的建筑存量仍有约 19 亿 m²，建于 1990—2000 年的建筑存量有约 33 亿 m²。"十三五"规划中计划于 2020 年前基本完成北方供暖地区有改造价值城镇住宅建筑的节能改造，实现全国城镇既有居住建筑中节能建筑所占比例超过 60%。根据规划目标和现有非节能建筑存量估算，"十三五"阶段北方供暖地区城镇建筑完成改造面积在 10 亿～20 亿 m²❶。考虑到"十三五"阶段既有居住建筑节能改造工作的实施，目前仍有规模约 32 亿～40 亿 m² 的北方城镇建筑需要改造。

通过对部分北方城市居住建筑热力站 2019—2020 年供暖季热耗数据调研，得到图 3-13 中各地不同类型建筑物实际热耗以及图 3-14 中各地非节能住宅与三步节能住宅的单位面积热耗分布，按照城市供热度日数（$HDD$18）从小到大排序，度日数最低为青岛（1907），最高为哈尔滨（4696）。

从平均热耗来看，各地调研结果均显示：与非节能住宅相比，一、二步节能住宅与三步节能住宅平均热耗显著降低，其中三步节能住宅单位面积平均热耗比非节能住宅降低 14%～40%。从图 3-14 的热耗分布来看，各地非节能住宅热耗分布差异明显，部分地区非节能住宅的最高热耗比三步节能住宅平均热耗高出约 2～3 倍，且部分非节能住宅热耗甚至达到 1GJ/m² 以上。从各类建筑实际热耗巨大的差异现状可以看出，加强建筑物保温工作，尤其是老旧非节能住宅围护结构的保温改造，是降低北方城镇地区建筑供暖能耗的重要途径。

---

❶ 根据住房和城乡建设部发布的《建筑节能与绿色建筑发展"十三五"规划》相关内容进行估算，"十三五"阶段北方供暖地区非节能建筑实际改造面积参见即将发布的"十四五"规划相关内容。

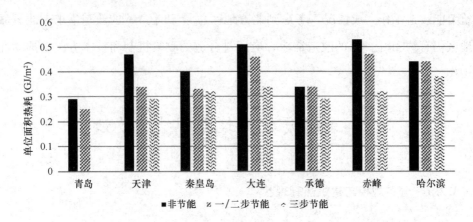

图 3-13 部分城市不同类型居住建筑的单位面积平均热耗

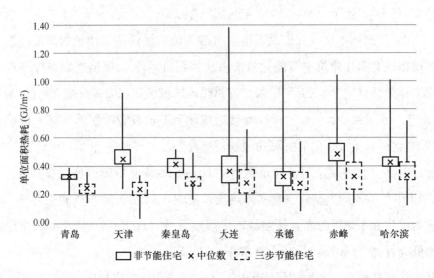

图 3-14 部分城市非节能与三步节能居住建筑单位面积热耗分布

### 3.2.2 围护结构改造的标准与意义

北方供暖地区非节能建筑与一、二、三步节能建筑的分类依据源于我国《严寒和寒冷地区居住建筑节能设计标准》JGJ 26—2018 等一系列技术标准，该设计标准最早颁布于 1986 年，并于 1995 年、2010 年和 2018 年进行三次更新。该系列标准沿用了"节能百分比"的概念，以 20 世纪 80 年代初的北方建筑供暖能耗为基准，四部标准分别对应 30%、50%、65% 和 75% 的集中供热系统节能目标。部分北方地区甚至在 2018 年前就提出了四部节能的地方居住建筑节能设计标准（如北京《居住建筑设计标准》DB 11/891—2012，现已更新为：DB 11/891—2020)。

该系列严寒和寒冷地区建筑节能设计标准对建筑物各类围护结构热工性能参数提出了限值要求，并对不同供暖度日数下的北方各城市和不同建筑特征（如层数、窗墙比等）存在不同规定。以北京市（寒冷 B 区）为例，各步节能标准对围护结构热工性能的规定如表 3-1 所示。

不同节能设计标准居住建筑围护结构 $K$ 值［单位：W／（m²·K）］　　表 3-1

|  | 外墙 | 窗户 | 屋面 |
|---|---|---|---|
| 基准建筑（1980s） | 1.57 | 6.4 | 1.26 |
| 30％节能（JGJ 26—1986） | 1.28 | 6.4 | 0.91 |
| 50％节能（JGJ 26—1995） | 1.16 | 4.7 | 0.80 |
| 65％节能（JGJ 26—2010） | 0.60 | 3.1 | 0.45 |
| 75％节能（JGJ 26—2018） | 0.45 | 2.2 | 0.30 |

注：表中数据为北京地区层数≥4，窗墙比≤0.3 的建筑设计规范限值。

除了各类围护结构散热外，冷风渗透也是建筑供暖热负荷的重要部分，且随着外围护结构传热系数的降低，冷风渗透热负荷占比越来越高。对此 JGJ 26 系列标准对门窗气密性提出要求，2010 年之前的三部标准要求门窗每小时每米缝隙的空气渗透量≤2.5m³／（m·h），而最新标准《严寒和寒冷地区居住建筑节能设计标准》JGJ 26—2018 将该限值更新为≤1.5m³／（m·h）。但由于冷风渗透还受室内人员开窗、门等主动行为影响，因此标准中并未对换气次数进行要求，仅提供了计算换气次数 $0.5h^{-1}$ 作为参考。

相关文献[1][2]介绍了建筑节能设计标准中"节能百分比"的含义，建筑围护结构大幅降低建筑需热量。表 3-2 以北京市为例，给出了不同节能情景下的建筑热耗，北京市满足三步节能标准的建筑理论单位面积热耗仅为 0.17GJ/m²（供热度日数 2041），四步节能建筑理论单位面积热耗仅 0.14GJ/m²，北京市 2019—2020年供暖季建筑平均热耗为 0.24GJ/m²。随着节能技术的应用，大部分供热企业管理运营水平均已有大幅提升，但非节能建筑的存在使得经营范围内平均单位面积热

[1] 郎四维. 标准瞄住 65％——修订北方居住建筑节能设计标准的思考［J］. 建设科技，2003（08）：14-15.

[2] 林海燕，郎四维. 建筑节能设计标准中几个问题的说明［J］. 建设科技，2007（06）：58-59.

耗水平仍然较高。

北京市不同节能情景下建筑热耗                          表 3-2

| 建筑类型 | 建筑热耗 （GJ/ m²） |
|---|---|
| 基准建筑 | 0.34 |
| 30%节能（一步） | 0.27 |
| 50%节能（二步） | 0.22 |
| 65%节能（三步） | 0.17 |
| 75%节能（四步） | 0.14 |

为进一步了解各类建筑物实际需热量的差异，对内蒙古自治区赤峰市多栋建筑物各建筑物耗热量和室内平均温度测试。测试结果如表 3-3 所示，三步和二步节能建筑室内温度基本在 22℃以上，而非节能建筑普遍 18℃左右，说明围护结构保温对供热质量的影响显著。通过将室温统一修正至 20℃，即可得到设计室内温度下建筑的实际需热量，如表 3-3 和图 3-15 所示，非节能楼房的平均需热量是三步节能建筑的 1.8 倍，而非节能平房平均需热量是三步节能建筑的 5 倍。

室内温度修正前后平均单位面积热耗                     表 3-3

|  | 三步节能建筑 | 二步节能建筑 | 非节能楼房 | 非节能平房 |
|---|---|---|---|---|
| 平均室内温度（℃） | 23.4 | 23.0 | 18.0 | 19.4 |
| 实际平均热耗（GJ/m²） | 0.35 | 0.50 | 0.48 | 1.39 |
| 修正后平均热耗（GJ/m²） | 0.29 | 0.43 | 0.53 | 1.46 |

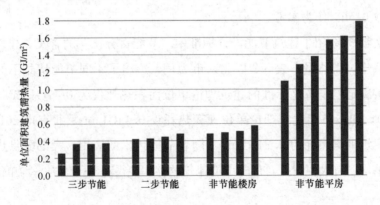

图 3-15   赤峰市不同类型建筑实际需热量对比

无论是从设计标准还是从实际运行热耗来看，非节能建筑的保温改造工作的节能潜力巨大，热耗降低效果明显。目前小部分建筑保温太差，导致供暖需热量相差数倍的现象，还极大地影响了以供热计量收费为突破口的供热改革。尽管这一项从计划经济向市场经济转变的改革在 20 年前就已经启动，但由于在建筑围护结构保温性能的巨大差别导致了单位面积供暖建筑耗热量的巨大差别，若按照实际热量计费，就会使居住在早期建造的非节能建筑中的居民比居住在 21 世纪建设的保温良好的商品房的居民多支付 2～3 倍的供暖费。

相对于商品房中的居民，非保温建筑中的居民又大多属于低收入群体，若严格按照实测热量收取供暖费，就会使得居住在同样面积的住宅内，非保温建筑且室温偏低的低收入群体要多支付几倍的供暖费。而这些居民在老旧建筑中居住大多数并非自行的选择，而是历史传承和住房改革的结果，这些低收入群体无力支付高额房价，只能继续居住于原来所供职企业给予分配的住房中。

高出的供暖费不能由居住者负担，一些地方政府就提出"热量高出部分按照面积结算"，但这又相当于由供热企业承担保温差导致热量的增加。供热企业作为以盈利为经营目标的企业，很难主动承担这部分社会责任。这就导致供热企业通过各种方式抵制"热改"，使得"热改"工作二十年来很难推进。

供暖需热量的极不均衡，是"热改"难以推进的根源。下决心解决这部分占北方城镇总建筑面积约 30% 的非保温建筑的节能改造，也是打破僵局，推动以供热计量为突破点的供热改革的关键。所以对非节能建筑的围护结构改造工作不仅是为了节能降低热耗，也是为了解决供热改革目前遇到的困境。

### 3.2.3 围护结构改造技术与改造效果

为了进一步探究非节能建筑与保温良好的节能建筑在围护结构上的差异，同时对各围护结构改造的效果与成本分析，以内蒙古自治区赤峰市多栋建筑物耗热量实地测试结果为案例。该地供暖时间为 10 月 15 日至次年 4 月 15 日，共计 183 天，供暖季室外平均气温为 -4.5℃。实测建筑类型包含三步节能建筑（4 栋），二步节能建筑（4 栋），非节能的楼房（4 栋）、平房（6 栋）。其中三步节能建筑主要为2010 年之后新建的高层建筑，二步节能建筑建成时间为 2000 年左右，在"十二五"期间进行了节能改造，非节能建筑主要建于 1980 年至 2000 年期间，图 3-16和表 3-4 为测试建筑概况。

(a)　　　　　　　　　　(b)　　　　　　　　　　(c)　　　　　　　　　　(d)

图 3-16　实测建筑照片

（a）三步节能建筑；（b）二步节能建筑；（c）非节能楼房；（d）非节能平房

测试建筑外围护结构基本形式　　　　　　　　　　表 3-4

| 建筑类型 | 外墙 | 外窗 | 屋顶 |
|---|---|---|---|
| 三步节能建筑 | 200mm 钢筋混凝土＋80mm 聚苯板 | 三玻塑钢窗或断桥铝窗 | 120mm 钢筋混凝土＋140mm 聚苯板 |
| 二步节能建筑 | 370mm 空心砖＋50mm EPS 保温模块 | 双玻塑钢窗 | 平屋顶加保温坡屋顶不变 |
| 非节能楼房 | 370mm 空心砖或实心砖，部分有保温改造 | 双层钢窗，部分改为双玻塑钢窗 | 水泥楼板无保温 |
| 非节能平房 | 370mm 空心砖或实心砖 | 大部分双层钢窗 | 水泥楼板无保温 |

通过现场测试得到不同类型建筑的热负荷构成，换算为各个环节的实际耗热量如表 3-5 所示。总体来看，随着保温水平增加，建筑的单位面积热耗逐渐降低。在节能建筑中，通风换气热损失所占比重更大，这是因为围护结构保温性能提升，但建筑仍保持一定通风换气量，甚至在室温偏高时容易出现室内人员开窗通风现象。而对于非节能建筑而言，通过外墙、屋顶、地面的散热占据了最主要的部分。尤其是非节能平房，由于体形系数偏大，屋顶传热对总热耗影响较大。

温度修正后各类型建筑各环节单位面积热耗（单位：$GJ/m^2$）　　　表 3-5

| 环节 | 三步节能 | 二步节能 | 非节能楼房 | 非节能平房 |
|---|---|---|---|---|
| 外墙 | 0.11 | 0.10 | 0.19 | 0.55 |
| 外窗 | 0.12 | 0.17 | 0.15 | 0.28 |
| 屋面 | 0.01 | 0.07 | 0.08 | 0.52 |
| 楼梯间 | 0.00 | 0.01 | 0.09 | 0.00 |

| 环节 | 三步节能 | 二步节能 | 非节能楼房 | 非节能平房 |
|------|---------|---------|-----------|-----------|
| 通风换气 | 0.18 | 0.23 | 0.16 | 0.34 |
| 得热 | −0.14 | −0.16 | −0.14 | −0.23 |
| 总热耗 | 0.29 | 0.43 | 0.53 | 1.46 |

注：得热部分包括太阳辐射得热与人员设备产热。

对各建筑主体外墙传热系数进行测试发现：节能建筑采用了不同厚度的外保温结构，传热系数在 $0.5 \sim 0.6$ W/$(m^2 \cdot K)$，非节能楼房主要采用 37 空心砖，传热系数在 1.1 W/$(m^2 \cdot K)$左右。非节能楼房中，部分用户对外墙自行进行改造。通过外包聚苯乙烯泡沫塑料，传热系数也可以降低至 0.5W/$(m^2 \cdot K)$左右。

三步节能建筑屋面传热系数可以控制在 0.4W/$(m^2 \cdot K)$左右，其他类型建筑屋面传热系数在 1 W/$(m^2 \cdot K)$左右。

新建建筑和节能改造建筑中多采用双层塑钢窗或断桥铝窗，传热系数为 2.5 W/$(m^2 \cdot K)$左右，相比传统的钢窗传热系数 4W/$(m^2 \cdot K)$，不仅可以大幅降低传热量，还能显著增强气密性，有效减少通风换气的散热量。

对于节能建筑，室内温度普遍较高，实地调研大量用户存在开窗通风"降温"的现象。虽然建筑物自身气密性较好，但受到用户习惯影响，实际换气次数在 $0.4 \sim 0.9h^{-1}$。相比之下，非节能楼房由于室内温度偏低，实际换气次数小于节能建筑，分布于 $0.3 \sim 0.6h^{-1}$。

仍以赤峰市某非节能楼房为例，对建筑节能改造成本投入和节能收益进行分析，该建筑围护结构外墙采用 37 厚烧结砖外墙，单面抹灰，外窗原先为单玻钢窗，屋顶为 200mm 钢筋混凝土，改造前该建筑单位面积热耗为 $0.48GJ/m^2$。

表 3-6 为各项节能改造位置与改造方法，节能改造成本最主要的是施工成本，包括主材料费，辅助材料费和施工费用。参考《既有居住建筑节能改造》❶ 中节能改造典型案例的造价并依据目前市场价格估算得到表 3-7 中各项节能改造的施工成本。

---

❶ 刘月莉. 既有居住建筑节能改造［M］. 北京：中国建筑工业出版社，2012.

建筑节能改造位置与改造方法    表 3-6

| 位置 | 改造方法 |
|---|---|
| 外墙/地下室顶板/阳台外墙 | 粘贴 50mm 厚度 EPS 保温板 |
| 外窗 | 更换为双层塑钢窗 |
| 屋面 | 粘贴 50mm 厚度 EPS 保温板，加装防水层 |
| 单元门 | 更换为保温防盗门，并加设闭门器 |

节能改造施工成本    表 3-7

| 项目 | 主材料费 | 辅助材料费 | 人工成本 |
|---|---|---|---|
| EPS 保温 | 350 元/m² | 粘结砂浆 3.6 元/m²<br>抗裂砂浆 3.6 元/m²<br>网格布 5 元/m²<br>其他 2.7 元/m² | 施工 20 元/m²<br>拆除 10 元/m² |
| 外窗更换 | 中空玻璃平开窗<br>240 元/m² | 辅助材料 10 元/m² | 施工 10 元/m² |
| 屋顶 | 350 元/m² | 粘结砂浆 3.6 元/m²<br>抗裂砂浆 3.6 元/m²<br>其他 10 元/m² | 施工 20 元/m²<br>拆除 10 元/m²<br>修缮 10 元/m² |
| 单元门 | 保温门制造安装 3000 元/套 | | |

　　各项节能改造技术产生的节能量如图 3-17 所示，当地的供热成本约 25 元/GJ，由此可以得到各项节能改造技术在本案例情形下的静态回收期如表 3-8 所示。在各项改造方式中，单元门、阳台外墙和外窗的改造范围小、施工难度低、静态回收期短，具有明显的节能效果和经济效益，因此在实际调研中发现不少非节能住宅的用户自行对阳台外墙和外窗进行了改造。然而，该案例中供热成本属于补贴后的价

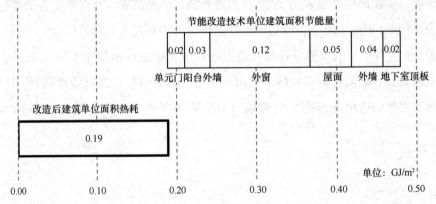

图 3-17　各项改造技术单位面积节能量

格，若按照实际运行成本热价应定在 50 元/GJ 左右，此时各项改造的回收期将在5～15 年之间，建筑节能改造的经济效益明显。因此科学制定终端收费价格，使计量热价能真实反映上游产、购热及输送成本，也是促进围护结构节能改造的关键。

各项改造技术成本与静态回收期　　　　　　　　　　　表 3-8

|  | 单位建筑面积改造成本（元/m²） | 静态回收期（年） |
|---|---|---|
| 单元门 | 5.6 | 10.3 |
| 阳台外墙 | 11.3 | 14.5 |
| 外窗 | 52.9 | 17.0 |
| 屋面 | 22.3 | 17.3 |
| 外墙 | 28.1 | 28.1 |
| 地下室顶板 | 18.5 | 34.1 |

随着节能改造技术的提高和节能改造工程的推广，目前各地的建筑节能改造的材料成本差别不大，主要差异体现在人工成本和前期设计与后期维护费用。但由于北方各地的非节能建筑热耗现状和集中供热系统供热成本存在较大差异，不同地区建筑节能改造的静态回收期亦有较大不同。当既有非节能建筑改造前的热耗越高、当地供热成本越高时，进行围护结构改造的静态回收期越短。针对不同热耗现状的非节能建筑，以三步节能建筑的理论计算热耗 $q_0$ 为基准，分别给出哈尔滨和郑州的室外参数条件下，各类建筑（热耗为 $2.5\,q_0$、$2\,q_0$、$1.6\,q_0$、$1.3\,q_0$）节能改造的回收期如图 3-18 所示。当非节能建筑热耗达到三步节能 2 倍以上时，建筑节能改

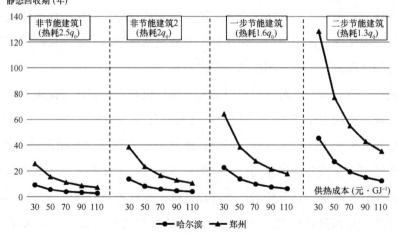

图 3-18　各类住宅不同供热成本下节能改造静态回收期

造回收期均在 40 年以内，对供暖时长 6 个月的哈尔滨而言，改造回收期仅 10～
15 年。

### 3.2.4　未来发展建议

综合现有政策来看，相关部门为推动既有非节能居住建筑的改造工作，除了发
布设计规范作为技术标准外，还进行相应的改造资金补贴。财政部于 2007 年颁布
《北方供暖区既有居住建筑供热计量及节能改造奖励资金管理暂行办法》，对严寒和
寒冷地区既有居住建筑供热计量及节能改造分别按 55 元/$m^2$、45 元/$m^2$ 的基准进
行补贴，包含建筑围护结构节能改造、室内供热系统计量及温度调控改造、热源及
供热管网热平衡改造三项改造内容，按照 6∶3∶1 的比例进行分配。部分省政府如
山西、内蒙古和青海按照 1∶1 的比例实行与中央财政补贴资金的配套。

在相关政策的支持和推动下，北方供暖地区"十一五"期间累计完成既有建筑
节能改造 1.8 亿 $m^2$，截至 2015 年底，北方供暖地区"十二五"期间累计完成既有
建筑节能改造 9.9 亿 $m^2$，是计划任务目标的 1.4 倍。虽然已有的改造工作成果显
著，但考虑到北方供暖地区非节能建筑的存量现状以及推动供热改革的目的，还需
要健全相关机制来推动非节能建筑节能改造。

建筑保温水平、住户支付能力的不均衡，是目前我国北方供暖地区供热计量改
革工作难以推行的主要阻碍。非节能建筑建成年代基本都在 2000 年以前，其热耗
远高于同地区新建的节能建筑。这部分建筑建造背景为计划经济时期，虽然产权目
前归住户所有，但由于当时建造资金来源方式为计划分配，优先保障建成入住而忽
视了建筑保温工作，属于历史遗留问题。随着能源体制的改革，目前应该在充分利
用市场机制的前提下，推动围护结构保温改造。

因此建议成立既有建筑节能专项基金，由与供热企业和居民无关的第三方进行
融资和管理，专门用于对 2000 年以前修建的高热耗房屋进行补贴，补贴依据为建
筑的建成年代和热力站实际热耗。同时，供热同步实行按照热量计量收费的改革，
供热企业能够完全按照市场化的方式运作。该独立的专项基金负责承担老旧小区超
过按照面积计算热费的部分热费，亦可以选择一次性投资，通过将围护结构改造实
现建筑耗热量达到热耗标准，改造之后不再负担热费的补偿。通过这样的机制改
变，保障既有非节能建筑供暖的社会责任由该独立的社会基金来承担，供热企业以

营利为经营目标，供热计量收费能够得到多方的支持，供热改革也能得以顺利进行。

## 3.3 城镇住宅建筑用气

### 3.3.1 城镇住宅天然气户均用量及分布

对于我国城镇居民家庭，天然气的需求主要来源于供暖、生活热水以及炊事。除炊事用气外，不同家庭在供暖和生活热水方面对于天然气的需求情况差异较大，可以根据供暖和生活热水形式大致分为四大类家庭：燃气供暖＋燃气生活热水，非燃气供暖＋燃气生活热水，燃气供暖＋非燃气生活热水，非燃气供暖＋非燃气生活热水。其中，由于北方地区供暖相比于生活热水和炊事的用能强度较大，供暖方式会对家庭天然气消费总量产生较大的影响。因此，本章节在对家庭供暖方式进行区分的基础上，以北京为例，对市区内家庭的天然气户均用量及分布情况进行研究，调研共获取样本超过 10 万户。

对比自供暖与非自供暖家庭用气量如图 3-19 所示，可以看到天然气自供暖家庭的总用气量水平远高于非自供暖家庭。自供暖家庭户均年天然气用量为 666m³/年，中位水平为 635m³/年，而对于采用集中供暖的家庭，户均天然气用量为 119m³/年，中位水平为 103m³/年。基于上述数据进行推断，假设两类家庭的平均

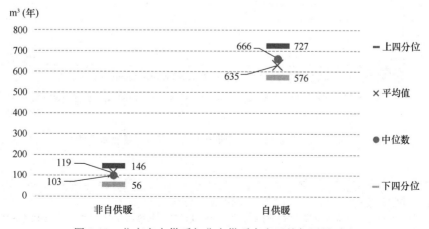

图 3-19 北京市自供暖与非自供暖家庭天然气用量对比

炊事和生活热水用气量相近的话，那么燃气自供暖家庭全年的供暖燃气消耗量在 550m³/年左右，假设户均建筑面积为 90m²，那么供暖的用气强度在 6m³/m² 左右。

　　针对非自供暖家庭的用气量分布情况进行了进一步的统计分析如图 3-20 和图 3-21所示。对于绝大多数住宅楼，其户均天然气用量都在 50~150m³/年之间。由图 3-21 可得，样本中仅有 135 栋住宅建筑的户均气耗在 200m³/年以上，即近 90％的住宅建筑户均用气量水平低于 200m³/年。

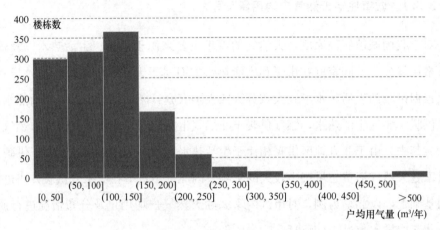

图 3-20　北京市非自供暖住宅楼户均用气量分布直方图❶

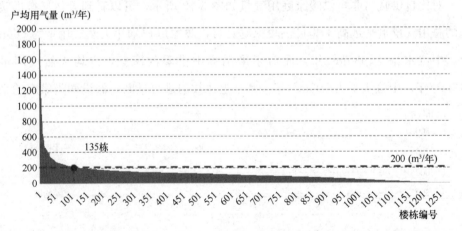

图 3-21　北京市非自供暖住宅楼户均用气量分布图❷

　　此外，我们针对 2015—2018 年均有数据采样的非自供暖楼栋进行进一步分析，结果如图 3-22 所示。可以发现居民家庭的用气水平出现了较为明显的两极分化现象，上四分位家庭和下四分位家庭用气量的差距在逐渐拉大，这主要是由于居民生活方式的改变所导致。一方面，随着居民家庭收入的提高，居民家庭生活热水的渗透率以及部分家庭生活热水的用量在上升，导致生活热水用气量升高；另一方面，居民在家做饭的比例降低，由于炊事器具的更新，电炊具的比例增加，这都导致了炊事用能的逐年下降。

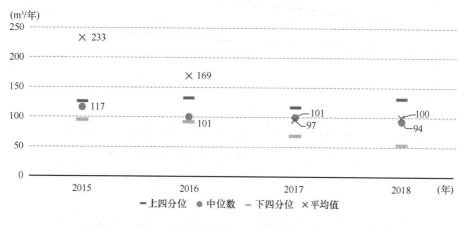

图 3-22　非自供暖楼栋用气量变化情况

### 3.3.2　炊事电气化

#### 1. 炊事用能种类

　　在炊事能源方面，以北京的调研结果为例，如图 3-23 所示，绝大多数家庭使用管道燃气作为主要的炊事能源，占到了家庭总数的 74%，此外，主要使用电炊具和罐装液化石油气的家庭分别占 13% 和 11%，三种能源合计占总数的 98%，为目前中国家庭最主要使用的三种炊事能源。

　　从全国情况来看，根据《中国城乡

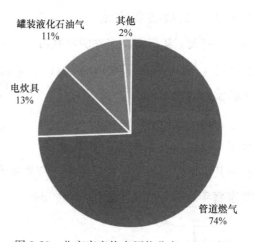

图 3-23　北京家庭炊事用能分布（2018 年）

建设统计年鉴 2019》发布的数据，城市、县城、建制镇以及乡村的天然气普及率在 2005—2018 年间均呈上升趋势，如图 3-24 所示。其中城市、县城的天然气普及率显著上升，在 2018 年分别达到 97.3% 和 86.5%，目前建制镇和乡燃气普及率仍处于较低水平，分别为 52.4% 和 25.6%。

图 3-24　我国燃气普及率（用气人口/常住人口）❶

## 2. 炊事用气强度

为了解典型家庭的炊事用能强度，以北京为例对居民家庭的炊事习惯进行了问卷调研，结果如图 3-25 所示。可以发现，绝大多数居民家庭是至少每天晚饭在家吃，占到了 56%，每天三顿饭都在家吃的家庭占比 26%，而一周在家吃饭不超过 7 次的家庭占比 16%。

为进一步估算用能强度，我们选取了一户偶尔在家吃饭的典型家庭，

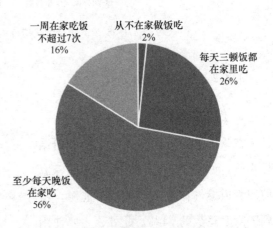

图 3-25　北京居民家庭炊事习惯（2018 年）

并对其炊事用气习惯进行了调研，结果如表 3-9 所示。根据其炊事用能习惯得到该类家庭年炊事天然气用量在 65m³ 左右。

---

❶　数据来源：《中国城乡建设统计年鉴 2019》。

典型家庭炊事燃气用量估算　　　　　　　　　　　　表 3-9

| | |
|---|---|
| 每周平均在家吃饭次数 | 10 |
| 每次做饭燃气灶平均使用时长（min） | 20 |
| 每次做饭使用的灶眼数量 | 1 |
| 燃气灶热功率（kW） | 4 |
| 每小时天然气用量（m³） | 0.38 |
| 年炊事天然气用量（m³） | 65.6 |

### 3. 炊事电气化方式

以可再生能源为主的低碳能源系统，是我国能源转型的必然方向。零碳能源主要来源为核电、水电、风电、光电和生物质能，能源直接产出形式由化石能源时代的燃料转为以电力为主。能源低碳转型意味着用能侧也要实现全面电气化，这将导致建筑部门终端用能方式的巨大变化。实际上，目前建筑中的大多数用能设备都已实现了电气化，炊事是少数仍需要使用化石能源的终端需求，要实现居住建筑部门的零碳转型，就需要推进家庭炊事用能的电气化。

实际上，在过去的十年间，炊事电气化是我国城镇家庭的重要发展趋势。第一，各类电炊具在我国的年销售量大，如图 3-26 所示。电饭煲、电磁炉、微波炉等电炊具在近 5 年间的年销量分别维持在 5000 万台、2500 万台和 1000 万台左右，这说明电炊具在我国居民家庭有较大的需求量。

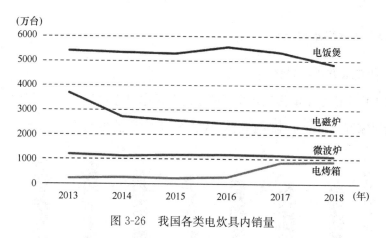

图 3-26　我国各类电炊具内销量

第二，我国城镇居民家庭电炊具的保有量也处于较高水平，以普及率较高的电饭煲为例，早在 2012 年电饭煲百户城乡居民拥有量就已超过 100 台。根据国家统计局发布的数据，微波炉的百户城镇家庭拥有量也从 2013 年的 50.6 台上升至 2019 年的 55.7 台。

第三，居民炊事的用能习惯也在发生着改变。对比 2012 年和 2018 年的调研结果，北京家庭中把电炊具作为主要炊事工具的家庭从 7% 上升至 13%，如图 3-27 所示。

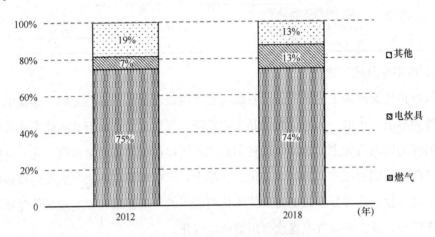

图 3-27　北京家庭炊事主要用能

目前，电炊事技术也在不断发展，除传统的电饭煲、电磁炉、微波炉等电炊具之外，例如电焰灶等一些适合中国居民传统烹饪习惯的电炊具也在不断涌现，这也会对我国未来的炊事电气化起到推动作用。

### 3.3.3　生活热水电气化

1. 生活热水方式与趋势

随着人们生活水平的提高，生活热水的普及率迅速增长，2013 年到 2019 年中国城镇居民家庭每百户热水器拥有台数从 80.3 台迅速增长至 98.2 台，如图 3-28

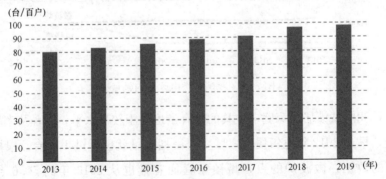

图 3-28　中国城镇居民家庭平均每百户年底沐浴热水器拥有量

所示，基本实现了城镇家庭热水器的普及，而在 2001 年这一数字仅为 52 台。

图 3-29 和图 3-30 所示为 2018 年北京、上海居民家庭生活热水设备分布情况。可以发现，目前电加热热水器、燃气热水器是城镇居民家庭使用最多的生活热水设备，但在我国南北方的分布有所差异，其中北京居民最主要使用的热水设备是电加热热水器，占比 51%；而上海居民最主要使用的热水设备则是燃气热水器，占比 61%。除上述两类热水器之外，太阳能热水器和电热泵热水器也是目前居民家庭中较为常见的两类热水器。电热泵热水器近年来有较好的发展趋势，但仍处于初期市场阶段，目前在家庭中的占比较低。

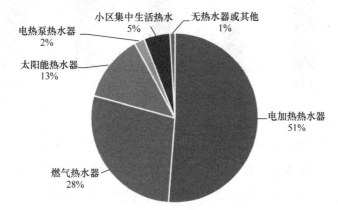

图 3-29　北京居民家庭生活热水设备分布

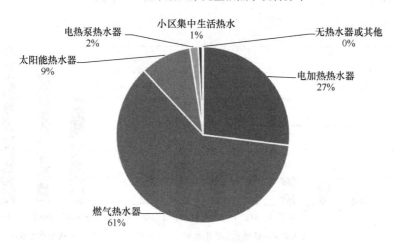

图 3-30　上海居民家庭生活热水设备分布

2. 生活热水的用能强度

一般而言，用水量的差异是家庭生活热水能耗最主要的影响因素之一。以北京为例，对我国城镇居民的主要生活热水使用方式进行调查，如图 3-31 所示，可以发现城镇居民家庭最主要的生活热水用途为淋浴，其次是洗脸洗手以及洗菜，会使用生活热水进行盆浴的居民家庭仅占总数的约 30%。

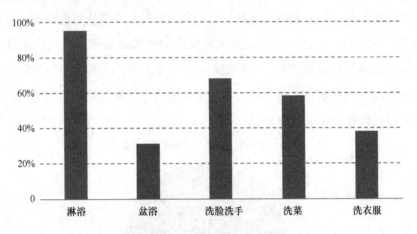

图 3-31    2018 年北京家庭生活热水用途

上述生活用水习惯也是我国家庭生活用水量远低于发达国家的主要原因，我国城镇居民主要习惯于淋浴而日本等发达国家则习惯于盆浴。基于清华大学建筑节能研究中心相关的调研工作，如图 3-32 所示。我国户日均生活热水用水为 50L/（户·天），约为西班牙平均水平的 25%，美国的 18.5%，日本的 22.2%。

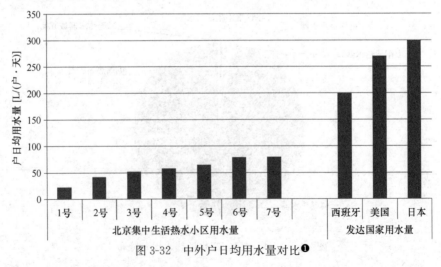

图 3-32    中外户日均用水量对比❶

❶ 数据来源：邓光蔚. 使用模式对集中式系统技术适宜性评价的影响研究［D］. 北京：北京工业大学，2013.

基于上述生活热水用量，我们对使用燃气热水器的典型家庭生活热水年耗气量进行了估算，基本假设与结果如表 3-10 所示，典型家庭年生活热水用气量约为 80m³。

典型家庭生活热水气耗估算 表 3-10

| | |
|---|---|
| 户日均生活热水用量 [L/（户·天）] | 50 |
| 燃气热水器设定温度（℃） | 45 |
| 自来水平均供水温度（℃） | 10 |
| 燃气热水器效率 | 90% |
| 年生活热水用气量（m³） | 82.8 |

### 3. 生活热水电气化

实现建筑部门的零碳转型，同样需要推进居民家庭生活热水的全面电气化。现有的以电为能源的热水器主要可分为即热型和储热型两大类，其中储热型热水器一方面加热功率要远低于即热型热水器，对于建筑配电的要求及电网的冲击相对较小；另一方面其蓄热能力也能够成为未来建筑需求侧响应的一种方式，促进建筑柔性用电。因此，储热型热水器应当是未来居民家庭生活热水电气化的发展方向。

近年来，电热泵热水器（也称"空气能热水器"）在我国家用热水器市场上逐渐兴起，根据相关产业数据，我国热泵热水器总销量从 2014 年的 52 万台上升到 2019 年的 123 万台，且市场规模仍在保持上涨的趋势。对比电热泵热水器与普通的储热型电热水器，电热泵热水器具有高能效的特点，电热水器热效率一般在 95% 左右，而电热泵热水器 1 份电可以产生 3 份热，热效率可以达到 300%，在相同用水量的情况下要远比普通的电热水器节能。对比燃气热水器、普通蓄热式电热水器以及电热泵热水器的初投资以及运行费用如表 3-11 所示，可见在同样的用水量下，电热水器的运行费用要高于燃气热水器的运行费用，但电热泵热水器运行费用要低于燃气热水器，即使考虑热泵热水器的蓄热水箱的散热损失，电热泵热水器的年运行费用也基本可以做到与燃气热水器相当。

各类热水器运行费用对比 表 3-11

| | 燃气热水器 | 电热水器 | 电热泵热水器 |
|---|---|---|---|
| 年用水量（L） | 50×365 天＝18250 | | |
| 热效率 | 90% | 95% | 300% |
| 用能量 | 82.8m³ | 784 kWh | 248 kWh |
| 能源费用（元） | 248.4 | 376.5 | 119.2 |

目前，电热泵热水器的设备价格仍显著高于普通的燃气热水器与电热水器，但未来随着市场规模的扩大，其价格也会逐渐下降。从我国建筑领域零碳转型以及节能减排的角度来看，应当大力推广电热泵热水器以实现生活热水的电气化。

## 3.4　城镇住宅建筑用电

### 3.4.1　城镇住宅总用电量

随着城镇经济社会发展和居住水平的提升，城镇家庭中各类电器逐渐普及，近年来也出现了一系列信息化设备和电炊具设备等，夏季空调需求和冬季供暖需求近年来也显著增加，导致城镇住宅的总用能量和总用电量都大幅提升。随着电气化水平显著提升，城镇住宅领域中，电力占一次能耗比例从 2001 年的 64％增长至 2019 的 70％。2019 年，全国城镇住宅总用电量达到 5374 亿 kWh，是 2001 年全国城镇住宅总用电量的 4 倍以上，如图 3-33 所示。

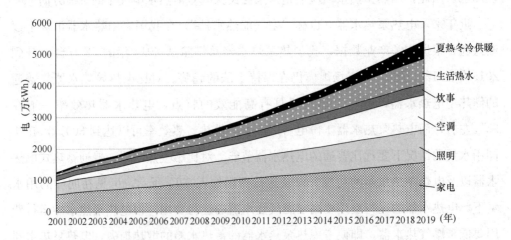

图 3-33　中国城镇住宅总用电量（2001—2019 年）

但实际上城镇住宅用电总量最大的驱动力来自城镇化率的提高，城镇户均用电量和人均用电量的增幅其实相对平缓。2001 年到 2009 年，我国的城镇住宅户均和人均用电量增长了 1.5 倍左右，如图 3-34 所示。2019 年，我国的城镇住宅户均用电量约为 1786kWh/年，这一指标与欧美发达国家的家庭耗电量相比仍然较低。欧美国家使用率较高的冷柜、电烤箱、洗碗机等家用电器目前在中国比较少见。因此，从整体用电水平上来看，我国的整体用电水平相较欧美国家仍然较低。

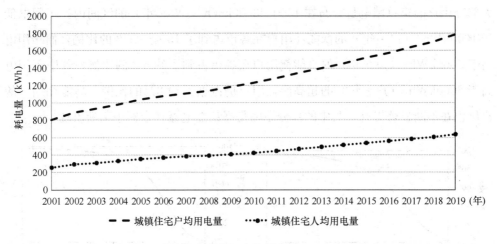

图 3-34　城镇住宅人均与户均耗电量（2001—2019 年）

### 3.4.2　户均用电量

我国城镇住宅的户均用电量整体用电水平不高但个体用电差异大。为了了解我国城镇居民单户用电量的分布情况，根据江苏省某六个城市 2014 年全年随机抽样的 83243 户城镇住宅用电数据，得到江苏六市城镇住宅用户全年用电量分布的统计参数，如图 3-35 所示。通过调研统计可以发现，该六市的户均年用电量在 2200～2600kWh/（户·年），年用电量中位数在 1700～2200kWh/（户·年）。样本整体的全年户均用电量均值为 2320kWh/（户·年），中位数为 1900kWh/（户·年）。

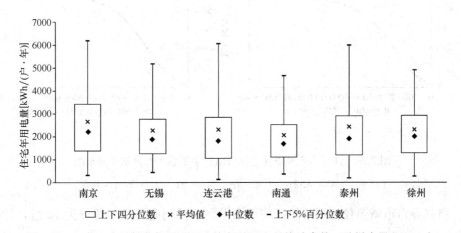

图 3-35　江苏六市城镇住宅调研用户全年总用电量统计参数（总样本量 83243 户）

　　图3-36给出了江苏六市城镇住宅全年总用电量的分布，由分布图可以看出，大部分用户的年总用电量分布在1000～3000kWh/（户·年）的区间内。年用电低于1000kWh/（户·年）的低能耗用户在各市占到了15％～20％的比例，而年用电高于5000kWh/（户·年）的高能耗用户在各市占到了约5％的比例，其中年用电高于8000kWh/（户·年）的超高能耗用户仍占据了约2％的比例。高能耗用户的比例也在不断显著提升，其中的部分原因是高耗能电器在家庭中不断出现。

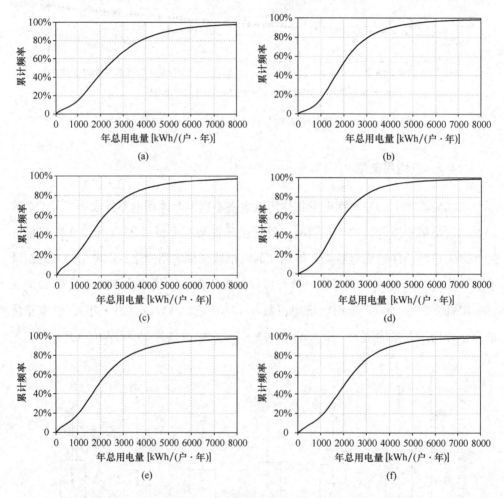

图3-36　江苏六市城镇住宅调研用户全年总用电量累计分布图

（a）南京；（b）无锡；（c）连云港；（d）南通；（e）泰州；（f）徐州

　　将江苏六市城镇住宅用户按户均年用电量由低到高排序并等分为10组，计算出每组住户的平均用电量，并将该数据与日本、韩国、美国和法国的全国户均年用电量进行对比（图 3-37）。可以看出，我国住宅用户用电整体显著低于日本、韩国、法国和美国的用电水平。然而，对于我国用电量最高的 10% 的用户（第 10组），其户均用电量已经超过了日本、韩国和法国的平均用电水平。随着我国经济社会的发展，城镇居民用电量还会进一步增长，但占比明显高于其他家庭的这一部分高耗能用户并不是我国城镇住宅的发展方向，追求生态文明的发展理念，维持绿色生活方式，实现我国城镇住宅绿色低碳与可持续发展才是我国未来的发展方向。

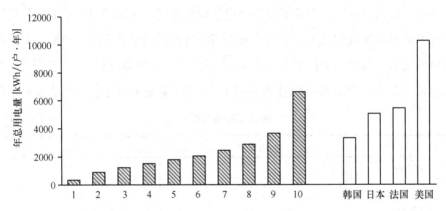

图 3-37　江苏六市住宅各百分位组平均户均年用电量与世界各国户均年用电对比❶

### 3.4.3　生活方式差异

我国的城镇住宅户间用电量差异巨大，造成不同家庭之间用电差异的主要原因是生活方式的不同；造成家庭电耗显著高于平均值的主要原因包括：电器种类及使用方式的差异，长时间待机造成的能耗浪费，同时也包括供暖和空调行为的差异所

❶　美国住宅用户数量数据来源：U. S. Energy Information Administration, Electricity data［DB/OL］. https：//www. eia. gov/electricity/data/browser/#/topic/56? agg＝0，1&geo＝g&endsec＝vg&freq＝M&start＝200101&end＝202011&ctype＝linechart&ltype＝pin&rtype＝s&pin＝&rse＝0&maptype＝0.

日本住宅用户数量数据来源：Statistics Bureau of Japan, Statistical Handbook of Japan 2020［M/OL］. https：//www. stat. go. jp/english/data/handbook/c0117. html.

法国住宅用户数量数据来源：European Commission, Eurostat［DB/OL］. https：//ec. europa. eu/eurostat/databrowser/view/lfst_hhnhwhtc/default/table? lang＝en.

韩国住宅用户数量数据来源：Statistics Korea, 2017 Population and Housing Census［M/OL］. http：//kostat. go. kr/portal/eng/pressReleases/8/7/index. board? bmode＝read&bSeq＝&aSeq＝370993&pageNo＝1&rowNu.

造成的能耗巨大差异。

住宅中电器种类众多，不同家庭和用户使用电器的行为和习惯有所不同。随着人民生活水平的提高，新的家用电器类型在城镇居民的家庭中不断涌现，也伴生了新的生活方式。除了电视、冰箱、空调、洗衣机这几类城镇家庭必备电器之外，一些高能耗电器的拥有率也逐渐升高，例如：冰柜、洗碗机、消毒碗柜、烘干机、饮水机、智能马桶圈。这些生活方式影响了居民用电行为，对城镇住宅用电能耗产生了显著的影响。

为了分析高电耗和低电耗家庭用电量差异的原因，选取两户典型家庭分别作为高电耗和低电耗家庭的代表，对各家庭常用电器进行用电功率测试并配合对住户生活习惯的访谈。其中高电耗家庭位于湖南长沙，2019 年总电耗为 6995kWh，低电耗家庭位于北京，2019 年总电耗为 999kWh，两个家庭的基本信息如表 3-12 所示。

测试家庭基本情况                                    表 3-12

| | | 家庭 A | 家庭 B |
|---|---|---|---|
| | 全年能耗 | 6995kWh | 999kWh |
| | 家庭地址 | 湖南长沙 | 北京 |
| | 建筑面积 | 100m² | 160m² |
| | 人口构成 | 2 中年＋学生 | 2 中年＋学生 |
| 常用电器 | 空调 | 分体空调×3 | 分体空调×3 |
| | 供暖 | 电暖气 | 集中供暖 |
| | 生活热水 | 燃气热水器＋厨宝 | 燃气热水器＋集中生活热水 |
| | 其他电器 | 冰箱、洗衣机、投影仪、功放音响、走步机、智能马桶圈、扫地机器人、抽油烟机、电饭煲等 | 冰箱、洗衣机、电视、功放音响、抽油烟机、电饭煲、电热水壶等 |

根据电器电耗测试数据和对住户生活方式的调查，将两个家庭主要电器的年总电耗分别汇总如图 3-38 所示。

对比两个家庭，可以发现高能耗家庭中耗电最大的是空调，全年电耗为约为 745kWh，而低电耗家庭位于北京，全年空调电耗约 100kWh。除了气候差异以外，造成空调能耗差异最大的原因就是空调的使用方式不同：家庭 A 使用时间为 6 月至 9 月，主要开启两个卧室的空调，而家庭 B 夏季使用空调的次数较少，集中在 7 月最热的几周。除此以外，由于家庭 A 位于湖南长沙，属于非集中供暖地区，该

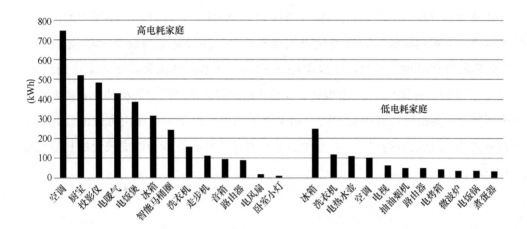

图 3-38 实测两户家庭主要电器年用电量

家庭冬季采用电暖器供暖，全年耗电量约为 430kWh。

除了空调供暖以外，家庭 A 还有多个电器的能耗显著高于普通家庭，包括厨宝、投影仪、电饭煲、马桶圈。这些电器都是由于长时间的待机造成了大量的能耗浪费。

这些电器中耗电量最大的就是提供洗手洗菜的厨宝。该家庭生活热水使用燃气热水器，同时使用一个容量 10L 左右的小厨宝供应洗手的热水。厨宝夏季每个月电耗约 20kWh，冬季每个月电耗约 60kWh，全年的用电量为 518kWh，比该家庭的供暖电耗还高。

除此以外，A 家庭还有投影仪、电饭煲、智能马桶圈等高能耗电器，单个电器年用电量均大于 200kWh，与冰箱的电耗水平相当。下面对几个高能耗电器的使用情况进行探讨。

家庭 A 的投影仪与功放的年电耗之和为 481kWh，其功能和运行功率都与电视相似，该家庭平均每天使用投影仪 3～5h，其运行功率为 300W 左右，日均电耗 1.3kWh。且投影仪在不使用时存在待机电耗，平均待机功率为 1.3W，由此计算得到投影仪全年待机电耗为 11.4kWh。对比家庭 B 电视的年总电耗为 62kWh，按运行功率 256W 计算，平均每天只看电视 40min。故投影仪电耗高的原因是其较高的使用频率和较长的使用时长。

家庭 A 电饭煲的用电量也尤为突出，其年电耗高达 385kWh，是低电耗家庭电饭煲的 11 倍。一个三口之家常用的容量 4L 的电饭煲煮一次米饭电耗约为

0.189kWh，按每天使用 2 次估算年电耗为 140kWh。通过对家庭使用习惯的进一步调查，了解到该家庭除了使用电饭煲煮饭外，还设定电饭煲每天凌晨 3：00～6：00定时自动煲粥三小时，单次电耗 0.68kWh（单次电耗为智能功率计的读数，图 3-39 为运行过程）。同时电饭煲在非使用时段存在 7.2W 的待机功率，由此计算电饭煲全年待机电耗可达 50kWh。可见相同的电器由于人员使用方式的差异可以造成高达 10 倍的电耗差异，而且加热类电器的长时间待机会造成较大的热量耗散和能耗。

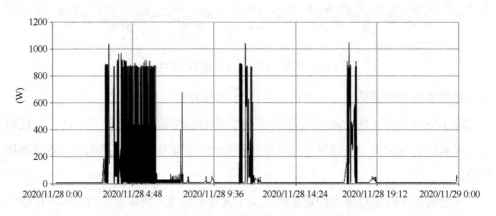

图 3-39 高能耗家庭电饭煲典型日功率曲线

高电耗家庭另一个高电耗电器是智能马桶圈，其全年总电耗为 241kWh，与一般的家用冰箱耗电量相当。图 3-40 展示了高电耗家庭智能马桶圈的典型日功率曲线，其电耗可分为两部分，一部分是人使用冲洗功能时加热水的电耗，一般单次使用时长为几十秒到一分钟，采用即热式加热水的方式，加热功率约为 1300～1600W。第二部分产生于加热座圈的电耗，在冬季为了保持座圈温暖，在不使用马桶时也存在 35～40W 左右持续的加热功率，平均每天消耗在加热座圈上的电量为

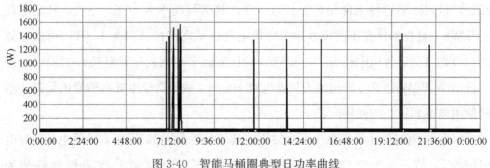

图 3-40 智能马桶圈典型日功率曲线

0.84~0.96kWh。以该典型日为例，智能马桶圈电耗 1.03kWh，其中用于维持座圈温度的电耗为 0.864kWh，占 84%，用于加热水的电耗为 0.166kWh，占 16%。

除以上电器外，家庭 A 的走步机、音箱和路由器这三个电器的年电耗分别为 111kWh、94kWh、87kWh，同样不可忽视。路由器属于全天 24h 常开的电器，平均运行功率为 9.9W。其中走步机和音箱几乎每天都会使用，但是在不使用时也均存在待机功率。走步机待机功率 4.2W，全年待机电耗 34kWh，占走步机总电耗的 30%。音箱待机功率 1.8W，全年待机电耗 16kWh，占音箱总电耗的 17%。

通过对此高电耗家庭电耗构成的剖析，总结得到造成家庭电器电耗高的原因，除了供暖和空调使用方式上的差异外，造成家庭高能耗的主要原因有三类：一类是持续加热类电器，如电热水器、厨宝、饮水机、智能马桶圈，这些电器由于长时间待机并反复加热，全年耗电量不容小觑。第二类就是高能耗电器，如烘干机、洗碗机、消毒碗柜、酒柜、电烤箱等，这类电器能耗高但尚未在我国城镇家庭中普及，应该高度关注这些高能耗电器的耗电量及相应能效政策。第三类就是各类电器的待机能耗，如洗衣机、电视等电器。例如上述家庭 A 大部分电器在不使用时都处于待机状态，将投影仪、电饭煲、走步机、音箱等电器的待机功耗加总，一年也有 111kWh，单独看每个电器的待机电耗都不大，但积少成多也变成家庭电耗中不容忽视的构成成分。

这些早年并不普及但如今逐渐走进万家的新型电器将成为我国城镇家庭电耗增长的重要原因。依据电器的用电特性，有三类高电耗电器值得关注，下面对这三类电器的电耗情况和节能措施分别进行讨论。

（1）持续加热类电器

诸如电热水器、厨宝、饮水机、智能马桶圈等持续加热类电器均是采用电加热的方式产生用户需要的热水或维持物体表面温度。此类电器的特点是，通常在用户无热需求时也有较大的加热电耗，这部分电耗的用处是保证使用者在有热水需求时可以即刻获得热水，以备不时之需。对于这类电器的实测数据显示，满足用户用热需求所消耗的"有用"电耗所占比例很小，而大部分电耗用于维持蓄存的水温，抵消漏热量，也可理解为这部分电耗属于"无用功"。

此类电器又可以细分为两种类型。一种是具有储热装置的电器，例如带蓄热罐的电热水器、厨宝、饮水机等。此类电器采用周期性加热的模式，当蓄水装置中水温低于下阈值后开始加热，达到要求水温后停止加热。图 3-41 为一台饮水机在无饮水需求时 2h 内的用电功率曲线。为保持蓄水罐内的水温，平均每 20min 补热一次，每次补热的耗电量为 0.015kWh，如此计算可得到饮水机平均漏热功率为 46W，因此在没有饮水需求时饮水机待机一天的电耗为 0.97kWh，已经超过一台普通的家用冰箱一天的耗电量。此类电器的高电耗通常是由蓄热装置保温效果差，漏热现象严重造成的，故可以通过增强蓄热水罐的保温性能来降低漏热量，减小保温电耗。除此之外，目前市场上更新款的饮水机为即热式饮水机，即不存在蓄热水罐，在需要热水时需要等待十几秒。这种即热式的饮水机不仅更加卫生，更节省了每天近 1kWh 的保温电耗。

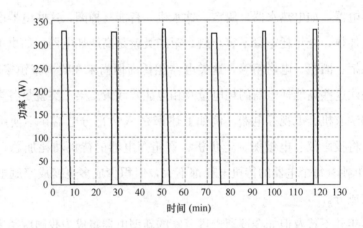

图 3-41　实测饮水机 2h 内功率曲线

另一种类型的加热类电器不具有蓄热装置和保温措施，例如智能马桶圈，在不使用时要始终保持座圈温度，而座圈向环境的散热是不可通过增加保温来减小的。目前市面上销售的智能马桶圈，考虑到卫生、安全和节能要求，加热水的方式普遍采用即热式。热水加热器功率约为 1600W，座圈加热器功率为 40～50W，烘干器功率为 340W。以上面家庭 A 马桶圈的使用方式为例，要保持座圈加热功能 24h 开启的话每天消耗在加热座圈上的电量为 0.84～0.96kWh，占马桶圈总电耗的 84%，耗电水平也超过了家用冰箱。解决这类无保温措施的加热类电器电耗高问题的方法是智能控制，目前一些智能马桶圈都设有定时开关的选项，可以根据用户的使用习惯自动定时开启或关闭，在白天家里没人和夜晚睡觉时停止加热，需要使用时再次开启，进而节省维持马桶圈温度的无效加热电耗。

（2）非生活必需类高能耗电器

近年来，随着经济社会发展和生活水平的提升，中国城镇家庭拥有的电器种类和能耗都在逐年增长。近年来，常规电器的销量逐渐平稳，同时非常规电器的销量开始出现显著增长。例如，厨房类电器中，微波炉、电磁炉、电饭煲的销量已经稳定，而电烤箱、洗碗机这些电器是新增电器，近 5 年来销量增长明显（图 3-42）。而在家居类电器中，吸尘器、净水器和空气净化器稳中有增，而智能马桶和扫地机器人销量显著增长（图 3-43）。

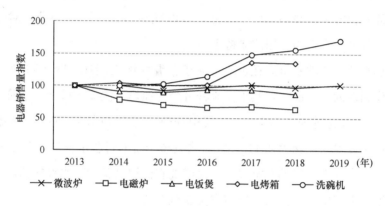

图 3-42　全国厨房类电器销售量指数

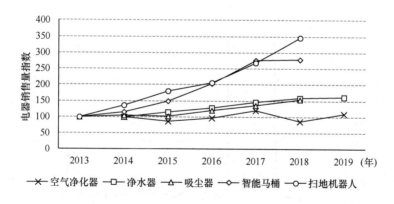

图 3-43　全国家居类电器销售量指数图

注：微波炉，洗碗机以 2014 年销售量作为 100，电磁炉、电饭煲、电烤箱以 2013 年销售量作为 100。空气净化器、净水器以 2014 年销售量作为 100，吸尘器、智能马桶、扫地机器人以 2013 年销售量作为 100。数据来源：产业在线。

在这些新增的电器中，洗碗机、智能马桶圈、酒柜、热水洗衣功能的洗衣机均属于能耗较高的家用电器。

近些年在厨房类电器中洗碗机的销售量增速最快。洗碗机的工作流程一般分为：加热清洗、消毒、烘干三个步骤，不同模式下的持续运行时间从 60min 到 300min 不等。由于目前市售的洗碗机普遍采用 70~80℃高温洗涤来去污除菌，并采用高温热风进行烘干，为产生所需热量洗碗机一次标准洗涤过程的电耗为 0.64~1.6kWh，全年耗电量可达 300~500kWh，属于高电耗电器。

酒柜与冰箱工作方式相似，通过压缩制冷控制酒柜内的温度和湿度来储藏红酒，一般酒柜内温度调节范围为 4~22℃。其耗电量与酒柜容量直接相关，目前市面上销售的酒柜容量一般为 30~150 瓶，日电耗约为 0.3~0.8kWh，对于容量较大的酒柜，其电耗水平与家用冰箱持平。

使用热水功能的洗衣机能耗也显著高于常温水洗衣能耗。图 3-44 为实测洗衣机一个工作周期的功率曲线，其工作流程可分为加热、洗涤、甩干三个阶段，一个完整洗衣过程的电耗为 0.131kWh。其中加热水阶段持续约 200s，加热功率为 1900W，加热过程的电耗为 0.112kWh，占到整个洗衣过程电耗的 85%。可见热水洗衣的能耗是常规洗衣机的 5 倍以上。目前洗衣机均具备调节水温的功能，适当调低热水温度或采用常温水洗衣可以节省洗衣机电耗。

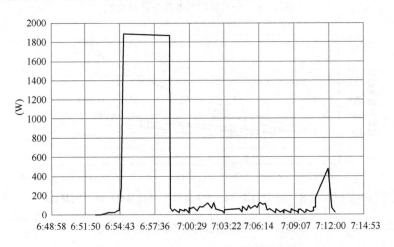

图 3-44　洗衣机一个工作周期功率曲线

（3）全天处于待机状态的电器

以上面的高能耗家庭 A 为例，由于投影仪、电饭煲、走步机等电器待机现象造成的电耗一年就有 111kWh。在家用电器中，处于常开状态的电器除冰箱和路由器等电器外，还有处于待机状态的电器。常用的如电视、电脑、空调、洗衣机、热水器等电器的待机功率一般为 0.5～5W，单个电器全年待机电耗在 4～40kWh 的量级。

通过以上案例和对比分析，可以得出造成我国城镇住宅家庭能耗高的几类主要原因。对于家用电器中，持续加热型电器（饮水机和智能马桶圈）应该特别注意在不使用期间的额外能耗，从政策的角度来讲应该加强对这些电器的能效标准，从技术的角度应该设计出带智能控制功能的新型设备，避免频繁反复的加热和散热，而从使用者的角度来讲应该宣传绿色节约的生活方式，通过行为节能来避免此类电器带来的能耗浪费。对于一些会造成居民生活方式改变的电器，例如衣物烘干机等，不应该从政策层面给予鼓励或补贴，警惕这类高能耗电器的大量普及造成的能耗跃增。而对于长期处于待机状态的电器，既要加强推广各类电器的节能技术，通过智能控制使电器在不使用期间自动切换到节能模式，最小化待机功耗。同时也要提倡节能的生活方式，鼓励住户养成在不使用电器的时段关闭电源的生活习惯。

### 3.4.4 城镇住宅用电量未来发展

我国居民自古以来就有着节约的习惯，由于土地资源的限制，我国的居民建筑一直以来是集约式的公寓住宅为主，生活方式也是本着节约的原则，在需要的时候使用能源和服务，不需要的时候就会关闭来避免浪费。在我国目前的经济发展水平下，我国城镇居民的可支配收入已经完全可以支持我国居民按照美国的生活方式来生活，但是我国的绝大多数居民仍然保持着目前的生活方式以及较低的能耗，说明我国尽管目前的城镇居民平均水平已经超过了温饱水平，并逐渐靠近小康水平，对于收入较高但能耗仍然处于中国平均水平的人来说，制约他们能耗增长的因素并不是经济收入，而更多的是一种文化和消费理念的差异。

通过前面对全国城镇居民的居住和用能方式的分析可以发现，我国城镇住宅领域还有一定的能效提升与节能降耗空间，对各种新型家用电器，应特别注意各种设备的待机电耗：如饮水机、智能马桶圈、机顶盒等功率不大的电器，其年耗电量可达到与电冰箱等公认的重要电耗设备同等水平，这主要是由于待机电耗所导致。加强这类电器的节能评定，通过技术创新降低其待机电耗，通过节能的使用模式和智能技术减少其待机电耗，都是当前需要开展的工作。另一方面对于高能耗的非常规电器，不应通过各类政策给予鼓励，而应通过对绿色生活方式与节约用能行为的引导来避免高能耗电器快速普及带来的能耗跃增。

实际上，如果考虑了城镇居民家庭生活水平的进一步提高和炊事、供暖、生活热水的电气化，未来我国城镇住宅所需的用户量也仅为 3600～4200kWh/年，已经可以很好地满足我国居民的幸福美好生活需求。以一户住宅建筑面积为 100m² 的三口之家为例，计算结果表明，即使是按照相对高的生活水平和使用模式来估算，考虑全面电气化之后，全年的用电量也仅为 3600kWh/（家庭·年），详见表 3-13。而实际上表 3-13 第三列中列出的实测参考值来自清华大学某教授家庭的实测值，其收入与生活水平都属于中上阶层，但其各项能耗实际都低于设定案例的计算结果与目标值，家庭户均用电量仅为 2250kWh/（家庭·年）这个限值。而如果考虑到夏热冬冷地区使用电热泵供暖，考虑再额外增加 800kWh/（家庭·年），家庭的年用电量也仅为 4200kWh，这一供暖用电水平是根据当年平均水平 4kWh/m² 的基础上翻了一番计算得到的。考虑到全国户均 3900kWh/（家庭·年），已经可以保证全国所有城镇家庭都过上目前中等偏上家庭的用能需求与生活水平。因此，如果考虑我国未来城镇住宅实现全面电气化，生活热水和炊事中的燃气由电来全面替代，那么未来 10 亿城镇居民，约 3.8 亿户城镇居民，需要 1.5 万亿 kWh 的电量即可满足城镇住宅的能源需求。

城镇住宅家庭耗电量

表 3-13

| 用能 | 三口之家全年用电量<br>（kWh） | 实测参考值<br>（kWh） | 实测家庭信息 |
|---|---|---|---|
| 家庭全年总用电量 | | | |
| 无供暖家庭 | 3600 | 2250 | 北京某五口之家实测 |
| 有供暖家庭 | 4200 | | |
| 用能分项 | | | |
| 空调 | 700 | 110 | 北京某家庭实测，3 台空调，部分空间、部分时间使用 |
| 夏热冬冷地区供暖电气化 | 800 | 400 | 夏热冬冷地区实测平均值 3～5kWh$_e$/m² |
| 生活热水电气化 | 600 | 710 | 北京某家庭实测，五口之家实测 710kWh 电，折合为三口之家为 426kWh 电 |

续表

| 用能 | 三口之家全年用电量<br>（kWh） | 实测参考值<br>（kWh） | 实测家庭信息 |
| --- | --- | --- | --- |
| 炊事电气化 | 600 | 114m³天然气 | 北京某家庭实测 |
| 照明 | 300 | 427 | 北京某家庭实测 |
| 电器 | 1400 | 1003 | |
| 电冰箱 | 200 | 130 | 200L一级能效冰箱 |
| 电视机2台 | 300 | 263 | |
| 电脑及娱乐设备 | 300 | 300 | 2台电脑 |
| 电饭锅 | 160 | 70 | 一级能效电饭锅 |
| 厨房抽油烟机＋排风扇 | 40 | 20 | |
| 微波炉及其他电炊具 | 100 | 73 | |
| 洗衣机 | 200 | 90 | 一级能效滚筒洗衣机 |
| 饮水机或电热水壶 | 100 | 57 | |

为了实现城镇住宅的低碳与可持续发展，从各部分用能的现状和特点出发，城镇住宅节能与低碳工作的主要任务为：

1）规模控制：合理规模住宅建筑规模总量，对住宅单元面积进行控制，城镇住宅人均住宅面积为 35m²/人，城镇住宅规模总量在 350 亿～360 亿 m² 左右。

2）生活方式：提倡和维持绿色生活方式与节约的使用模式，提倡"部分时间、部分空间"分散灵活的使用方式，避免由于建筑形式、系统形式、能源服务模式引起的生活方式改变为"全时间、全空间。"

3）推进炊事、生活热水和夏热冬冷地区供暖的电气化，当未来城镇住宅用能全面电气化，同时我国电力结构以可再生能源为主实现零碳电力时，就可全面实现城镇住宅的零碳排放。

4）发展与生活方式相适应的建筑形式，大力发展可以开窗、有效的自然通风的住宅建筑形式。对于夏热冬冷地区供暖、夏季空调以及生活热水这三项我国城镇住宅下阶段需求增加的重要分项，应该避免大面积使用集中系统，而应该提高目前分散式系统，同时提高各类分散式设备的末端灵活可调性、舒适度与能效，在室内服务水平提高的同时用电强度不出现大幅增长。

5）对于家用电器，最主要的节能方向是提高用能效率，同时应该注意长时间加热和待机的电器，例如厨宝、智能马桶圈、饮水机等在待机模式下会造成能量大量浪费的电器，应该提升生产标准，例如加强电视机机顶盒的可控性、提升饮水机的保温水平，避免待机的能耗大量浪费。对于一些会造成居民生活方式改变的电器，例如衣物烘干机等，不应该从政策层面给予鼓励或补贴，警惕这类高能耗电器的大量普及造成的能耗跃增。

6）政策机制与措施：进一步完善和落实有效推动住宅节能的政策标准与机制，例如《民用建筑能耗标准》GB/T 51161—2016、梯级能源价格、各类家用电器的最低能效标准和标识等措施，借由市场手段来引导居民的节能生活方式与自发的行为节能，形成人人想节能、人人要节能的末端消费模式。

## 3.5　城镇住宅多联机的讨论

### 3.5.1　城镇住宅多联机空调使用情况

城镇住宅制冷用电占城镇住宅总用电的 21%，且制冷能耗增长迅速，2000—2017 年城镇住宅制冷电耗增长了约 10 倍，越来越受到社会的关注，如图 3-45 所示。

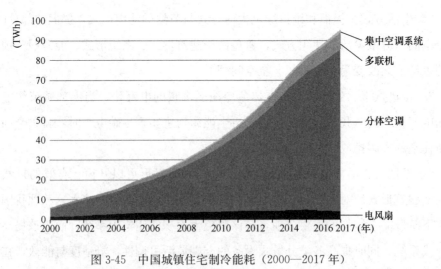

图 3-45　中国城镇住宅制冷能耗（2000—2017 年）

其中变制冷剂多联机空调系统（多联机系统）由于具有灵活可控、可分户计量和良好的部分负荷性能，在工程中得到了越来越广泛的应用，如图 3-46 所示，多联机系统已经成为城镇住宅空调中一种重要的空调系统形式。

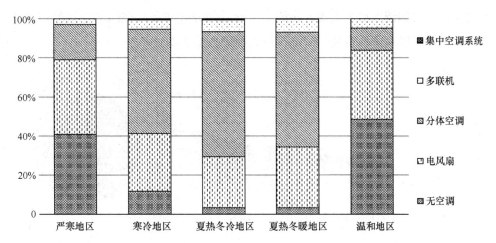

图 3-46 中国城镇住宅空调设备形式统计（2015 年）

近年来，多联机系统的设备拥有量在持续增长，因此，需要深入理解当前城镇住宅中多联机系统的使用状况。为了能够全面深入理解当前城镇住宅中多联机系统的使用状况，本报告利用《中国制冷空调实际运行状况调研报告》获取的多联机系统运行大数据进行分析，统计分析寒冷地区、夏热冬冷地区、夏热冬暖地区多联机系统 2019 年 6 月至 10 月的运行数据，计算获得多联机系统空调能耗强度与空调使用模式情况。

根据多联机系统 2019 年 6 月至 10 月的运行数据，计算获取了不同气候区的多联机空调能耗强度（表 3-14），将三个气候区数据对比可知（图 3-48），寒冷地区与夏热冬冷地区的单位面积耗电量是接近的，夏热冬暖地区单位面积供冷耗电量均值最高，是前两个地区的 2.2 倍。

**三个气候区 2019 年单位面积供冷电耗统计指标** 　　　　表 3-14

| | 2019 年 6 月～10 月用户供冷电耗（kWh/m²） | | |
| --- | --- | --- | --- |
| | 寒冷地区 | 夏热冬冷地区 | 夏热冬暖地区 |
| 平均值 | 5.49 | 6.83 | 14.75 |

城镇住宅的多联机系统用户往往仅开启自己所在房间的室内机，根据 325 台多联机的运行数据统计，室内机同时开启的时间比例如图 3-47 所示，87％时间同时运行不超过 2 台室内机，其中 61％时间仅运行 1 台室内机，仅有 0.4％的时间会同

时开启 5 台室内机，这是住户的部分时间部分空间的使用习惯，这使得所有房间的室内机都开启的情况很少出现。多联机系统是部分时间部分空间的空调使用模式，使得实际多联机系统低负荷长时间运行，会导致系统能效降低。

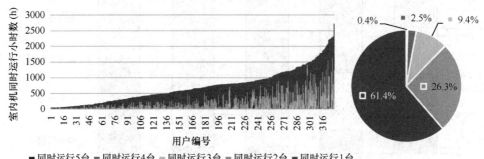

图 3-47   室内机同时开启时间柱状图及统计饼图

### 3.5.2   城镇住宅多联机空调与分体空调对比

对于城镇住宅的空调形式，目前居民多使用传统分体空调进行夏季供冷。本节将从能耗、居民和经济角度，对比多联机系统与传统分体空调，表 3-15 为多联机系统与传统分体空调的综合对比。

多联机系统与分体空调的综合对比表                     表 3-15

| | 综合对比内容 | 多联机系统 | 传统分体空调 |
|---|---|---|---|
| 能耗角度 | 供冷季空调电耗 | 5.5～14.8kWh/m² | 2.3～6.3kWh/m² |
| | 系统能效水平控制难易程度 | 困难（控制环节多，制冷剂管路复杂，设备容量设计影响系统能效） | 简单（控制环节少，制冷剂管路简单，只需控制空调设备质量） |
| 居民角度 | 用户使用模式 | 室内机可以单独开关与调节，部分时间部分空间空调模式 | 室内机可以单独开关与调节，部分时间部分空间空调模式 |
| | 室外机 | 单个室外机 | 多个室外机 |
| | 室内噪声 | 部分风机盘管室内噪声较大 | 无噪声 |
| | 室外噪声 | 室外噪声较大 | 室外噪声较大 |
| 经济角度 | 初投资 | 初投资较大（制冷剂管路安装） | 初投资较小 |
| | 运行费用 | 运行费用少（仅支付机组电费） | 运行费用少（仅支付机组电费） |

从能耗角度来看，多联机系统的供冷季单位平方米空调电耗高于分体空调电耗。从用户使用行为上来看，多联机系统与分体空调的用户空调使用模

式均为部分时间部分空间模式（图 3-48），根据数据分析发现，多联机系统
87%时间只开启 1～2 台室内机，住宅用多联机系统为 1 个室外机供应 4～5
个室内机的制冷需求，这使得多联机系统长期处于低负荷率供冷，研究表明
当其负荷率低于 20%～30% 时，系统的 COP 显著降低，制冷能效仅为
1.74❶。分体空调系统是 1 个室外机供应 1 个室内机的制冷需求，用户部分时
间部分空间的空调模式不会影响单台分体空调的供冷负荷率，分体空调可以
保持高效运行。

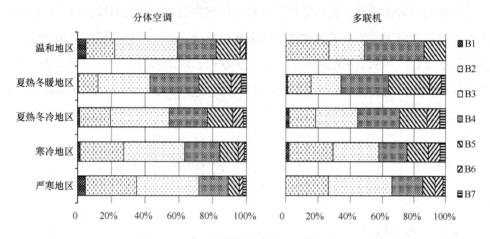

图 3-48　中国城镇住宅家庭空调使用模式

数据来源：引自《The future of Cooling in China（中国建筑制冷展望）》2015。

从产品能效水平控制角度来看，多联机系统由于控制环节多，制冷剂管路设计
安装与设备容量选择等方面都会影响到系统的运行能效，这增加了多联机系统能效
水平的控制难度，而传统分体空调控制环节少，制冷剂管路简单，只需要控制空调
设备的质量，系统能效水平控制难度小。

从居民角度来看，安装多联机的初始目的往往是考虑建筑室外美化效果，多联
机系统的一个室外机相较于传统分体空调多个室外机，对建筑外观的影响小。但是
现在城镇住宅建筑设计都为每个房间提前预留了安装室外机的空间，并将室外机空
间融入了建筑外观设计之中，所以现在传统分体空调的多个室外机不会对建筑外观

❶ Won A，Ichikawa T，Yoshida S，et al. Study on Running Performance of a Split-type Air Conditioning
System Installed in the National University Campus in Japan ［J］. Journal of Asian Architecture & Building En-
gineering，2009，8（2）：579-583.

产生不良影响。

从经济角度，多联机系统与分体空调系统在运行阶段都是支付机组的电费，而在初投资阶段，多联机系统需要安装较为复杂的制冷剂管路，所以系统初投资高于传统分体空调。

所以综合来看，针对习惯部分时间、部分空间空调模式的城镇居民来说，分体空调的能耗能效水平更容易控制，并且在当前空调室外机已经融入建筑外观设计的新背景下，传统分体空调相较于多联机系统更适用于城镇住宅空调。

传统的多联机系统，更加适用于所有空调室内机在上班时间段同时开启的小型办公建筑；而对于应用于城镇住宅中的多联机系统，需要针对城镇住宅用户的"部分时间部分空间"的空调使用模式，优化多联机系统的部分负荷运行的效率，如进行"压缩机双缸变容量设计""多联机室外机配置比优化"，使得多联机系统可以适用于城镇住宅的空调使用。

## 3.6　城镇住宅能效标准与政策

### 3.6.1　整体概况

能效标准标识作为终端用能领域重要的节能管理制度，是世界各国应对能源供应紧张、实现可持续发展的重要手段。国际经验证明，将能效标准标识应用于普及程度高、耗能大的家用电器等终端用能产品，国家所获得的利益将远远高于为实施能效标准标识项目及生产高能效产品所增加投入的成本。中国能效标准和标识制度分别起源于 20 世纪 80 年代和 21 世纪初，前者是面向行业的技术基础和准绳，后者是面向消费者的信息传递和产品推广载体。二者紧密配合和衔接，共同推动了终端用能领域节能工作的开展。

截至目前，我国共发布建筑相关终端用能产品能效标准 52 项，涉及 4 大类产品，其中包括家用电器 21 项、商用设备 10 项、办公设备 6 项、照明器具 15 项。能效标准的发布和实施对推动建筑节能、引导有序的市场竞争、促进节能技术进步、平衡国际贸易中的"绿色壁垒"发挥着重要作用。表 3-16 为我国建筑相关终端用能产品能效标准。

我国建筑相关终端用能产品能效标准　　　　　　　　　表 3-16

| 编号 | 产品领域 | 产品名称 |
|---|---|---|
| 1 | 家用电器 | 家用电冰箱、房间空调、电动洗衣机、电风扇、电饭锅、电热水器、燃气热水器、电磁灶、平板电视与机顶盒、微波炉、太阳能热水系统、吸油烟机、热泵热水机、饮水机、家用燃气灶具、交流换气扇、洗碗机、智能坐便器、低温热泵、空气净化器、电压力锅 |
| 2 | 商用设备 | 单元式空调、多联式空调、冷水机组、远置冷凝机组冷藏陈列柜、溴化锂吸收式冷水机组、商用燃气灶具、水（地）源热泵机组、自携冷凝机组商用冷柜、空调用电动机—压缩机、风管空调 |
| 3 | 办公设备 | 计算机显示器、复印机、打印机和传真机、外部电源、微型计算机、投影机 |
| 4 | 照明器具 | 荧光灯镇流器、双端荧光灯、单端荧光灯、自镇流荧光灯、高压钠灯、高压钠灯镇流器、金卤灯、金卤灯镇流器、单端无极荧光灯、单端无极荧光灯用交流电子镇流器、自镇流无极荧光灯、室内照明用 LED 产品、卤钨灯、普通照明用 LED 平板灯、道路和隧道照明用 LED 灯具 |

### 3.6.2　主要终端用能产品能效提升情况

（1）家用电冰箱

家用电冰箱第一版能效标准《家用电冰箱电效限定值及测试方法》GB 12021.2—1989 于 1990 年 12 月 1 日实施，期间历经 2000 年、2003 年、2008 年、2016 年四次修订，目前执行的是 2016 年 11 月 1 日实施的第五版能效标准《家用电冰箱耗电量限定值及能耗等级》GB 12021.2—2015。各版标准中冷藏冷冻箱能效限定值对比情况如图 3-49 所示。相对于第一版能效标准，冷藏冷冻箱能效限定值要求提升了 42%。

家用电冰箱行业经过 15 年发展，目前能效 1、2 级型号占比已高达 83%。如图 3-50 所示，以占市场主流的冷藏冷冻箱为例，1 级节能产品占比经历了近三轮潮汐式的上涨。其中，标准标识的实施升级、节能产品惠民工程的实施等发挥了重要的协同推动作用。尤其是 2016 年 10 月 1 日家用电冰箱新标准实施后，1 级能效要求大幅提高，达到欧盟水平，2 级能效要求也有所提升，节能产品门槛提高，冰箱市场开始了第三轮高效转变，1 级型号占比目前达到 42%。总体看来，冰箱产品整体能效水平较高，市场优化升级效应明显。

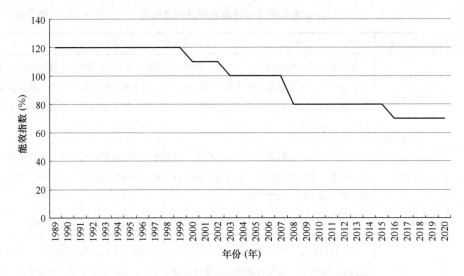

图 3-49　冷藏冷冻箱各版能效标准中能效指数限定值情况

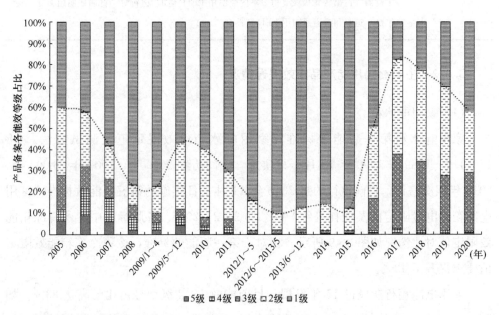

图 3-50　家用电冰箱历年能效结构转变情况

（2）房间空调器

定频房间空调器第一版能效标准《房间空气调节器能效限定值及能效等级》GB 12021.3—1989 于 1990 年 4 月 1 日实施，历经 2001 年、2010 年、2020 年三次修订，目前执行的是2020年7月1日实施的第四版能效标准《房间空气调节器能效限定值及能效等级》GB 21455—2019。以 3500～4500W 制冷量的热泵型定频房间空气调节器为例，考虑到不同版标准测试方法和评价指标的差异，经拟合后各版标准中房间空调器能效限定值对比情况如图 3-51 所示。相对于 1989 年第一版能效标准，能效限定值要求提升了近 80%。

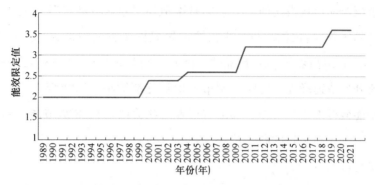

图 3-51　定频房间空调典型产品（3500～4500W 制冷量、热泵型）
各版能效标准中能效限定值情况

定频房间空气调节器是最早实施能效标识的产品，其于 2009—2011 年和 2012—2013 年分别实施了两轮惠民工程。能效标准标识和惠民工程的协同实施对定频空调产品产业和市场结构转换起到了明显而强势的助推作用，使得 1、2 级节能产品占比经历了三轮潮汐式的变化，如图 3-52 所示。2005 年 3 月 1 日能效标识

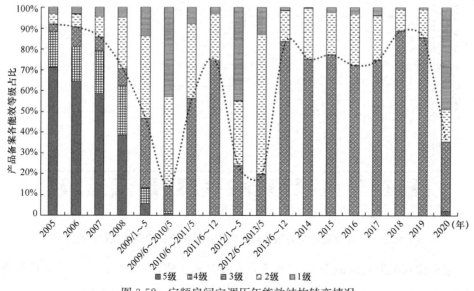

图 3-52　定频房间空调历年能效结构转变情况

实施后，1、2 级节能产品市场占比不断提升，在 2009 年惠民工程实施前达到 53%，产品整体能效比从 2.85 上升到 3.3，增幅达 14%。在第一轮惠民工程实施效应的叠加下，2009—2010 年 1、2 级节能产品市场占比最高达到 85%，产品整体能效比达到 3.47，增幅达 22%。2010 年 6 月 1 日能效标准标识升级实施，能效要求提高，节能产品市场占比回落到新的基准值后又重新开始高效转变，2012 年上半年节能产品占比又高达 76%。并在第二轮惠民工程的协同作用下，于 2012—2013 年期间达到最高点 80%，产品整体能效达到 3.5 左右。2013 年左右，变频空调市场占比开始快速增加，定频空调市场份额逐渐缩小。2020 年 7 月 1 日房间空气调节器新能效标准正式实施，伴随着产业结构升级，1、2 级节能产品占比又开始显著提高，开始新一轮的高效转变。

（3）电动洗衣机

电动洗衣机第一版能效标准《电动洗衣机电耗限定值及测试方法》GB 12021.4—1989 于 1990 年 12 月 1 日实施。期间历经 2005 年、2013 年两次修订，目前执行的是 2013 年 10 月 1 日实施的第三版能效标准《电动洗衣机能效水效限定值及等级》GB 12021.4—2013。各版标准中电动洗衣机能效限定值对比情况如图 3-53 所示。相对于 1989 年第一版能效标准能效限定值有近 42% 的提升。

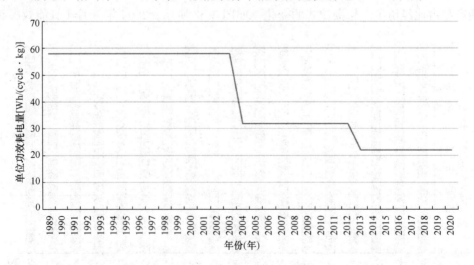

图 3-53　电动洗衣机各版能效标准中波轮洗衣机能效限定值情况

电动洗衣机能效标识于 2007 年 3 月 1 日开始实施，于 2013 年 10 月 1 日升级。如图 3-54 所示，从 2007 年到 2013 年，1、2 级节能产品占比平稳增加，于 2012 年

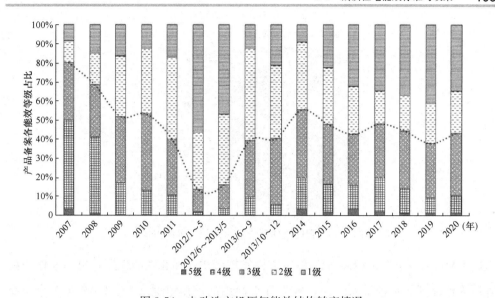

图 3-54    电动洗衣机历年能效结构转变情况

惠民工程实施前达到峰值,约为85%。2013年6月惠民工程结束,10月能效标准标识升级实施,能效要求提高,1、2级节能产品备案占比回落到新的基准值,并开始了一轮新的能效水平由低到高的渐进提升过程。因此,能效标准标识技术要求升级对洗衣机产品能效水平的提升起到了最重要的作用。总体来说,洗衣机能效标识实施以来,1、2级节能产品占比由2007年较低能效要求下的19.6%增长为2020年较高能效要求下的56.5%。市场结构优化效应明显。

(4)智能坐便器

智能坐便器为传统坐便器产品与电子智能控制模块相结合的跨界产品,包含温水清洗(臀洗、妇洗)、坐圈加热、暖风烘干三大类功能。2019年12月31日首次发布能效标准《智能坐便器能效水效限定值及等级》GB 38448—2019,并于2021年1月1日正式实施。其中智能坐便器能效等级分为3级,其中1级能效最高,采用智能坐便器单位周期能耗作为能效指标,即依据标准规定的试验方法和计算公式进行实测和计算得出的智能坐便器一个试验周期(1.5h)的耗电量,如图3-55所示。通过本标准的实施有望淘汰目前综合等级占比约25%的低效智能坐便器产品。

(5)空气净化器

空气净化器作为一种专业改善和解决室内环境空气污染的健康电器产品,使用领域涵盖居室、办公场所、公共场所、工业厂房、医院等室内环境场所中,在治理

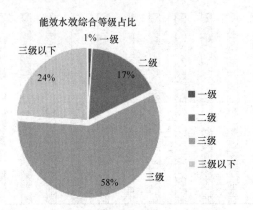

图 3-55　智能坐便器能效水效综合等级占比

室内 PM2.5、甲醛和 VOC 空气污染方面发挥着积极和有效的作用，也迅速作为特殊用途产品开始走进千家万户，成为日常使用的家用电器之一。2010 年至今，我国空气净化器的年销售量和年销售额一直保持 20％以上的增长，年产量保持 25％以上的增长，产业发展速度相当可观，其增长速度以及随之而带来的能源消耗总量不容忽视。2018 年 11 月 19 日首次发布了能效现行国家标准《空气净化器能效限定值及能效等级》GB 36893—2018，并于 2019 年 12 月 1 日正式实施。本标准中空气净化器能效限定值和能效等级中规定的技术指标包括能效比和待机功率，能效等级分为 3 级，其中 1 级能效最高。同时，《空气净化器能源效率标识实施细则》（发改环资规［2020］640 号）也于 2020 年 7 月 1 日开始实施，随着这个能效标准的实施，将有望淘汰能效等级低于 3.50m³/（W·h）的所售型号产品，同时考虑标准实施后新上市空气净化器产品的能效等级的整体提升，预计在售型号产品的平均能效比由目前 6.00m³/（W·h）将提升至 8.00m³/（W·h）。

（6）普通照明用室内 LED 产品

新型高效节能的 LED 照明产品已成为替代自镇流荧光灯等传统室内照明光源的主流产品。2016 年 10 月 1 日起我国开始对非定向自镇流 LED 灯实施能效标识，2020 年 11 月 1 日，依据 2019 年 12 月 31 日发布并于 2021 年 1 月 1 日开始实施的《普通照明用 LED 平板灯能效限定值及能效等级》GB 38450—2019，对室内照明用 LED 产品（LED 筒灯、定向集成式 LED 灯、非定向自镇流 LED 灯）实施能效标识。如图 3-56 所示，非定向自镇流 LED 灯能效 1 级型号占比约 2％，2 级型号占比约 29％，3 级型号占比约 69％，备案型号以能效 3 级为主。

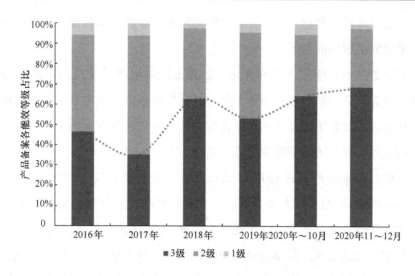

图 3-56　非定向自镇流 LED 灯历年市场能效结构转变情况

### 3.6.3　展望

　　产品能效水平提升的同时，产品产业结构得到不断优化。能效水平较低的产品生产线和企业被淘汰或升级。以房间空调为例，节能潜力更大的变频空调市场占比由 2005 年的 54％提升到 2020 年的 86％。以平板电视为例，能效较低的等离子电视逐渐退出市场，等离子生产线已停产，LCD 电视占据市场主流，2014 年 LCD 电视市场占比已高达 96％。以电动洗衣机为例，能效水平较高的滚筒洗衣机占比由 2005 年的 15％提升到 2020 年的 60％。

　　迈入"十四五"，在 2030 年碳达峰、2060 年碳中和目标的指引下，中国能效标准标识将面临新的发展机遇和挑战。

　　（1）随着节能技术的不断进步，能效标准的提升是一个长期持续的过程。同时由于新型用能产品，特别是如服务器、网络存储设备等网络信息设备的大范围布置引用，相应的能耗快速增长。因此，需要不断创新产品能效测试和评价方法，扩大能效标准覆盖范围，以国际先进的能效标准引领带动产品绿色高效技术进步。

　　（2）家电产品的智能化、数字化、联网化水平越来越高，现有的能效标准主要规范了标准工况下的能效测试方法和指标要求。由于相关产品的能效性能与高度复杂的用户使用行为深度耦合，能效标准的评价测试方法和指标要求都需要不断优化和完善，以更好反映智能化、数字化、联网化用能产品的技术特性，这也是目前能效标准技术研究的国际前沿问题。

（3）家电产品系统能效评估和优化。随着智能家电的普及应用，家电的联网化、系统化成为新的趋势，相关节能工作对象从单体家电产品向联网家电的系统节能转变，从而对相关系统能效评估和优化相关技术方法和标准提出了新的需求，也正成为家电能效提升整体标准标识工作的新重点方向。

（4）节能低碳家电产品的标准标识研究。在当前全球应对气候变化和我国2030 年、2060 年目标提出的大背景下，针对家电产品开展节能低碳性能的全方位融合性的研究和评价家电产品，在实现其能效水平提升的同时，研究掌握产品全生命周期碳足迹，有机实现产品全生命周期的碳中和，将产品评价和规范的范围由使用阶段向全生命周期延伸，真正实现产品和产业全生命周期的环境优化型和可持续发展性，已经成为相关产品标准标识研究的新热点和难点。

# 第4章　新时期城镇社区治理现代化与住区节能优化

## 4.1　城镇住区与社区建设的演变与现状

### 4.1.1　住房建设与供给模式的历史演变

中华人民共和国成立以来，我国城镇住区发展随着城镇住房制度的改革发生了重大变迁。概括而言，可将我国城镇住区建设大致划分为三个阶段：第一阶段为20世纪50年代至70年代末，在计划经济时代背景下，以实物福利分房制度为特征；第二阶段为20世纪70年代末至90年代末，为城镇住房制度的改革阶段，住房商品化制度逐步建立；第三阶段为21世纪以来，住房市场快速发展，保障性住房体系逐步完善。

（1）计划经济时代的实物福利分房制度

20世纪50年代至70年代末，在计划经济背景下，我国城镇住房制度采取的是由国家和企事业单位统包的实物福利分房制度。住房建设资金来源于国家财政资金和企业福利基金，采用无偿的实物福利分配制度，根据工龄、家庭结构等因素制定职工分房标准，获得住房后，职工只需缴纳较低的租金。

住房实物分配制度是计划经济的产物，在提供住房保障的同时，也出现了一系列问题。由于住房建设由国家和企事业单位承担，且租金很低，无法维系住房的维修和管理成本，给国家财政带来巨大负担，随着住房投资的紧张，住房短缺问题日益严重，正常的生产生活秩序受到影响。根据住建部1978年对182个城市的调查数据，人均住房建筑面积从1952年的4.5m² 下降到1978年的3.6m²❶，城镇住房

---

❶　吕俊华，彼得·罗，张杰 主编 . 中国现代城市住宅 1840—2000. 北京：清华大学出版社，2003：196.

制度改革迫在眉睫。

（2）经济转型时期的住房商品化改革

1978 年党的十一届三中全会以来，随着我国经济体制从计划经济逐步走向市场经济，城镇住房制度作为经济体制的重要组成部分，也开启了改革的历程。在住房投资短缺和城镇居民居住条件亟待提高供需双方的压力下，政府提出了住宅商品化的房改思路。1994 年国务院颁布的《关于深化城镇住房制度改革的决定》提出系统的改革思路，即把住房投资由国家和单位统包的体制改为由国家、单位、个人三者合理负担；将住房的建设、分配、维修和管理从单位负责制改为社会化、专业化运行；把住房实物分配制转变为以按劳分配为主的货币工资分配方式；建立住房公积金制度；构建起适应不同收入水平的多层次住房供应体系，包括面向低收入家庭的廉租房、面向中低收入家庭的经济适用房，以及面向高收入家庭的商品房体系。

经过房改探索和试点、全面实施、综合配套改革等阶段的逐步探索，1998 年《关于进一步深化城镇住房制度改革、加快住房建设的通知》的发布，标志着实物福利分房制度的结束。

（3）商品房建设快速发展，保障性住房体系逐步完善

住房商品化改革以来，我国房地产市场快速发展，住房市场资源的利用效率显著提高，住房紧张问题得到了有效缓解。1998 年以来，我国城市住房投资持续增长，2019 年达 9.71 万亿元，是 1998 年 0.21 万亿元的 46.6 倍（图 4-1）。同期我国城市住宅销售面积也保持了增长态势，1998 年至 2019 年累计销售 154.99 亿 $m^2$（图 4-2）。2010 年，我国城镇住宅中，2000 年以后建设的住房套数比例最高，达 37.9%（图 4-3）。我国城市居民的住房条件得到显著改善，2018 年人均住房建筑面积达到 39$m^2$❶。与此同时，国家开始大力加强保障性住房建设。具体措施包括：完善保障房相关制度，如 2007 年制定《廉租住房保障办法》和《经济适用住房管理办法》；加大财政资金投入，2012—2015 年财政投入显著增长，中央和地方年均安排保障性安居工程专项补助资金 5066.58 亿元，其中地方财政占比 59.84%；

---

❶　国家统计局．建筑业持续快速发展 城乡面貌显著改善——新中国成立 70 周年经济社会发展成就系列报告之十．2019-07-31．http：//www.stats.gov.cn/tjsj/zxfb/201907/t20190731_1683002.html．

2011—2015 年期间，全国累计开工建设城镇保障性住房 4033 万套，基本建成 2878 万套❶。

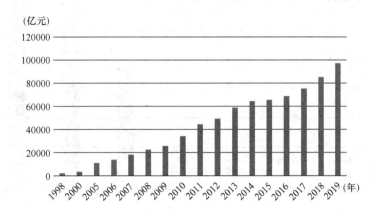

图 4-1　1998—2019 年我国房地产住宅投资情况

数据来源：国家统计局编．中国统计年鉴 2020. 北京：中国统计出版社，2020。

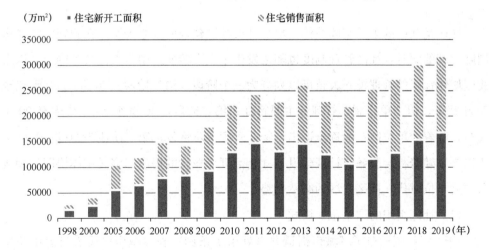

图 4-2　1998—2019 年我国城市商品房住宅开工和销售情况（单位：万 m²）

数据来源：国家统计局编．中国统计年鉴 2020. 北京：中国统计出版社，2020。

❶　倪鹏飞 主编．中国住房发展报告（2018—2019）．广州：广东经济出版社，2019：235-246.

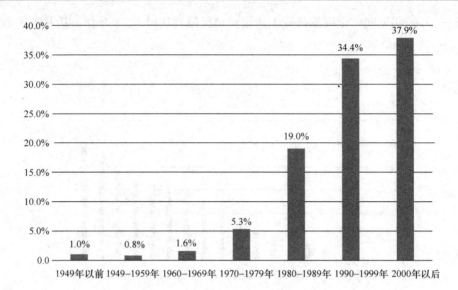

图 4-3　2010 年我国城镇家庭住房户数的建成年代情况

数据来源：中国 2010 年人口普查资料。

### 4.1.2　住房发展与社区建设的阶段特征

住区是社区的重要空间载体，也是开展社区建设的核心场所。在我国城镇住房制度改革的同时，社区管理制度也随之发生了重大转变。中华人民共和国建立以来我国城镇社区的管理模式大致可以划分为三个阶段：第一阶段；20 世纪 50 年代至 70 年代末，以"单位制"管理为主要特征；第二阶段，20 世纪 70 年代末至 90 年代初，随着"单位制"的逐步退出，物业管理逐步恢复；第三阶段为 20 世纪 90 年代以来，随着社会服务、社区建设、社会治理等概念的提出，多元主体协同治理成为"后单位时代"社区发展的必然趋势。

（1）社区组织的"单位"模式

1954 年我国颁布了《城市街道办事处组织条例》和《城市居民委员会组织条例》，以街道办事处和居民委员会为核心的社区组织模式。但事实上，在"条块分割"的计划经济体制与"重生产、轻生活"的发展观念下，主要资源都投入了以"单位"为代表的生产部门，对城市基础设施和生活福利事业投资不足，因而单位承担了本应由政府负责的职能，"单位办社会"成为计划经济时代社区服务的基本特征。

这一时期，单位是社区组织的基本单元——不仅具有生产职能，而且还承担了生活、政治、社会等全方位的职能，覆盖职工的住房、福利、养老、医疗、教育、交通等方方面面。以住房为例，单位住宅的建设、分配、维护等很大程度上依赖单位的行政级别和行业获取资源的能力，住房作为一种实物福利，其居住和运行成本也由单位来承担。

（2）"去单位化"和社区组织的加强

改革开放之后，随着我国城市经济体制改革的不断深化，以国有企业改革为代表的简政放权、自负盈亏、自主经营、多种所有制共同发展等增强市场活力的措施，也导致了职工和单位关系的变化，越来越多的职工走出单位。职工再就业、退休人员安置、职工家庭保险等功能开始从单位转移到社区。下岗和失业人员、外来人员的管理工作也需要由街道接管。因此，单位作为社会基本组织单元的作用逐步弱化，以街道办事处和居民委员会为核心的基层社区组织的功能开始加强。根据《城市街道办事处组织条例》和《城市居民委员会组织条例》，街道办事处是区级人民政府的派出机构，居民委员会是基层群众的自治组织。随着社区管理体制改革的推进，我国逐步形成了"两级政府、三级管理、四级落实"的城市管理体系。

伴随着上述进程，我国的住房发展的主要动力也逐渐转变为房地产开发模式，商品房"小区"成为最主要的居住组织形态，物业管理模式也因为小区的大量建设逐渐成长和繁荣起来。商品房产权的个人化导致了"业主"概念的出现。1994年颁布的《城市新建住宅小区管理办法》明确了物业管理的概念，2003年颁布的《物业管理条例》进一步确立了业主委员会制度和物业管理体系。

随着物业管理公司的兴起和业主委员会的成立，住区的管理模式从过去由房管部门统管，转变为由业主自我管理与物业管理专业服务相结合的模式。物业管理发展的速度虽然很快，但由于改革过程中我国住房产权和管理模式的历史多样性，相关制度、模式、观念的转变和建设并不是一蹴而就的。所以，在过去四十年，物业管理的专业化、社会化、市场化等方面一直存在较大的矛盾需要解决。这也直接影响了在住房与小区的运行、维护等各方面精细化和效率。

（3）后单位时代的社区治理

进入后单位时代以来，原有依托单位形成的紧密社会联结逐渐消失，如何重建社会凝聚力成为城市社区建设的重要命题。在住房市场化的背景下，业主委员会是指在物业管理区域内，在街道办事处指导下，由住宅小区业主选举产生、代表全体业主对物业实施自治管理的组织。物业管理公司是指具有从业资格和经营执照，受业主或业主大会委托，根据物业服务委托合同进行专业化管理、实行有偿服务的企业。

随着城市居民生活水平的提高，人们对社区服务提出了更高和更多元化的需求。20 世纪 80 年代以来，政府提出了"社区服务"（1986 年）、"社区建设"（2000年）、"社区治理"（2017 年）等一系列概念，引导社区服务从过去由政府主导的、职能相对单一的功能向由多元主体共同参与的、职能更为综合的功能转变。2000年国务院颁布的《关于在全国推进城市社区建设的意见》指出，"社区是指聚居在一定地域范围内的人们所组成的社会生活共同体""社区建设是指在党和政府领导下，依靠社区力量，利用社区资源，强化社区功能，解决社区问题，促进社区政治、经济、文化、环境协调发展，不断提高社区成员生活水平和生活质量的过程。"2017 年党的十九大报告提出，"加强社区治理体系建设，推动社会治理重心向基层下移，发挥社会组织作用，实现政府治理和社会调节、居民自治良性互动"。

在后单位时代的社区治理中，如何重构政府、市场和社会三者的关系，协同街道办事处、居民委员会、业主委员会、物业管理公司、社团组织、社工机构等多元主体，积极引入专业化和职业化力量，使社区服务"去行政化"，同时又要避免过度"市场化"，保障社区服务的"公益性"，是当前社区治理面临的重大挑战。

### 4.1.3　城镇住房的产权结构和管理模式

随着我国城镇住房制度改革的深化和社区建设的不断发展，我国城市住房的产权结构和管理模式发生了显著变化，从而给我国社区节能优化管理带来新的挑战。

首先，从住房产权结构来看，主要包括租赁、自建和购买三种类型，具体又可根据住房类型如商品房、保障房（廉租房、经济适用房、共有产权房等）、公有住房等加以细分。

从全国城市、镇和乡村的总体住房情况看，2010 年我国住房自有率比例为85.4%❶，显著高于美国（68.3%，2003 年）、英国（68.5%，2000 年）、德国

---

❶ 　根据按住房来源分的家庭户数计算，数据来源为中国 2010 年人口普查资料。

（40.5％，1998）、法国（54.7％，1999年）、荷兰（51.9％，1999）等欧美国家❶。

　　具体到城市住房，2010年我国城市住房中自有住房的户数比例为69.8％，其中购买住房占53.4％，自建住房占16.4％；其次是租赁住房，比例为25.8％，其中租赁廉租住房2.7％，租赁其他住房23.1％；最后是其他住房，比例为4.5％（图4-4）。这一比例较2000年变化不大，2000年我国城市住房中自有、租赁和其他的比例分别为72.0％、23.2％和4.8％（图4-5）。

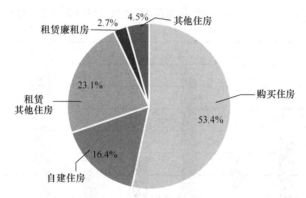

图 4-4　2010年我国城市住房来源构成（户数比例）❷

购买住房包括：商品房、二手房、经济适用房、原公有住房。

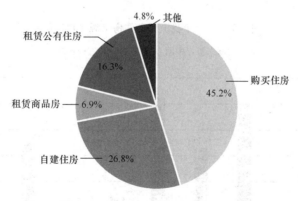

图 4-5　2000年我国城市住房来源构成（户比例）❸

购买住房包括：商品房、经济适用房、原公有住房。

❶　郑思齐，刘洪玉. 从住房自有化率剖析住房消费的两种方式［J］. 经济与管理研究，2004（04）：28-31.

❷　数据来源：中国2010年人口普查资料。

❸　数据来源：中国2000年人口普查资料。

　　具体分析住房类型会发现，2000 年至 2010 年我国住房结构发生了重大调整。2000 年我国城市住房最主要的来源依次为：购买原公有住房（29.4%）、自建住房（26.8%）和租赁公有住房（16.3%）（图 4-6）。而到了 2010 年，购买商品房的比例显著上升，从 9.2% 大幅提高到 26.0%，成为最主要的房屋来源，如果将二手房也计入在内，则购买商品房的比例高达 31.0%；租赁其他住房的比例也显著上升，占比达到 23%，位居第二；而购买原公有住房的比例则从 29.4% 下降到 17.3%，退居第三（图4-7）。由此可见，购买商品房已成为我国城市居民最主要的房屋来

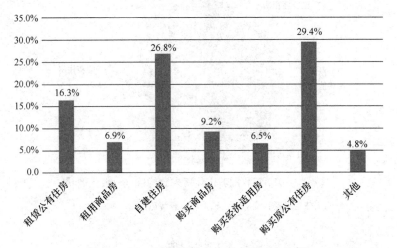

图 4-6　2000 年我国城市住房来源（户比例）

数据来源：中国 2000 年人口普查资料。

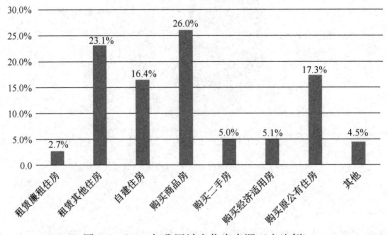

图 4-7　2010 年我国城市住房来源（户比例）

数据来源：中国 2010 年人口普查资料。

源，租赁住房也成为重要的居住方式。值得注意的是，在租赁住房中，租赁廉租住房的比例仍非常低，2010年仅为2.7%，北京、上海等大城市的租赁廉租住房的比例更低，仅分别为1.6%和1.7%。

从管理模式角度，可根据社区管理的主体情况，如是否设有业委会、物业管理公司对社区加以区分。根据民政部政策研究中心和北京大学中国社会科学调查中心于2016年在全国范围开展的"城市社区治理现状综合调查"，在被访的2169个城市社区中，设立物业的比例为52.7%，设立业委会的比例为44.6%。不同类型的社区物业设置情况差异较大，其中新建居民社区（如商品房社区）设置物业的比例最高，达74.6%；老旧社区（如传统街坊）和单位制社区次之，分别为56.5%和54.6%；村改居社区比例最低，仅为36.1%。业委会设置情况也体现出相似的特征，其中新建居民小区设置业委会的比例最高，达68.4%；其次是单位制社区和老旧社区，比例分别为51.5%和48.2%；村改居社区业委会设置比例最低，为29.6%，如表4-1所示。

不同类型社区业委会和物业设置情况　　　　　　　　　　　　表 4-1

| | 物业设置比例 | 业委会设置比例 |
|---|---|---|
| 老旧社区（邻里街坊式社区） | 56.5% | 48.2% |
| 单位制社区 | 54.6% | 51.5% |
| 新建居民社区（如商品房社区） | 74.6% | 68.4% |
| 村改居社区 | 36.1% | 29.9% |
| 合计 | 52.7% | 44.6% |

来源：王杰秀主编．社会治理动态监测平台及深度观察点网络建设项目数据分析报告（2016）．北京：人民出版社，2019。

## 4.2 当前城镇老旧小区改造与绿色健康住区建设中节能典型问题分析

随着我国城镇化的推进，城市发展的重点已经由规模和数量的增加转变为品质和质量提升。上一节简述了我国城镇住区的简要发展历程，我国住房发展已经从计划经济的"单位"模式逐渐向"现代化社区治理"模式转变。当前的城镇住区面临着种种问题与转型,从节能角度看,有两个亟待关注的问题。一是从关注住宅建筑单体转向关注居住社区,二是从关注空间规划设计转向关注社区治理。

社区建设和治理的模式的现代化,涉及多方主体的责任、权利、互动等关键问题,对责权利的清晰界定是治理现代化的基本基础,因此会对过去居住小区产权观念、界定弱化和模糊的情况产生很大影响,如社区的公共物品和准公共物品、共有和私有物品的界定、管理和收益等问题——包括社区公共活动场地、公共绿地、环境卫生设施、健身设施、无障碍设施、慢行系统、服务设施、停车及充电设施、充电桩、公共停车位、水、电、路、气、热、通信等基础设施、楼内公共空间、电梯、楼梯、围护结构、外保温、集中供暖、中央空调、集中供热水等公共和共有设施的管理、维护和更新。不仅仅局限于这些公共和共有设施的运行和管理,现代化治理模式下居民主体责任的加强与低碳节能、健康观念的转变,对社区整体节能方面会产生较大影响。

### 4.2.1 老旧小区改造与节能的典型问题分析

根据 2020 年 7 月《国务院办公厅关于全面推进城镇老旧小区改造工作的指导意见》(以下简称《意见》)的界定,城镇老旧小区是指城市或县城(城关镇)建成年代较早、失养失修失管、市政配套设施不完善、社区服务设施不健全、居民改造意愿强烈的住宅小区(含单栋住宅楼)。重点改造 2000 年底前建成的老旧小区。[1]

城镇老旧小区修建时间总体较早,当时的住区规范、建筑标准低于现行体系,因此,在小区环境、居住建筑、设备设施等方面,存在不同程度的先天不足,居民生活条件亟待改善。在社区建设方面,老旧小区大部分缺乏业主委员会、物业委员会和物业管理单位等组织、单位,日常维护力度不足。由于老旧小区产权复杂,部分老旧小区存在单个小区对应多个产权单位,所属产权单位合并、解散问题,这些小区不再受到原产权单位管理。而在面临物业管理市场化时,部分小区居民缺乏物业管理的消费意愿,因此,部分小区失管。[2]

---

[1] 国务院办公厅关于全面推进城镇老旧小区改造工作的指导意见.

[2] 刘承水,刘玲玲,史兵,等. 老旧小区管理的现存问题及其解决途径 [J]. 城市问题,2012(09):83-85.

近年来，住房和城乡建设部通过多种途径提升老旧小区的能源效率。2004年底节能专项审查工作，组织实施居住建筑节能改造，取得了显著成效。2007年，住房和城乡建设部以旧住宅区为主体，提出整治改造的指导意见，对包括小区环境、房屋、配套设施以及建筑节能及供热供暖设施等方面提出全面要求。以"节能、节地、节水、节材、环保"为基本原则，在节能方面，提出建筑及供热供暖设施改造要求，推广应用新型和可再生能源，推进污水再生利用和雨水利用。❶随着老旧小区持续的改造活动开展，各项工作细则逐步凝练。2017年，《老旧小区有机更新改造技术导则》出台，对老旧小区的建筑主体、室外环境、配套设施三方面，提出居住环境整治和功能提升的技术路径。强化以小区为单位，完成一体化改造，避免重复设计施工，减少资源浪费。例如，提出统筹规划、整体设计的原则，建议采用地下综合管廊系统，改造给水排水、供热、燃气、供电等内容。❷在严寒与寒冷地区，既有居住建筑节能改造宜以一个集中供热小区为单位，实施全面改造。

2020年《政府工作报告》中，李克强总理提出城镇老旧小区改造的工作方向。❸针对城镇老旧小区的复杂情况，国务院发布的《意见》中，提出了分级响应的方式，分为三类。第一，基础类，为满足居民安全需要和基本生活需求的内容。第二，完善类，为满足居民生活便利需要和改善性生活需求的内容，主要是环境配套设施改造建设、小区内建筑节能改造、有条件的楼栋加装电梯等。第三，提升类，为丰富社区服务供给、提升居民生活品质，主要是公共服务设施配套建设及其智慧化改造。❹

根据住房和城乡建设部2020年公布的数据，全国2000年底以前建成的老旧小区大概为22万个，涉及的居民近3900万户。截至2020年底，全国城镇老旧小区改造中，新开工改造小区40279个，惠及居民735.73万户，完成当年度预定目标。预计在"十四五"期间，完成全国城镇老旧小区的改造工作，如表4-2所示。

---

❶　关于开展旧住宅区整治改造的指导意见（建住房［2007］109号）．[EB/OL]．[2021-02-24]．

❷　住房和城乡建设部科技与产业化发展中心（住房和城乡建设部住宅产业化促进中心）主编．老旧小区有机更新改造技术导则［M］，北京：中国建筑工业出版社，2017.

❸　政府工作报告—2020年5月22日在第十三届全国人民代表大会第三次会议上．[EB/OL]．[2021-02-24]．http：//www. gov. cn/zhuanti/2020qglh/2020zfgzbgdzs/2020zfgzbgdzs. html.

❹　国务院办公厅印发《关于全面推进城镇老旧小区改造工作的指导意见》．［OL］http：//www. gov. cn/xinwen/2020-07/20/content_ 5528328. htm.

各省市 2020 年老旧小区改造情况（住房城乡建设部公布数据）❶　　表 4-2

| 序号 | 省份 | 新开工改造小区数(个) | 惠及居民户数(万户) |
|---|---|---|---|
| 1 | 海南 | 197 | 2.19 |
| 2 | 安徽 | 785 | 20.88 |
| 3 | 江苏 | 244 | 11.58 |
| 4 | 河北 | 1941 | 34.26 |
| 5 | 甘肃 | 1020 | 17.45 |
| 6 | 山东 | 1745 | 50.84 |
| 7 | 内蒙古 | 1018 | 13.04 |
| 8 | 北京 | 181 | 13.71 |
| 9 | 天津 | 49 | 3.24 |
| 10 | 吉林 | 1948 | 27.37 |
| 11 | 广西 | 1476 | 16.93 |
| 12 | 黑龙江 | 1147 | 39.49 |
| 13 | 青海 | 505 | 5.09 |
| 14 | 上海 | 213 | 26.80 |
| 15 | 辽宁 | 894 | 35.86 |
| 16 | 重庆 | 729 | 25.11 |
| 17 | 河南 | 5560 | 68.24 |
| 18 | 浙江 | 594 | 28.46 |
| 19 | 江西 | 1506 | 33.16 |
| 20 | 宁夏 | 265 | 5.23 |
| 21 | 山西 | 946 | 19.53 |
| 22 | 新疆建设兵团 | 35 | 1.79 |
| 23 | 湖南 | 2258 | 33.27 |
| 24 | 贵州 | 360 | 6.03 |
| 25 | 四川 | 4221 | 46.59 |
| 26 | 新疆 | 1093 | 19.48 |

---

❶　2020 年全国新开工改造城镇老旧小区 4 万个．[EB/OL]．[2021-02-24]．http：//www.mohurd.gov.cn/zxydt/202101/t20210120 _ 248880. html.

续表

| 序号 | 省份 | 新开工改造小区数(个) | 惠及居民户数(万户) |
|---|---|---|---|
| 27 | 福建 | 1044 | 19.29 |
| 28 | 广东 | 420 | 20.52 |
| 29 | 陕西 | 2943 | 36.67 |
| 30 | 云南 | 2388 | 18.77 |
| 31 | 湖北 | 2532 | 34.52 |
| 32 | 西藏 | 22 | 0.33 |
| 合计 | | 40279 | 735.73 |

在居住建筑围护结构节能改造、环境整治提升等多轮改造更新时，老旧小区的社区管理不足的问题呈现出来。2019 年的政府工作报告中指出，健全社区管理和服务机制本身是城市建设的重要部分。以加强基层党建为引领，将社区治理能力建设融入改造过程，促进小区治理模式更新，完善小区长效管理机制，也是新时期城市建设的重要任务。

现阶段，老旧小区的更新改造工作，涉及多个政府部门，需在协调、统筹下完成。涉及基础设施和管网的整体改造，需要对电力、供水、供气、供热等专业经营单位的各类设施进行现状测试、判断整改，而在改造实施过程中，需协调多部门施工。物业管理单位作为运营主体之一，担负改造中的沟通、传达和保障任务。而新一轮的城镇老旧小区更新改造中，居民的主体地位被进一步肯定，改造居民意愿强、参与积极性高的小区将被优先改造。社区居民委员会、业主委员会、物业委员会等基层社区组织，承担着对居民的宣传，组织改造设计、规划专业人员与居民互动的工作。社区自治组织和物业管理是老旧小区长期、有效管理机制的运行主体。

总体而言，城镇老旧小区的社区组织在管理方面，目前更多地承担了上传下达的工作，例如面对居民的宣传和各项改造的协调工作，而在具体内容、技术性更强的节能管理层面，几乎空白。

### 4.2.2 绿色低碳与住区建设的典型问题分析

自 2006 年住房和城乡建设部颁布《绿色建筑评价标准》，各省市通过绿色建筑标准的建筑逐年递增。但大部分通过绿色建筑设计标识的建筑，在建成后未申请运营评价标识。行业内的关注点更多的是前期设计、建造，而不是全寿命周期。

与之对应的，早在2001年关于住区，由建设部住宅产业化促进中心编制了《绿色生态住宅小区建设要点与技术导则》，提出小区建设全生命周期内的节能、节地、节水、环保的基本准则。2014年，中国房地产研究会人居环境委员会等单位制定了《绿色住区标准》CECS 377—2014，2018年修订为《绿色住区标准》(T/CECS—CREA377—2018)，并推广施行。全国各个省份也积极制定并推出了各自的绿色住区评价标准。值得注意的是，当时的《广东省绿色住区评价标准》提出延长了评估周期，对运营阶段的物业管理也给予评估，率先提出对物业管理的节能要求。❶ 2018年，深圳市率先提出《绿色物业管理导则》和《绿色物业管理项目评价标准》，明确了绿色物业管理的相关概念及"星级评价规则"。截至2020年5月底，深圳市累计有16个项目获得了"深圳市级绿色物业管理评价标识"。❷

在政府层面，随着党的十九次全国代表大会召开，推进资源全面节约和循环利用，倡导简约适度、绿色低碳的生活方式被提到新的高度。2017年，住房和城乡建设部将"推广绿色物业管理"正式写入了《建筑节能和绿色建筑发展"十三五"规划》。其中，特别"提出加强绿色建筑运营管理，确保各项绿色建筑技术措施发挥实际效果，激发绿色建筑的需求。加强绿色建筑评价标识项目质量事中事后监管，推广绿色物业管理模式。"此外，规划中还提出与绿色物业管理相辅的数据统计、分析和决策应用，信息公开与共享，建筑节能宣传和相关技术管理人员培训的策略，促进行业整体发展。❸

2019年，住房和城乡建设部等6部委提出了以广大城市社区为创建对象的《绿色社区创建行动方案》。要将绿色发展理念贯穿社区设计、建设、管理和服务等活动的全过程，在绿色物业管理方面，主要工作集中于推进社区基础设施绿色化、提高社区信息化智能化水平和培育社区绿色文化三方面，❹ 如表4-3所示。

---

❶　庄宇，刘新瑜. 绿色住区研究的兴起、发展与挑战 [J]. 住宅科技，2018，38 (07)：49-56.

❷　何楠. 深圳市绿色物业管理的发展现状与思考 [J]. 住宅与房地产，2020 (19)：43-46.

❸　住房和城乡建设部关于印发建筑节能与绿色建筑发展"十三五"规划的通知 [EB/OL]. [2021-02-21]. http://www.mohurd.gov.cn/wjfb/201703/t20170314_230978.html.

❹　住房和城乡建设部等部门关于印发绿色社区创建行动方案的通知建城〔2020〕68号 [EB/OL]. [2021-02-21]. http://www.gov.cn/zhengce/zhengceku/2020-08/01/content_5531812.htm.

**住房和城乡建设部的绿色社区创建标准（试行）** 表 4-3

| 内容 | | 创建标准 |
|---|---|---|
| 建立健全社区人居环境建设和整治机制 | 1 | 坚持美好环境与幸福生活共同缔造理念，各主体共同参与社区人居环境建设和整治工作 |
| | 2 | 搭建沟通议事平台，利用"互联网＋共建共治共享"等线上线下手段，开展多种形式基层协商 |
| | 3 | 设计师、工程师进社区，辅导居民有效谋划人居环境建设和整治方案 |
| 推进社区基础设施绿色化 | 4 | 社区各类基础设施比较完善 |
| | 5 | 开展了社区道路综合治理、海绵化改造和建设，生活垃圾分类居民小区全覆盖 |
| | 6 | 在基础设施改造建设中落实经济适用、绿色环保的理念 |
| 营造社区宜居环境 | 7 | 社区绿地布局合理，有公共活动空间和设施 |
| | 8 | 社区停车秩序规范，无占压消防、救护等生命通道的情况 |
| | 9 | 公共空间开展了适老化改造和无障碍设施建设 |
| | 10 | 对噪声扰民等问题进行了有效治理 |
| 提高社区信息化智能化水平 | 11 | 建设了智能化安防系统 |
| | 12 | 物业管理覆盖面不低于 30％ |
| 培育社区绿色文化 | 13 | 社区有固定宣传场所和设施，能定期发布创建信息 |
| | 14 | 对社区工作者、物业服务从业者等相关人员定期开展培训 |
| | 15 | 发布了社区居民绿色生活行为公约 |
| | 16 | 社区相关文物古迹、历史建筑、古树名木等历史文化资源得到有效保护 |

在全国大部分地区，仍然缺乏绿色物业管理相关的政策法规、导则及实施细则，以及绿色建筑物业管理企业的准入机制。而在率先开展绿色物业管理的深圳市，绿色物业管理实现数量有限，规模不大，而现有大型物业服务企业未起到行业引领作用。城镇中存量大的老旧物业项目，由于技术改造费用不足，难以承担绿色物业管理。

绿色物业管理体系中，物业管理单位是主要执行者。良好的绿色物业管理从建筑的全寿命周期出发，即从前期策划、设计和规划、施工和运行阶段，物业管理人员在设计、规划阶段开始了解绿色住区、建筑使用的先进设备与技术，在施工和运行阶段，实现节能减排。❶绿色管理涉及不同功能空间和各类设备，住区中包含公共和私人居住单元两部分。在公共设施、设备层面，绿色物业管理主要依靠选用节能设施设备，采用能源、建筑设备管理和监控系统，实现设备优化和智能化管理。此外，通过实时监测的住区用能，通过数据分析，完成设备优化与控制，提高性能，降低能耗。而在针对社区住户用能方面，物业管理单位主要以知识普及宣传，向业主反馈主动节能的经济效益等方式，此外，物业还基于住区的不同楼栋、业主的差异特征，提供菜单式服务，以服务引导节能意识。物业管理单位更多的是起辅助作用。

### 4.2.3　健康视角下对住区发展模式与社区节能的影响

"居住空间"对"人类健康"的影响是人居环境领域永恒的话题，既可以正面的促进健康，也可以负面的导致和传播疾病。流行病作为人类社会最严峻的生存问题之一，早于城市规划甚至医学存在。2020年新冠病毒（COVID-19）疫情席卷全球，给人类社会造成了难以估量的损失。当代居住社区在疫情中暴露出了种种新生问题，涉及规划设计和治理管控的多个层次。历史上每一次重大流行病疫情，都带来了建筑学甚至人类居住模式的反思和变革。

住区是居民使用最频繁的建成空间，在健康住区的建设中涉及疾病预防和健康促进两个要点。从疾病预防的角度看，作为居民的核心生活工作单元，住区设计中与疾病相关的问题可以分为三类。一是可能"直接产生致病病原"，包括各种理化生毒物、过敏原等；也可以"帮助病原传播"造成传染病疫情，如楼栋分布，深槽天井等。二是可以通过"影响生活方式"间接导致三高、心血管疾病等慢性病，例如功能混合度低、步行指数不足、城市食景不佳等。三是可能通过"充当心理刺激源"导致心理不适和疾病，如噪声、拥挤、自然接触缺乏等直接刺激源和社交、社区声誉不佳等间接刺激源，如图4-8所示。

事实上，随着我国工业化、城镇化快速推进，城市空间快速扩张引起种种大城

---

❶　王建廷，葛晨. 绿色建筑物业管理模式探索［J］. 中国房地产，2013（20）：75-80.

市病问题，已经严重影响了居民的生活方式、心理状态和生活理化环境。除传染性呼吸疾病外，过敏和其他慢性呼吸疾病患病率不断增长，2019 年我国哮喘患者已超 4570 万人。同时，缺乏体育锻炼和不良饮食习惯导致了多种严重的慢性疾病。全国第三次死因调查中，与上述不良生活方式直接相关的心血管疾病、Ⅱ型糖尿病等死亡人数达到总数的 82.4%。居民精神卫生问题也日趋严重，2019 年我国抑郁症患病率达到 2.1%，焦虑障碍达 4.98%，且未来仍处上升趋势。这些疾病都与居民生活的社区空间设计相关。

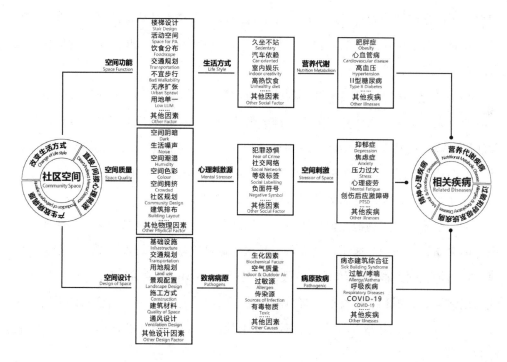

图 4-8　住区设计中与疾病相关的三类问题

应对过敏和呼吸疾病，设计策略主要集中在防止建筑和社区产生和传播致病病原，包括"病原体（Pathogens）""过敏原（Allergen）"和"毒物（Toxic）"等。主要策略集中在建筑室内的理、化、生毒物，室外的致敏植物带来的花粉等。传播致病病原的研究，主要集中在建筑的通风设计传播病原，不良的社区规划影响微气候等。在建筑层面，涉及深槽通风天井的气溶胶传播问题、一梯多户共用电梯的设计问题，卫生间马桶地漏的水封问题。应对三高、心脑血管疾病等慢性病，"活跃设计"的理念被逐渐认可。主要针对空间的活跃性，通过设置慢行步道、城市绿地设计、增加用地混合度、鼓励骑车和步行等方式促进居民日常的交往和运动。应对心理疾病，有大批环境心理学和建筑学的专家给出了社区空间防疫的思路。心理疾病源于种种"心理刺激源（Stressor）"。这种刺激源包括疫情等突发事件和日常生活空间长久的刺激。社区涉及的直接心理刺激源包括声光热等物理条件，如噪声、与自然的接触、居住空间造成的拥挤感受等。间接的刺激源则可以延伸到住区楼栋分布，公共空间影响社会交往等因素。值得注意的是，社区的不良符号暗示，也会对居民造成严重的心理刺激。例如在 SARS 和本次新冠（COVID-19）疫情中，像淘大花园这样被划分为"疫区"的居住区甚至楼栋，对于社区的声誉有着毁灭性打击。同时，对于居住其中的幸存者，与疫情有关的空间和情境也容易引起创伤后应激障碍（PTSD）。

2020 年这场肆虐的新型冠状病毒肺炎疫情，给全世界敲响警钟。长久以来被忽略的重大传染病，依然是影响人类健康的可怕对手。在当代健康社区和健康建筑关注慢性病，提倡交流、活跃、便利可达的背景下，需要重新反思传染病重大疫情状态时的特殊要求。图 4-9 所示为防疫社区规划与住宅设计的可能要素。

在建筑层面，深槽通风天井的拔风作用、一梯多户共用电梯的设计问题，卫生间马桶地漏的水封问题都是值得改进的。增加分户设计，减少共用天井、排污、排水、中央空调，增加的居家办公需求、社区内活动需求。在增加活跃度策略上，需要有效增加不同人群的身体活动、鼓励爬楼梯，电梯隔层停靠、促进户外娱乐方式、创造美好景观和邻里交往，提升心理疗愈设计。这些要求，对建筑的形态、尺度、交通流线、室内外空间的关系都会发生较大影响，进一步影响到建筑的能耗绩效。

在社区层面，开放街区、增加功能混合度等措施对应着更好的便利度，有助于提升活跃程度，预防慢性病。充分利用居住社区内空地、荒地及拆除违法建设腾空土地等配建设施，增加公共活动空间。但在同时考虑传染病疫情等重大事件的隔离需求时，需要有更细致的，类似于防火分区或者公共安全分区的设计思考。户外环境的精细化，包括夜间照明、设施设备、智慧管理等对社区公共环境的运行和管理能耗也带来精细化设计的要求。

## 防疫城市设计 Epidemic Prevention Urban Design

**1.用地功能混合度高**
研究表明用地功能混合度高能降低居民的肥胖率及患病率。社区所在区域用地功能混合度要高才能降低居民健康负面影响。

**2.设置自行车/步行专用道**
完善的自行车专用道和步行通道系统有利居民用更健康的方式出行。

**3.健康食品充足可达性好**
社区内或社区周边健康食品来源的多样性可达性好。有利于居民步行并选择健康食品。

**4.公交站点可达性好**
社区距离公交、地铁站点近。有利于居民采取步行出行，从而有利于居民健康。

**5.周边设有公园、广场等**
社区就近公园的广场采用多步行方式出行，有利于居民短期的户外活动，有利于居民身心健康。

**6.良好的空气质量**
良好的空气质量是基础社区内居民保持健康的必要条件，有利于减少各种呼吸系统疾病，也有利于居民选择室外活动。

## 防疫社区设计 Epidemic Prevention Community Design

**7.消除噪声污染**
规划合理住宅位于不邻近公路避免受到噪声的影响，宜采取规避噪声避免。

**8.设置多样化低致敏的绿化**
多样化的绿化形式和多种绿植的搭配有助于提高空间景观观质量，低致敏的绿植能减少过敏致敏的风险。

**9.设置健身器材和运动场地**
社区内设置健身器材设施和场地，鼓励居民运动健身，有利身体健康。

**10.良好的通风**
社区规划布局有利于住宅自然通风，也可为居民提供良好的室外公共空间。

**11.社区封闭式管理**
封闭式管理让住区环境减少外界干扰有利，提高居民居住的安全感有。

**12.人车分行**
行人、自行车、汽车各行其道，有利于安全。

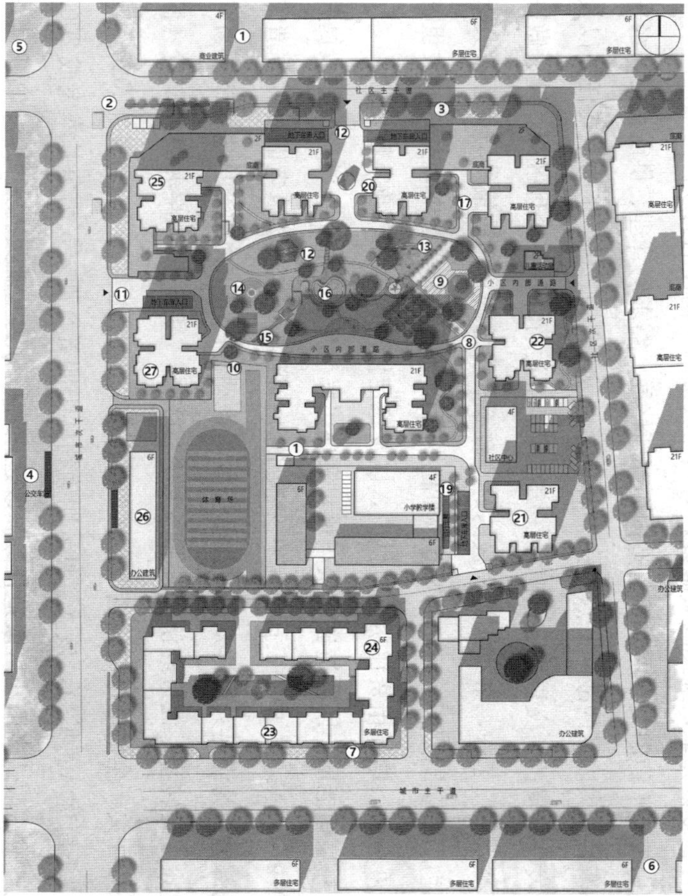

## 防疫社区设计 Epidemic Prevention Community Design

**13.社区内设置开放场地**
开放的场地有地方便居民进行不同形式的户外活动。

**14.设置儿童游戏场地**
设置专门的场地能有利于社区活动和儿童健康。

**15.设置遮阳设施**
场地应设处能阻止过度炎热天气时的户外活动。

**16.设置丰富的景观**
多样化的景观和有助居民心理健康。

**17.控制容积率**

**18.设置慢行步道/自行车道**
专用慢行道和自行车道有助于居民步行或骑自行车健康出行。

**19.设置自行车停车处**
设置自行车停车处设施，鼓励居民骑行。

**20.使用适宜的色彩**
良好的色彩设计能使居民心情愉悦，有助心理健康。

## 防疫建筑设计 Epidemic Prevention Building Design

**21.良好的电梯环境**
减少同层的电梯使用人数，可减少疾病传播。

**22.建筑避凹避槽、天井设计**
避免建筑凹槽和天井处形成气流，造成病菌传播。

**23.住宅的良好朝向**
住宅应朝向平衡良好、避免滋生细菌，也对居民身心健康。

**24.营井设计得当**
良好的下部采用营井型窗宜的设计有利居民身身心健康，也可避免部分楼板病毒过度集中的传播。

**25.使用无害建筑材料**
使用对人体无害的健康低碳材料可避免劣质材料给居民带来的健康影响。

**26.鼓励楼梯间的使用**
设计得当，采光通风良好能够增加楼梯间的有利使用，而且能鼓励居民楼梯代替电梯，有助降低疾病、高血压等疾病的发病率。

**27.住宅内部分区**
洁污、干湿分区，不同家庭成员分区有助防疫。

图4-9　防疫社区规划与住宅设计的可能要素（图片来源：李煜自绘）

# 4.3    社区治理现代化过程中的低碳节能策略建议

### 4.3.1    新时期住区建设与社区治理的重要趋势

党的十九大以来，各级政府坚持"房住不炒"原则，加快建立多主体供给、多渠道保障、租购并举的住房制度，促进房地产市场平稳健康发展。2020 年中央经济工作会议中将住房部分单列并提出："住房问题关系民生福祉"，要"房住不炒"、因地制宜、多策并举，继续因城施策，对热点城市加大调控的力度。

住房市场平稳健康发展对于打造内循环新格局、需求侧管理、供需在更高水平动态平衡、扩大内需的战略基点、民生和社会保障等几项 2021 年的重要任务以及衔接新发展格局的意义重大。同时，住房在使经济运行保持在合理区间，继续做好"六稳""六保"工作，继续实施积极的财政政策和稳健的货币政策等方面也攸关重要。❶ 住房市场将依然处于加强调控、抑制投资投机性需求状态中，并将加大租赁住房发展力度，增加租赁住房有效供应，以及稳定供应保障性、政策性住房。

（1）城镇老旧小区改造进入快车道，实现居民生活品质和社区治理效能双提升

2019 年以来，党中央、国务院在多次重要会议中对推进城镇老旧小区改造作出明确部署。为满足人民群众美好生活需要，推动惠民生扩内需，推进城市更新和开发建设方式转型，促进经济高质量发展。2020 年 7 月，国务院办公厅印发《国务院办公厅关于全面推进城镇老旧小区改造工作的指导意见》（国办发［2020］23号）（以下简称《意见》），该《意见》明确到"十四五"期末，力争基本完成 2000年底前建成需改造老旧小区改造任务，改造内容可分为基础类、完善类、提升类 3类，在资金支持方面建立改造资金政府与居民、社会力量合理共担机制。包括支持各地通过发行地方政府专项债券筹措改造资金；支持城镇老旧小区改造规模化实施运营主体采取市场化方式进行债券融资；吸引各类专业机构等社会力量投资参与等。

老旧小区改造不仅是民生工程、发展工程，而且是社会治理工程。《意见》要

---

❶    李宇嘉. 楼市新格局，供给侧、需求侧改革同发力［J］. 城市开发，2020（24）：68-69.

求建立健全政府统筹、条块协作、各部门齐抓共管的专门工作机制；利用"互联网＋共建共治共享"等线上线下手段，着力在小区改造过程中和完成后完善协商民主和基层治理，以加强基层党建为引领，将社区治理能力建设融入改造过程，促进小区治理模式创新，推动社会治理和服务重心向基层下移，完善小区长效管理机制。

（2）物业管理纳入社区治理体系，全面推动党建融合物业的共商共建共治共享的新格局

2017年，《中共中央国务院关于加强和完善城乡社区治理的意见》中，将"改进社区物业服务管理"列为"着力补齐城乡社区治理短板"的五项措施之一。自此，物业管理正式纳入社区治理。探索建立以政府为主导，社区、业主及物业服务企业等相关方参与的社区物业协同共治机制，是贯彻落实党的十九届四中全会精神、提高基层社会治理水平和治理能力的必然要求。

党的十九大报告中及党的十九届四中、五中全会提出，要加强和创新社会治理，坚持和完善共建共治共享的社会治理制度，打造共建共治共享的社会治理格局。加强社会治理制度建设，完善党委领导、政府负责、民主协商、社会协同、公众参与、法治保障、科技支撑的社会治理体制，提高社会治理社会化、法治化、智能化、专业化水平。要求物业管理行业在党和政府的领导下，有效整合社会资源。抓住城镇化快速推进以及城市更新和老旧小区改造的契机，拓宽物业服务领域，创新商业模式，增强多层次、多样化、高品质的产品和服务供给能力，更好实现社会效益和经济效益相统一。拓宽物业服务内容，围绕社区多元化需求，以及设施管理、资产管理、绿色管理、城市公共管理等专业服务领域，促进社区消费循环。

（3）住房相关立法不断完善，对居住权益等方面产生重大影响

以《中华人民共和国民法典》为代表的各类立法不断完善，对各类主体、权益的关系产生重大影响，社区管理相关的法律法规更加完善系统。《中华人民共和国民法典》进一步完善了业主的建筑物区分所有权制度，明确地方政府有关部门、居民委员会应当对设立业主大会和选举业主委员会给予指导和协助，降低业主共同决定事项的表决门槛，增加规定物业服务企业采取疫情防控等应急处置措施的责任以及业主的配合义务，明确物业服务企业利用业主的共有部分产生的收入在扣除合理成本之后属于业主共有。针对保障住房制度，《中华人民共和国民法典》增加规定"居住权"这一新型用益物权。落实建立租购同权住房制度的要求，民法典保护承

租人利益，增加规定房屋承租人的优先承租权。各主体权责体系逐渐明晰，业主的权利及自治意识逐步增强，政府有关部门在物业领域的职责更加明确，物业服务企业受到的监督更加全面。在社区管理领域遇到问题时，各主体可以合理寻求有关行政部门的帮助，依法维护自身利益。提升社区治理和服务水平，实现国家治理体系和治理能力现代化。

（4）生态文明与智慧技术进一步推动绿色、宜居、健康、智慧社区建设

2020年7月住房和城乡建设部等部门印发《绿色社区创建行动方案》。将绿色发展理念贯穿社区设计、建设、管理和服务等活动的全过程，以简约适度、绿色低碳的方式，推进社区人居环境建设和整治，推动社区最大限度地节约资源、保护环境。到2022年，绿色社区创建行动取得显著成效，力争全国60%以上的城市社区参与创建行动并达到创建要求。此外还颁布了《住房和城乡建设部等部门关于开展城市居住社区建设补短板行动的意见》（建科规〔2020〕7号）、《完整居住社区建设标准（试行）》等文件，以建立健全社区人居环境建设和整治机制、结合城市更新和存量住房改造提升、推进社区基础设施绿色化、生活垃圾分类、补齐社区公共服务设施短板、营造社区宜居环境、提高社区信息化智能化水平及培育社区绿色文化等工作为内容，推动建设安全健康、设施完善、管理有序的完整居住社区。

### 4.3.2　公益型物业管理模式构建与探索

如前文所述，新时期下我国住区建设与社区发展的新趋势，给我国社区节能优化管理带来新的创新机遇与挑战。

我国住宅社区能耗主要集中在供暖、空调、照明、家用电器、炊事用具等几方面，一般没有物业企业对能耗设备的统一运行管理。而社区的能源消耗受居民用电习惯、家用电器数量、人口、建筑的保温效果、气候、社区供热系统优劣及能源系统管理水平等因素影响。从产权特征来看，我国城镇住宅社区物业管理模式如表4-4所示。

城镇住宅社区物业管理模式　　　　　　　　　　　　　　表4-4

| 社区类型 | 产权与物业管理特征 |
| --- | --- |
| 商品住宅 | 分散产权，大多由专业化物业服务企业管理，也存在街道托管情况，房屋质量与节能水平不一 |

| 社区类型 | 产权与物业管理特征 |
|---|---|
| 保障房 | 由政府/公共机构持有，由住保部门/物业公司/产权单位共同管理，房屋质量与节能水平不一 |
| 单位宿舍 | 由单位自行管理，使用人为同一单位员工或学生，管理人群及物业的机构统一，来源可能为新建/配建/转化，房屋质量与节能水平不一 |
| 房改房、单位房外售 | 街道办、居委会、房改部门组建的物业管理公司，产权多样，管理混乱，给公房管理、使用、经营以及维修造成困难，早期所建的筒子楼集体公寓比较多，面积小，内部结构简单，老旧情况严重，节能水平低，为老旧小区综合整治主要部分 |
| 商住、公寓 | 由统一物业公司（可能同时为经营机构）管理，存在能源费用代收情况，可能有中央空调 |

在这样的产权结构多元的状况下，尤其是小区内部物业产权、运行权和维护改造权三权分离的问题，对进一步推动以节能为代表的社区公共物品的运行和管理产生很大不利影响。小区内相关设施投资，如小区内全部管线、设施都是与房屋建设同时完成，产权属于业主。而供热配电设施的运行、维护和改造，根据目前多数省市文件规定，供热、供电系统由社会供热供电企业负责，一直负责到户内设施。室内温度不达标、户内电力出故障，都直接由供热、供电企业负责解决。社区建成后系统的运行、维护权由物业转至这些专业公司。这些社会化专业公司直接对居民住户负责。而维修、改造权和维修改造费用目前无统一规定，含糊不清，往往互相推诿，导致维修改造难以进行。

供热系统、电力系统的维修改造是为了提高服务水平、提高系统能效，且很多维修改造内容还涉及建筑及小区设施的改造（如增加保温、增加供暖系统转换装置、增加光伏系统、为每个停车位配置充电桩等）。被维修改造的系统产权属于业主，如果由社会专业公司（供热、供电企业）投资和主导这些改造工作，则产权不清，改造工程很难进行，且业主最终得到收益而社会的专业企业又很难从业主得到的收益中回收改造成本。这就使得目前的社会专业公司无动力进行这些改造工作，而业主及代表其利益的物业公司由于已失去运行和维护权，也就很难开展和主导这些改造工作。其结果就是这些维修改造工程只能是在政府的推动和财政支持下，采用非市场的方式，由某一方完成。这就很难保证其效果，更不能对制约运行过程中可能出现的关键问题进行有效的改进。而增设光伏、充电桩等设施就会由于投入后的管理和收费模式不清晰而很难找到实施模式。

由于产权的分散、物业管理的市场化运行，造成了在公共物品或准公共物品领域决策难、实施难、投入匮乏等问题。由于城市社区公共物品供给不平衡、社区民主治理水平低及文化建设困难等原因，社区存在利益需求矛盾，邻里矛盾纠纷多发易发。❶ 而对于社区节能公共收益的分配涉及多方因素——既有能耗、居住面积、人口数量等多方面，分配过程复杂，极易产生矛盾。在此前业主管理能力有限的现实背景下，政府行政机关代管又难以深入了解小区现状并保障专项维修资金合理使用，从而出现了老旧小区的维修维护难题。在这样的背景下，对住区和社区建设中公共领域的治理成为迫在眉睫需要解决的问题。

建立"公益＋市场"的新的物业管理模式，是解决上述问题的行之有效的方式。"公益"并非意味没有利润，而是以非营利的方式来运行，杜绝了资本的分红谋利。在小区公共物品管理与运行上，强调以"公益性"物业模式来统筹居民的集体利益和集体行动，与党建、社区等工作充分融合，将公共物品的管理运行与市场化的服务进行清晰界定。以供热为例，以小区入口换热站为分界，计量经过换热站进入小区的热量，以此作为小区与供热企业结算的依据。双方完全可以预先签约确定最大供热功率、最大循环流量、最高的回水温度，全年按照热量和约定的供热参数确定热费。小区内无论是对建筑保温改造还是对系统的节能提效改造，都是小区物业从"公益"或"非盈利"出发开展的工作。通过改造和优化运行，提高供热水平，降低能耗，从而也可以减轻业主供暖的经济负担。业主的供暖费采用按照面积的分摊制，系统效率高，住户都主动调节避免过热，总的热费就会降低，每户热费也就下降。而系统调节不善，小区内跑冒滴漏，严重的浪费就会使总的热费增加从而加重每个用户的供暖经济负担。

这样把居民的关注点逐渐引导到以小区的共同利益为中心，降低系统能耗以减少每个个体的经济负担。这就可破解二十多年来一直难以推动、已形成僵局的"以按照热量收费为核心的供热改革"，提高供热系统效率，降低能耗。对于一些供暖能耗非常高的老旧小区，通过"公益化"的组织架构，合法合规的开展工作，调动各方的积极性，由国家、社会和业主共同集资，实现节能改造，达到改善供热效

---

❶ 王梅．社区政治及其与国家政治的互动关系研究［D］．陕西师范大学，2009．

果、降低供热成本的目的。由于各地约占 20％的高能耗老旧小区的问题，导致供热改革难以实施，并且使为这些小区供热的供热企业普遍亏损。为保民生各地政府只能通过各种方式为这些供热企业提供补贴，使相当多的供热企业依靠补贴度日，背离了市场。把供热企业回归市场，不由他们承担保民生的责任，而由掌管"最后一公里"的各个住宅小区的物业服务公司承担保民生的责任，通过"精准扶贫"方式解决少数保温不良的老旧小区供热成本高的问题，就可以有效地把"创收"和"保民生"两个不同的目标由两类不同的经营主体分别承担，从而在满足民生要求的基础上最大程度的调动市场能力。

在小区安装光伏电池和全面配置充电桩的任务更需要创新的体制机制。与这些改造相配合的是小区用电的柔性改造与按照需求侧响应模式运行。这需要与使用者深度结合。光伏与充电桩占用的最大资源是建筑屋顶和停车位，由电网公司全面接手，将其纳入小区配电系统进行统一管理，就无法估价这些空间资源的贡献。复杂的计量收费系统不仅增大装置和管理成本，还很可能影响系统正常运行。而将配电系统统一由小区物业管理，则可以很好地解决这些问题，绕过收费问题，通过按照需求侧响应模式管理用电，充分调动各种可能的调节能力，还可以显著降低用电成本，为住户节资。

综上所述，借鉴一些采用中央空调的小区的成功管理模式和在学校、政府机构中采用的隶属于业主方的运行管理队伍的成功模式，建议由小区物业公司（代表了业主利益）全面管理小区内各类机电设施的运行、维护和改造。建议电网公司、热力公司完全按照市场机制运行，只通过集中的接口向小区提供热力、电力。而小区物业公司则按照"非营利机构"模式运行，负责从外部接口输入的热力、电力，完成"最后一公里"的输配任务，满足用户要求和做好服务为目标，并统一负责各类机电系统的运行、维修和改造。由于是业主利益的代表，因此就实现了"三权统一"。作为"非营利机构"，其业绩完全由业主评价，并根据服务水平与满意度确定其收入标准。

上述模式，符合当前城市社区的治理结构正在从"社区管理"向"社区治理"转型的大趋势。党的十九大报告提出，推动社会治理和服务中心向基层转移，发挥社会组织协同作用，实现政府治理和社会调节、居民自治的良性互动。党的十九届四中全会指出，需要"不断完善党委领导、政府负责、民主协商、社会协同、公众参与、法治保障、科技支撑的社会治理体系","坚持和完善共建共治共享的社会治理制度,建设人人有责、人人尽责、人人享有的社会治理共同体,健全社区管理和服务机制,构建社区社会治理新格局。"共建共享共治的社区治理新模式提倡多元主体参与社区管理和建设,包括社区党组织、社区居委会、物业公司、社区组织/志愿者、社区管辖范围内企事业单位及居民(租购并举的背景下包括业主及租户),如图 4-10 所示。❶

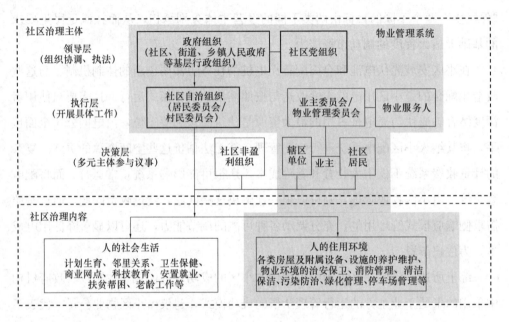

图 4-10  社区治理结构

2020 年北京市颁布了新《北京市物业管理条例》,新条例强调了物业管理纳入社区治理体系,坚持党委领导、政府主导、居民自治、多方参与、协商共建、科技支撑的工作格局。建立健全社区党组织领导下居民委员会、村民委员会、业主委员会或者物业管理委员会、业主、物业服务人等共同参与的治理架构。为解决业委会成立难的问题,条例提出可组建过渡性质的"物业管理委员会",街道办事处、乡镇人民政府负责组建物业管理委员会作为组织业主共同决定物业管理事项的临时性机构。

北京市在社区治理和物业管理的融合方面进行了较大力度的探索。其启发在

---

❶ 李浩昇. 城市社区治理结构中的主体间冲突及其协调 [J]. 东岳论丛,2011(12):77-80.

于，针对社区建设的公共领域，不仅从市场化角度出发，还强化了基层政府、党组织、社区骨干在其中发挥的引导、组织、协调作用。由此构建的新型物业管理模式已经超越了简单的市场化运行轨道，而成为兼顾市场和公共福利的混合模式。由此可以进一步设想，在未来社区治理中"公益＋增值服务"的新型模式是值得探索和深入研究的方向，在这个方面，北欧的住房合作社、日本的社区自治体、我国的乡村治理体系，在组织结构、非营利运行方式、邻里关系与公共参与等方面，都值得比较与参考。此外，物业管理的公益化，还解决了财政补贴或政府购买服务的更合理利用等问题，可以通过政策创新和激励，支持物业管理公益化的健康运行。由此，我国应当针对历史上演变、形成的不同类型的住区，根据其居民、产权、建筑、环境、设施设备等特点，构建专业化、社会化、市场化或者公益化的节能物业管理模式，适应当前不同类型社区公共领域治理的需要。物业公司由属于自治性最基层政府的业主委员会和类似于村委会的小区管理委员会。城市居民组织在小区管理委员会之下，成为城市的基本单元，使城市的组织结构由目前的"单位"为基本单元转变为以小区为基本单元，在平时、战时、灾情时和疫情时都可充分发挥作用，对社会安定、健康、文化、适老，以及非常时期的各种社会活动和市民管理都起到极大的作用。

### 4.3.3　住区建设与社区治理中节能优化策略

（1）提高供热效率和建筑保温水平

社区建筑能耗中供暖能耗比重最大，约占北方地区总生活能耗的60%。在社区管理层面，降低集中供暖能耗的主要因素包括建筑保温水平和供热系统效率。

近年来，住房和城乡建设部通过多种途径提高建筑保温水平，新建居住建筑保温水平较高。针对保温能力较差的2000年修建的老旧小区，通过供暖费用的调查、统计和记录，了解既有城镇老旧小区供暖效率，确定建筑保温水平，建立亟待节能改造项目的储备库，成立筛选分级机制，通过提升建筑保温性能，降低热损失。此外，老旧小区内的庭院管网的年久失修、漏水，造成热量损失，结合管线改造计划，完成改建和更新。

随着住宅建筑保温性能的提高，应关注因过量供热现象，造成热量损失，提高供热系统效率。

针对典型的北方集中供暖地区，应采取精细化管理，住宅按栋调节热水量，供暖费分栋计量，楼栋内分摊的方式。这是由于为了避免个别供热效率低的住宅室内温度过低，第一，运行管理人员凭经验"看天烧火"，热力站不能随天气变化及时有效调整供热量，导致过量供热量。第二，区域内集中供热管网的流量调节不均匀，部分建筑热水循环量过大，楼栋间不均，也造成过量供热损失。

按照北欧大部分国家公寓楼采用分栋计量和经验，成立供热服务子公司或业主大会来进行分栋计量，按户分摊，这种方式更加符合集中供热的公共物品属性特点。栋表的安装成本也远低于户表，且易于维护和管理。此外，社区业委会或物业管理委员会，应严格管理住户私自假装散热器的现象，不仅导致自身室温过热，还可能导致下层用户供热量不足。

（2）适应新能源发展趋势，增加住区充电桩，控制用电高峰重叠

中国汽车工业协会的报告显示，电动汽车 2018 年已增长至 98.4 万辆。[1] 2015年国务院印发《国务院办公厅关于加快电动汽车充电基础设施建设的指导意见》（国办发〔2015〕73 号）要求对新建住宅小区配建停车位应 100％ 建设充电设施或预留建设安装条件。[2] 在老旧小区，配建公共充电车位，建立充电车位分时共享机制。

现有配电网，特别在密集城区，难以支撑如此大规模充电桩同时并网运行，此外，电动汽车充电具有间歇性和不规律性，如不加以有效控制，突发且集中的充电负荷和电网常规用电高峰重叠，易引起电压、频率波动等问题，严重时可能造成大面积停电故障。[3][4][5]

[1]　郑雪芹. 2018 车市回顾及 2019 展望［J］. 汽车纵横, 2019, 94（1）: 24-28. ZHEN Xue-qin. Review of car market in 2018 and prospect for2019［J］. Auto Review, 2019, 94（1）: 24-28.

[2]　国务院. 国务院办公厅关于加快电动汽车充电基础设施建设的指导意见［EB/OL］.［2015-09-29］. http: //www. gov. cn/zhengce/content/2015/10/09/content _ 10214. htm.

[3]　FERNANDEZ L P, ROMAN T G, COSSENT R, et al. Assessment of the impact of plug-in electric vehicles on distribution network［J］. IEEE Transactions on Power Systems, 2011, 26（1）: 206-213.

[4]　杨田, 刘晓明, 吴其. 电动汽车充电站选址对电压稳定影响的研究［J］. 电力系统保护与控制, 2018, 46（5）: 31-37. YANG Tian, LIU Xiaoming, WU Qi. Research on impacts of electric vehicle charging station location on voltage stability［J］. Power System Protection and Control, 2018, 46（5）: 31-37.

[5]　陈丽丹, 张尧. 融合多源信息的电动汽车充电负荷预测及其对配电网的影响［J］. 电力自动化设备, 2018, 38（12）: 1-10. CHEN Lidan, ZHANG Yao. Prediction of EV charging load with multi-source information and its impact on distribution network［J］. Electric Power Automation Equipment, 2018, 38（12）: 1-10.

通过协调控制住宅小区配变侧充电负荷可缓解配变过载，实现削峰填谷。通过价格调控手段，鼓励在居住区用电波谷时段，实行充电。

（3）智慧能源、用能计量和公共设备提升

在智慧能源方面，基于光伏发电技术，存储和传输到消费端口，用于家居和公共用能。包括住区内使用太阳能庭院灯和太阳能草坪灯等。交通工具提倡电力驱动并配备充电装备，住区停车场为电动汽车规划建设充电桩。

通过交互式界面来实现智慧计量。实时对所有用电设备进行用能计量并实施远程控制。对于住户的能源消耗情况实施动态监测，开发平板电脑和手机 Apps 等用户界面，方便住户进行查询了解。住户根据计量结果，来调整用能方式，达到有效控制和节约。

在降低必须设备用能方面，住区公共区域采用变频设备，应用于水泵、电梯、空调等系统的电动机节能中，节约用电。

（4）探索合同能源管理在集中用能的社区中的应用

合同能源管理（Energy Performance Contracting），指能源服务公司和客户之间签订一种服务合同，在服务和改造后的节能效益中获得一些盈利利润的商业模式。物业能源管理是以物业管理公司为主体，依托物业管理服务平台，采用合同能源管理理念，融合各类节能服务公司，为实现定期内的节能目标和系统的长期节能运行，向业主单位提供全过程管理和服务。以节能量为收益来源，以提供长期的节能运行服务为持续收入的节能服务新机制。

由于现行政策法规并未赋予物业企业节能减排的职责，业主能耗费用也不与企业经济效益挂钩，以及节能理念和技术缺失等原因，目前物业管理企业在节能服务方面缺乏积极性及主动性，而合同能源管理模式在国内主要应用在商业地产及市政设施中，住宅中并不常见，主要受限于以下几点原因：能源成本有限，而交易成本高；市场高度分散，阻碍标准化发展；使用情况复杂，难以使全部居民统一需求；居民缺乏对 EPC 的概念及信任；缺乏公共补贴及融资资金。但目前能源绩效承包模式已在美国以及欧洲部分社区开展，基于社区模式可以确保规模经济，有助于降低交易成本，提升可行性。因此，可以在一些用能集中的居住社区中，通过政策激励，探索合同能源管理模式的应用。

（5）完善绿色住区建设和运行，大力推广绿色物业模式

长期以来，我国在绿色建筑方面的积累较多，但在绿色住区标准方面的研究不足，较少涉及周边环境、资源、交通等状况，为将绿色建筑理念和研究路线逐步扩展到城镇住区领域，中国房地产研究会在 2014 年编制完成《绿色住区标准》CECS 377—2014，对绿色住区的概念定义为：绿色住区是以居住为主要功能，以可持续发展为主要目标的居住区，使用绿色人居理念推进城市建设发展目标的体现，具有城市功能住区范畴的内容。并在 2019 年进行修订（《绿色住区标准》T/CECS CREA377—2018），新标准的推广能够有效促进我国住区的绿色发展，但目前针对国内绿色住区标准的研究和认证项目仍然较少，代表项目为当代MOMA、朗诗绿色街区等。

与国外绿色社区规划强调全方位可持续发展观，经济、生态、社会影响的考虑更加均衡[1]，相比我国更侧重于社会因素的考虑，具体体现在人文关怀、社区安全、集体意识的建立和塑造等方面。而我国绿色社区规划的导则和标准中，主要把规划的重点放在发展经济性（节能节水）和生态环境（舒适人居环境）方面[2][3]，仅对于规划的控制和要求大多仅能通过建筑退线、密度指标、绿化率、日照间距等硬性且单一的规划管控手段来控制[4]，在全过程管理及可实施性强的系统性工作模式和框架等方面尚存在短板。

基于我国的住区发展趋势，结合公共卫生的健康要求、城市低碳运行、化解"大城市病"等问题，需要进一步在全过程建设、全生命周期运行、全维度管理的"三全"方面加强绿色住区的建设与运行，社区节能的绩效必然得到提升。

绿色物业管理指在保证物业管理和服务质量等基本要求的前提下，通过科学管理、技术改造和行为引导，有效降低各类物业运行能耗，最大限度节约资源保护环境，致力构建节能低碳生活社区的物业管理活动。绿色物业管理重点在于新项目前期介入、提升期注重运行管理，以及建立企业绿色物业管评体系。

---

[1]　Bo Xia, Chen Qing, Skitmore Martin, et al. Comparison of sustainable community rating tools in Australia [J]. Journal of Cleaner Production, 2015, 10984-91.

[2]　李瑜，杨丽，李媛. 绿色住宅小区夏季自然通风模拟对比研究 [J]. 建筑节能，2019，47（08）：82-86.

[3]　庄宇，杨晨迪. 我国绿色住区发展及国外经验启发 [J]. 城市建筑，2019，16（22）：73-76.

[4]　徐娇妮. LEED-ND 引导下关于绿色社区与绿色建筑的设计方案 [J]. 低碳世界，2020，10（01）：16-17.

全国大多城市的绿色物业管理工作有待全面展开，目前只有深圳市颁行了《深圳市建筑节能发展专项资金管理办法》《绿色物业管理导则》SZDB/Z 325—2018、《绿色物业管理项目评价标准》SJG 50—2018，通过资金奖励等方式引导物业服务企业经营管理模式向绿色物业管理发展模式转变。深圳市崇文花园和前海花园小区通过制度建设、技术改造、科学管理及行为引导等方式，为企业节省了大量用电费用。其中电梯、供水、照明、通风设备的节能效果最为显著，与改造前相比节电率达到了70%多。❶

(6) 加大社区节能扶持力度，提供政策支持及补贴

首先在于完善相关标准，提供政策激励。目前我国绿色社区评价主要注重前期规划而忽略了后期标准，尽管国家颁布的绿色建筑标准有关于住宅和公共建筑运营的指标，但是相关指标不够完善，缺乏细致分类，难以反映出绿色建筑运营管理的特点和目标，有待于制订更为细化、针对性强的全生命周期、全类型的绿色物业管理标准，促进后期物业管理与前期规划、设计与施工的融合。深圳已出台《绿色物业管理导则》SZDB/Z 325—2018 及《绿色物业管理项目评价标准》SJG 50—2018，对于不同等级绿色物业管理项目提供资金奖励。同时可采取资金补贴、税收减免等措施。

1) 在节能支持上，应当依托老旧小区改造建立节能管理平台。我国建筑能耗偏高，围护结构的热损失严重。尤其是大量老旧小区的建造年代较早，建筑围护结构性能较差、抹灰脱落、雨水渗漏、门窗缝隙冷风渗透量大等问题而衍生的高能耗。近年来，各地按照党中央、国务院有关决策部署，大力推进城镇老旧小区改造工作。各地完善改造资金政府、居民、社会力量、金融机构合理共担机制，老旧小区改造空间大，既有能耗高，可依托老旧小区改造资金辅助建立合同能源管理平台，降低交易成本，提升能源管理可行性。

2) 拓宽节能改造融资渠道，完善绿色金融体系。引导金融资源向绿色发展领域倾斜，完善政策框架及体系标准、建立激励机制、增强覆盖面积、鼓励风险分析、强化碳交易体系、加强国际合作。

3) 完善公共维修基金收取方式。如增设节能改造专项基金，对个人与企业资

---

❶ 黄国义. 住宅小区绿色物业管理探索与实践 [J]. 住宅与房地产，2019 (07)：40-45.

产资金缴纳比例、续存办法进行相应调整，实现资金改造与国际维修资金管理办法接轨，简化公共维修基金启用审批流程手续。

（7）提高社区治理现代化水平，保障社区节能高效实施

社区治理现代化水平的提升，其基础是推行专业化物业服务全覆盖，推动业主委员会成立。目前我国物业管理水平仍较低、发展不均衡，党建引领社区治理下的物业管理体系尚处于构建初期，物业管理参与基层治理的机制、矛盾预防化解机制、市场化运作机制以及政府协同监管机制等方面尚待完善，应积极推动物业服务全覆盖及业主委员会的组建，引导小区居民通过民主决策解决小区事务。在这个过程中，坚持党建引领，发挥党员骨干作用，完善多方参与、共同议事机制。通过政府治理、社会调节、居民自治、市场参与推动节能社区创建，完善协商议事机制，满足多方能源需求。

提升物业行业市场化、信息化水平。加强节能管理专业化团队建设，积极参与工程前期能耗管理工作，加强对业主节能降耗的宣传工作，开展多元化经营模式，发展智慧物业，建立智慧社区，实现智慧能耗管理。

加强宣传引导，提升全社会节能意识。全面贯彻共建共治共享理念，以提高居民节能认知，充分发挥社会组织作用及党员的先锋模范作用，培育社区绿色文化，开展绿色生活主题宣传，全面推广清洁能源。提升家庭成员生态文明意识，减少家庭能源消耗。

# 第5章 长江中下游居住建筑室内热环境营造模式

长江流域地区面积广阔，横跨我国中部、西部、东部三大经济区，占国土面积的25%，人口占全国总人口的50%，属高密度人员聚居区。根据全国建筑热工气候区划分，长江中下游地区流域夏季炎热，冬季寒冷，全年高湿，且整个区域气温、降水量、太阳辐射等气象条件差异性较大，对供冷、供热及除湿的需求不同。由于该地区传统居住型建筑设计简单，隔热、保温性能较差，冬夏季室内热环境条件较差。随着该地区经济的飞速发展和建筑总量的攀升，居民对室内环境质量的需求不断提高，供暖空调用能需求剧增。因此，该地区室内热环境营造应当根据气候特征，结合空调的运行模式和用能习惯，通过优化建筑设计延长非供暖空调时间，同时提高冷热源设备与供暖空调系统效率，提升供暖空调全年运行能效，改善末端设计，提升热舒适性，从而实现居住建筑室内热环境低碳绿色营造。这对改善长江流域居民生活、工作环境及建筑节能减排都具有重要意义。

## 5.1 长江中下游居住建筑人员热舒适需求及用能行为特征

为了了解长江流域地区住宅室内热环境现状和人员的热舒适情况，重庆大学前期联合长江流域其他高校对该地区6个城市，包括重庆、成都、武汉、南京、杭州和长沙进行了超过一年、涵盖各个月份的住宅入户热环境测试和大样本问卷调研，通过数据收集整理，共获得505栋住宅建筑的11523个完整调查样本（回收有效调研问卷冬季2652份，春季2965份，夏季2521份，秋季3385份）。[1,2] 为深入了解长江流域居民在住宅中的供暖供冷行为，"十三五"期间进一步选取长江流域地区五个典型城市：重庆、成都、长沙、杭州和上海，通过住宅实地问卷调查，辅助电子平台发放问卷的方式，共获得冬季有效样本 8764 份，夏季有效样本 7649 份[3]。

### 5.1.1    长江流域室内热环境特性

对大样本实测所得的住宅室内热环境数据整理分析，该地区 6 个城市全年室外温度在 −4.0～41.5℃较大范围内波动，年平均温度 19.8℃。而住宅室内温度也随之变化，最低 1.5℃，最高 38.7℃，室内年平均温度 20.5℃。此外，不同季节住宅室内平均相对湿度在 59.1%～70.8%之间，冬季较低而夏季较高。测试的住宅全年室外风速要远高于室内，室外平均风速约为 1.0 m/s，但没有明显的季节差异；室内全年平均风速约 0.2m/s，但室内风速在夏季和过渡季节较高，这可能是居民通过开窗和风扇等行为积极调控的结果。

### 5.1.2    居民行为调节及供暖空调用能特性

开窗通风是长江流域住宅中居民改善并适应室内热环境的有效措施。结合问卷调研，计算了长江流域住宅各个季节居民自报告开窗的样本数占总样本的比例，图 5-1 给出了住宅中不同季节开窗比例随室外温度的变化。可以看出，住宅中开窗比例随室外温度显著变化，冬季随着室外温度逐渐升高，窗户开启比例从 0.3 上升到 0.8，而夏季随室外温度变化不显著，开窗比例基本在 0.8～1.0 范围内波动，

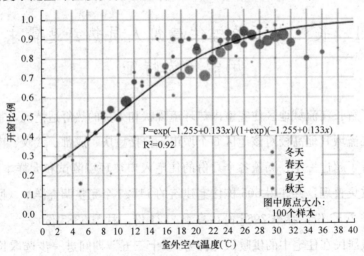

图 5-1    长江流域住宅开窗比例随室外温度变化

表明该地区居民有着夏季和过渡季节开窗通风的习惯[1]。

人员的开窗行为受较多因素影响，包括室外天气、季节、家庭人员在室情况、行为习惯等。图 5-2 统计了调研中居民报告影响开关窗行为的主要因素所占比例（注：问卷设置多选项，其比例为居民投票该因素的样本量占总样本比例）。室外温度和室外噪声是影响居民开关窗的主要因素，其比例分别达 53.6％和 51.2％。其次是室外空气质量和室内空气质量，比例在 50％左右，表明该地区居民习惯通过开窗通风换气改善室内环境质量。此外，室内温度、降雨等因素也是影响居民开关窗的重要因素，其比例约 30％。

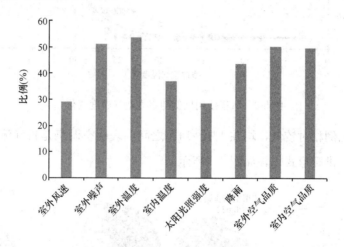

图 5-2　住宅居民开窗显著影响因素

风扇是长江流域地区住宅中居民改善夏季室内热环境的另一主要手段。采用上述相同统计计算方法，图 5-3 给出了调研期间不同季节室内温度对应的人员使用风扇调节的比例。当室内温度为 20℃时，风扇使用比例约为 0.1。相比之下，当室内温度逐渐升高，居民风扇使用比例与室内空气温度呈现很强的相关性，当室内空气温度高于 25℃，居民使用风扇的比例迅速增加到约 0.7，表明通过风扇增加空气流动是该地区居民夏季改善热舒适的有效手段之一[1]。

通过问卷调研，居民自报告的冬季供暖情况统计结果如图 5-4 所示。居民回答冬季卧室供暖的样本数占总样本的比例约 63％，而其中回答采用空调供暖的比例达 63.2％。同样，居民回答客厅供暖的样本所占比例为 43.4％，回答采用空调的样本比例为 57.6％。其他各类取暖设备还包括地暖、油汀、小太阳、暖风机、电

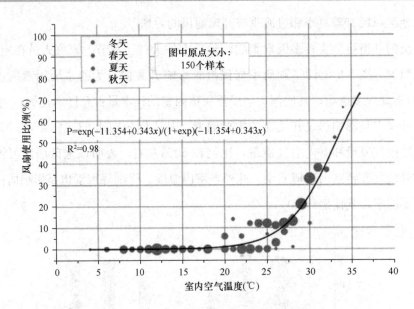

图 5-3 风扇使用比例随室内空气温度变化

热毯等, 但比例相对较低, 均在 1%~14% 之间, 表明空调仍是长江流域中下游地区居民主要的供暖形式[3], 如图 5-4 所示。

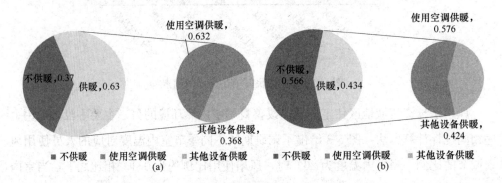

图 5-4 冬季供暖比例及供暖方式分布情况

(a) 卧室; (b) 客厅

图 5-5 为同样问卷调研得到的住宅居民夏季供冷情况统计结果。夏季居民调节室内热环境的主要设备是空调和风扇, 居民回答会在卧室使用空调的样本比例占 94.5%, 使用风扇的样本比例占 55.6%, 两种设备在住宅中的使用率显著高于其他供冷设备, 表明空调仍是该地区居住建筑供暖供冷的主要设备, 而风扇则是夏季偏热环境下改善热环境的主要辅助设备。

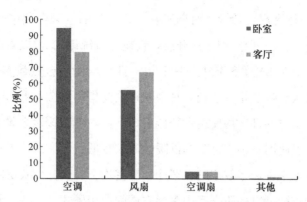

图 5-5 调研居民卧室和客厅各种供冷方式所占比例统计

"十三五"期间通过校企合作，基于空调大数据云平台对重庆地区住宅中 575 台使用某品牌的房间空调器夏季 27950 次、冬季 3828 次空调运行数据特征进行分析，图 5-6 给出了全年不同月份、不同时期统计的用户空调运行台日数分布情况

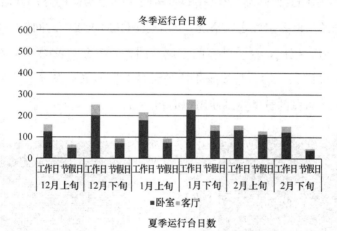

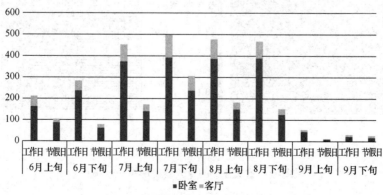

图 5-6 重庆住宅空调使用台数的时间分布统计

（注：不同时期空调开启台数为该时期所有上线统计的空调台数中开过机的空调台数，某一时期/某一天一台空调多次开启，仅按一台统计）。可以看出，住宅中冬季空调使用主要集中在 12 月下旬到 1 月下旬，日平均使用台数最多不超过 300 台，而夏季空调使用从 6 月下旬持续到 9 月中旬，主要集中在 7 月上旬到 8 月下旬，其中 7 月下旬统计的空调日平均使用台数接近 500 台，表明该地区住宅房间空调器多用于夏季制冷，而使用空调进行冬季供暖的需求较低。

对于一户住宅来讲，多数家庭在客厅和卧室均会安装分体式房间空调器，采用空调自带的在线监测可以探明家庭中多台空调的使用模式，图 5-7 展示了重庆地区某住户柜机和挂机空调器在冬夏季测量期内运行小时数分布情况及在不同时段的运行小时数统计结果。从监测的空调开机情况可以看出，居民客厅和卧室的空调使用在冬夏季都存在典型的"部分时间、部分空间"的使用特性，卧室和客厅的空调使用时间分布存在互补的特性，即居民在哪个房间，哪个房间的空调开启供暖供冷。对比冬夏季监测的空调开启和运行情况，冬季空调开启供暖的时间较少，且运行时间短（图 5-7c、d）。相比，夏季卧室的空调（图 5-7b）绝大多数时间在夜间连续运行（23：00～次日 9：00），且夏季供冷持续的时间较长，从 7 月上旬直到 9 月上旬，这与该地区居民的日常空调使用习惯相一致。

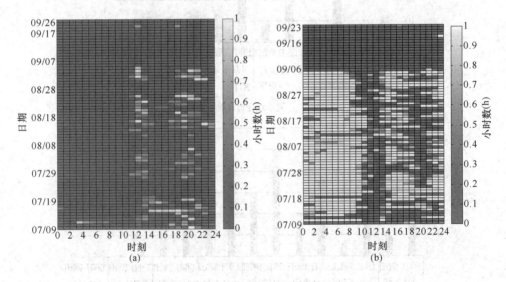

图 5-7　重庆住户的空调器使用模式（一）

(a) 夏季客厅；(b) 夏季卧室

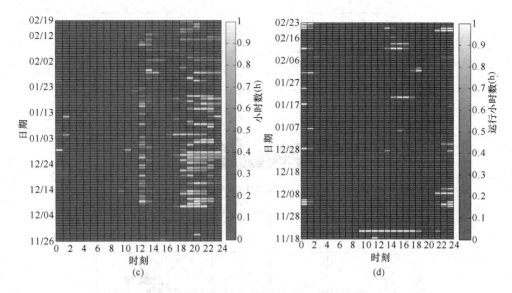

图 5-7　重庆住户的空调器使用模式（二）

（c）冬季客厅；（d）冬季卧室

[图例中运行小时数为统计的单位时间内（1h）空调开启时间占比]

通过随机抽样的方法在重庆和上海地区分别抽取 1990 台和 1000 台空调，通过空调自带监测设备和大数据云平台，计算了不同室外日均温度下监测的空调开启比例（空调开启比例＝某一日均温度下开过机的空调台数/该温度下所有统计的空调台数），如图 5-8 所示。可以看出，重庆住宅冬季统计到的不同室外温度下空调开启的比例在 10%～20%之间，夏季统计到的大多数情况下空调开启的比例低于60%，且当日平均气温大于 25℃之后，空调开启比例逐渐上升。相比，统计得到的上海冬季空调开启比例随着室外日均温度的降低逐渐升高，但低于 30%左右，而夏季开启比例在 50%左右，全年空调开启比例随室外日均温度呈 U 形分布。总体上看，在统计的所有空调样本中，重庆和上海夏季空调开启比例都随着室外温度升高显著增加，但重庆地区的开启比例要高于上海。相反，冬季随着室外温度的降低，其空调开启比例逐渐增加，但重庆整体较低，而上海较高，这可能与两个城市的气候（室外温度）、经济发展、人员生活习惯差异等有关。需要注意的是，该地区住宅中一般都安装多台空调（卧室和客厅等），图 5-8 显示在冬季和夏季统计到的空调开启的比例比较低，主要原因是居民在家中只是在活动空间开启空调供冷供暖，而不是所有房间的空调都开启，上述图 5-7 也充分反映了该地区居民使用空调

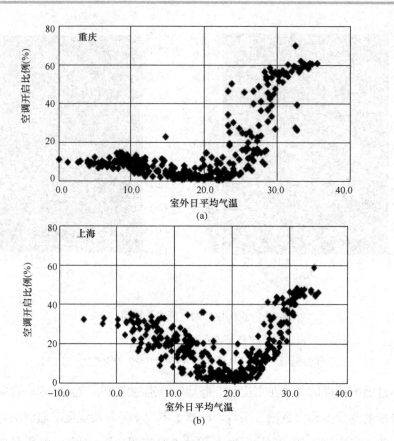

图 5-8  空调使用率随全年室外日均温度变化

（a）重庆；（b）上海

存在"部分时间、部分空间"的特点。此外，由于住宅中居民还会选择其他局部设
备，比如风扇、暖风机等局部设备改善室内热环境，因此图 5-6～图 5-8 大数据平
台的统计结果主要反映的是居民空调使用模式，不能完全代表该地区住宅室内供暖
供冷需求情况。

进一步采用同样的方法选择长江流域 9 个典型省份某品牌空调挂机，包括冬季
监测空调挂机 36947 台，夏季监测挂机 44130 台，计算夏季供冷和冬季供暖情况下
空调各个设定温度占总计样本的比例分布，如图 5-9 所示（注：一台空调设置多个
温度，计算比例时按照多台统计，故所有温度设置累计比例大于 100%）。无论是
冬季和夏季，监测到的空调设定温度均在 26℃的比例最高，冬季比例达 30.4%，
夏季比例达 34.6%，而其他空调设定温度所占比例均低于 15%，表明该地区居民

无论是供暖还是供冷，使用空调时都倾向于设定 26℃。相比冬夏季空调各个设定温度分布差异，夏季供冷情况下空调设定温度在 27℃ 和 28℃ 所占比例也比较高，为 15％ 左右。分析其原因，由于该地区居民空调使用存在"部分时间、部分空间"特点（图 5-7），空调设定温度不能代表真实室内热环境状况，冬季设定 26℃ 是由于使用空调供暖初始阶段，室内温度较低，居民迫切追求短时间内室内快速升温、达到热舒适需求所致。而夏季由于挂机主要安装于卧室，使用多在晚上睡眠时间，因此部分居民考虑舒适性和节能型，倾向于设定高于 26℃ 的温度。

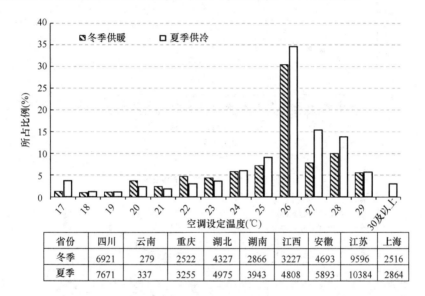

| 省份 | 四川 | 云南 | 重庆 | 湖北 | 湖南 | 江西 | 安徽 | 江苏 | 上海 |
|------|------|------|------|------|------|------|------|------|------|
| 冬季 | 6921 | 279 | 2522 | 4327 | 2866 | 3227 | 4693 | 9596 | 2516 |
| 夏季 | 7671 | 337 | 3255 | 4975 | 3943 | 4808 | 5893 | 10384 | 2864 |

图 5-9  空调云平台监测空调设定温度分布（冬季，$n=36947$，

夏季，$n=44130$，$n$ 为样本量）

实际居住建筑中空调设定温度与工作区温度之间存在一定偏差，实测实际住宅冬季卧室的空调挂机运行状态下室内热环境参数，图 5-10 给出了空调设置温度和稳定状态下房间温湿度变化情况。随着空调设定温度值的增大，稳定状态下房间平均温度也逐渐升高，而平均相对湿度则逐渐降低（图 5-10a）。图 5-10（b）给出了稳定状态下室内温度的垂直分布情况，其空调各个温度设置下，距离地面 0.1m 处的温度都最低，高度越高，其稳态平均温度越高，距离地面 2.3m 的空间温度最高，且受空调设定的风速挡位影响，一定程度上反映了空调冬季供暖存在"下冷上热"、热气流上浮的问题，降低了供暖效率。

以空调运行稳定状态下工作区平均稳定温度与空调设置温度的差值作为评价指

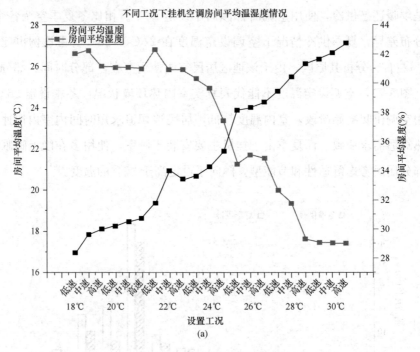

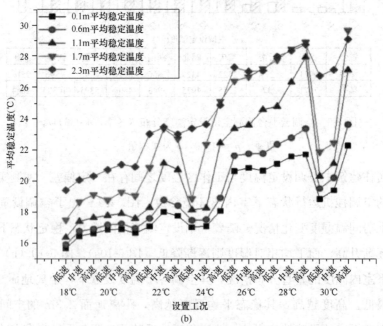

图 5-10  空调不同设置温度下其室内稳态温湿度分布

（a）平均温度；（b）垂直温度

标，图 5-11 给出了夏季和冬季卧室和客厅工作区实测平均温度和设定空调温度的差值变化。可以看出，无论是卧室还是客厅，空调设置温度和工作区平均温度间始终存在差值。冬季供暖时，挂机空调和柜机空调室内工作区平均温度均比设置的温度低，冬季随着设置温度的增加，两者绝对差值逐渐增大，尤其是对于挂机空调，差值更大。这些研究更反映了空调的设置温度指标，并不能直接反应用户对于供暖供冷的真实需求，稳定状态下空调设置温度和室内平均稳态温度存在一定偏差，尤其是对于采用空调供暖情况。

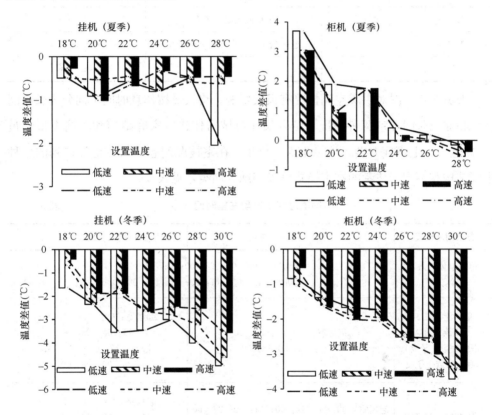

图 5-11 冬夏季空调运行稳态情况下室内工作区平均温度和设定空调温度的差值变化

### 5.1.3 长江流域居民动态热舒适定量需求

（1）长江流域居民典型在室模式

结合普查数据，长江流域家庭结构主要涵盖六大类（单身上班族、单身退休老人、上班族夫妇、退休夫妇、上班族＋子女、退休老人＋上班族＋子女），占家庭总数的 96.37%，各家庭结构占比见表 5-1。

城镇地区家庭结构情况　　　　　　　　　　　　　　表 5-1

| 家庭类型 | 家庭成员代数 | 家庭结构 | 家庭户数比例 |
|---|---|---|---|
| A | 1 | 单身上班族 | 10.07% |
| B | 1 | 单身退休老人 | 4.52% |
| C | 1 | 上班族夫妻 | 12.76% |
| D | 1 | 退休夫妻 | 4.89% |
| E | 2 | 上班族夫妻＋子女 | 45.49% |
| F | 3 | 退休老人＋上班族夫妻＋子女 | 18.64% |
| 合计 | | | 96.37% |

人员在室情况对供暖空调情况有很大影响。将人员按作息时间不同分为长时间在室和非长时间在室两种情况。结合长江流域居住建筑家庭结构和不同类型人员（退休老人、上班族夫妻、学龄儿童、幼儿）在室情况问卷调研，统计得到的六种家庭结构和不同居住者的在室模式可以归纳为四类，见表 5-2。

不同家庭模式典型在室时间分布　　　　　　　　　表 5-2

| 典型用能模式 | 工作日（周一到周五） | 休息日（周六、周日、节假日） |
|---|---|---|
| 单身退休老人、退休夫妻 | 起居室：08：00—12：00；18：00—22：00<br>卧室：12：00—14：00；22：00—08：00 | |
| 单身上班族、上班族夫妻、上班族夫妻＋子女[a]、单身上班族＋子女 | 起居室：18：00—22：00<br>卧室：22：00—8：00 | 起居室：08：00—12：00；14：00—23：00<br>卧室：12：00—14：00；23：00—8：00 |
| 退休夫妇＋上班族夫妻＋子女[b] | 起居室：08：00—12：00；14：00—22：00<br>卧室 1：12：00—14：00；22：00—08：00<br>卧室 2：22：00—08：00 | 起居室：08：00—12：00；14：00—22：00<br>卧室：12：00—14：00；22：00—08：00 |
| 退休夫妇＋上班族夫妻＋子女[c]、退休老人＋上班族夫妻 | 起居室：08：00—12：00；18：00—22：00<br>卧室 1：12：00—14：00；22：00—08：00<br>卧室 2：22：00—08：00 | 起居室：08：00—12：00；14：00—22：00<br>卧室：12：00—14：00；22：00—08：00 |

注：[a] 子女指学龄儿童，[b] 子女指幼儿，[c] 子女指学龄儿童。

（2）住宅室内热舒适定量需求

室内外温度变化是影响人员热感觉的显著因素。结合长江流域 6 个典型城市居住建筑室内外热环境现场测试（见 5.1.1 小节）和问卷调研，图 5-12 给出了热环境测试时期居民实际热感觉投票（*TSV*）随不同季节测试的室内温度变化情况[1]。可以看出，不同季节居民的热感觉投票均值与室内空气温度显著相关，热感觉都随室内温度的增加而升高。但是，不同季节下居民热感觉变化随室内空气温度的敏感度不同（图 5-12 中回归方程斜率）。夏季室内温度增加 1℃引起的热感觉增量最大，说明夏季居民对室内温度变化的敏感性高于其他季节。假定 *TSV*=0 时人员处于中性舒适状态，则可以得到不同季节居民的中性温度。其数值在冬季最低，为 21.0℃，夏季最高，为 24.3℃，过渡季数值在两者之间，随季节而变化，如图 5-12 阴影区域所示。尽管两个过渡季节的室外/室内平均气温相似，但秋季的中性温度明显高于春季，且由图 5-12 可以看出，在相同的温度下，秋季与春季的热感觉存在差异，即秋季比春季感觉稍凉。这可能是由于夏季人员热经历，使得居民可接受的舒适温度提高，因而对于同样的偏低温度，其感觉更冷，热感觉投票值更低。

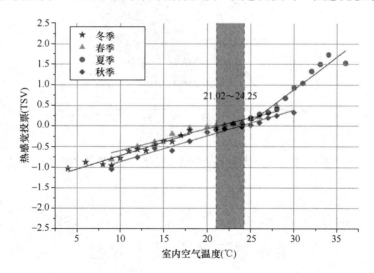

图 5-12 不同季节的热感觉投票随室内温度变化

结合长江流域不同季节服装热阻等行为调节特点，同时针对该地区每户的家庭结构、人员状况以及各房间在室规律，充分考虑长江流域地区"部分空间、部分时间"的空调使用特点，同时考虑方便应用的实际需求，可得到长江流域地区住宅室内热环境设计参数，如表 5-3 所示，此外，由于长江流域居民在偏热环境下有开窗通风或使用风扇改善热环境的习惯，因此风速补偿可在一定程度提升人们的舒适温度上限，如图 5-13 所示。表 5-3 和图 5-13 可直接用于该地区住宅供暖空调和自然通风模式下室内人员热舒适定量需求的评价和设计营造[4]。

长江流域住宅室内热湿环境定量需求　　　　　　　　　　　　　　　　表 5-3

| 运行模式 | 等级 | 温度 | 相对湿度（%） | 备注 |
|---|---|---|---|---|
| 空调模式 | Ⅰ级 | $24℃ \leqslant T \leqslant 26℃$ | $40 \sim 60$ | |
| | Ⅱ级 | $26℃ < T \leqslant 28℃$ | $\leqslant 70$ | |
| 供暖模式 | Ⅰ级 | $22℃ \leqslant T \leqslant 24℃$ | $\geqslant 30$ | |
| | Ⅱ级 | $18℃ \leqslant T < 22℃$ | | |
| 自然通风模式 | Ⅰ级 | $18℃ \leqslant T \leqslant 28℃$ | — | 考虑当地服装、开窗、风扇等适应性节能行为时 |
| | Ⅱ级 | $16℃ \leqslant T \leqslant 30℃$ | | |

注：Ⅰ级舒适区：90%及以上人员对热环境满意；Ⅱ级舒适区：75%及以上人员对热环境满意。

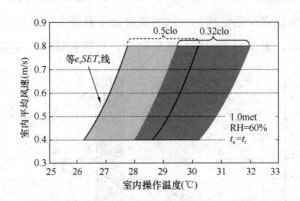

图 5-13　长江流域地区全年适宜风速—可接受温度区间

# 5.2　长江流域气候特征和居住建筑供暖空调整体技术方案

## 5.2.1　长江流域微气候特征

我国幅员辽阔，在热工设计方面即使划分了 5 个气候区，但在各气候区中气象特征仍存在较大差异。长江流域中的大部分区域处于夏热冬冷地区，现行国家标准

《民用建筑热工设计规范》GB 50176—2016 在 1200(℃·d) 处将夏热冬冷地区分为"3A"和"3B"两个子气候区，该分区方案没有涉及相对湿度、太阳辐射和风速等其他影响建筑被动设计的气象要素。考虑气候条件是决定长江流域各个地区负荷特性和冷热需求的关键因素之一，气候分区能够对建筑供暖空调技术方案的选择和节能效果的评估提供更加明确的指导。因此，有必要对该地区进行更进一步的气候区特征探讨，有助于建筑技术的适应性分析及其推广应用。

由于冬、夏两季的气候均为该区域的关注重点，供暖度日数（$HDD18$）和空调度日数（$CDD26$）应首先作为供热需求和供冷需求的分区指标，同时考虑到通风、遮阳等建筑被动技术选择的需求，分区方案中也应考虑相对湿度、太阳辐射和风速等相关气象要素。由于气候分区涉及因素较多，各个因素之间分布的差异会使分区结果十分零散，因此需要采用分层级的气候区划分方案，把对能耗最敏感的度日数（$HDD18$ 和 $CDD26$）作为第一级区划指标，进行主要气候区的划分，将相对湿度、太阳辐射与风速作为第二级区划指标，作为被动设计技术方案选择的辅助因素。

根据长江中下游地区 166 个气象台站参数，选取包括气温、相对湿度、太阳辐射及风速等相关气象要素在近 10 年（2006—2015 年）的观测数据，采用空调度日数（$CDD26$）和供暖度日数（$HDD18$）作为一级分区的聚类变量，统计出其在各个气象站的平均值及其分位数，见图 5-14。整个夏热冬冷地区近 10 年基本维持夏季炎热、冬季寒冷的特征，供冷、供热需求跨度范围大，$HDD18$ 的跨度范围在

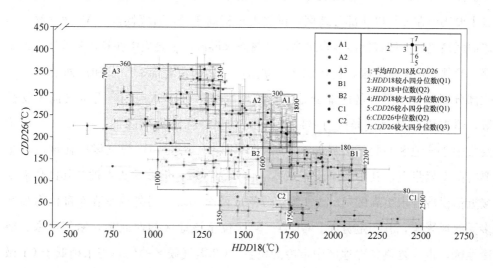

图 5-14　各气象台站供暖度日数和空调度日数的均值与四分位数分布及分区划分界限

700～2500，CDD26 的跨度范围在 0～360，有极少部分地区成为低供冷需求区。

以聚类分析的结果为基础，根据空间连续性和"取大去小"原则进行适当调整。在进行气候区特征分析时结合了国家的行政区划，将地级市作为最小单位，这样既可以保证较为细致的划分，又便于管理，提出针对性技术指南。最终整个长江流域夏热冬冷地区划可分为 7 个微气候区。

以聚类分析的结果为基础，根据空间连续性和"取大去小"原则进行适当调整。在进行气候区特征分析时结合了国家的行政区划，将地级市作为最小单位，这样既可以保证较为细致的划分，又便于管理，提出针对性技术指南。最终可以将整个长江流域夏热冬冷地区划可分为 7 个微气候区[5]。其中，子气候 A 区主要包括重庆，四川东南部，浙江南部，福建北部，江西南部，广西北部，广东北部；子气候 B 区主要包括上海，江苏南部，安徽中部及南部，河南南部，四川东北部，湖北中部、南部及东部，湖南全省，江西中部及北部，浙江中部及北部，贵州东北角；子气候 C 区主要包括四川中部及北部，贵州北部及西部，湖北西北角，陕西南部，甘肃南部。

该地区 7 个微气候区中，南部区域相对北部区域偏暖，南部的供冷需求明显高于北部，东部沿海区域相对内陆区域偏暖，江河流域沿岸及盆地等特殊地形结构对气候特征分布有一定的影响。其中，A1 微气候区与 A2 微气候区夏季较热，分布于长江下游沿江区域，包括上海、杭州、南京、武汉和长沙等大城市。A1 微气候区主要集中在长江以北部分地区，供热需求稍高于 A2 微气候区。A3 微气候区为该地区最热的区域，供冷需求最高，供热需求最低，主要集中在夏热冬冷地区的南部，紧邻夏热冬暖地区，包括江西、湖南南部、福建北部、广东和广西北端；另一部分则分布于四川盆地部分地区，该地区城市被山脉包围，下沉气流不易扩散，增温快。B1 微气候区与 B2 微气候区的供冷需求有所降低，B1 微气候区主要集中于该地区的北部边界偏东区域，紧邻寒冷地区。B2 微气候区在该区域主要有两个聚集点，其中一个聚集点位于偏西部区域，但该聚集点被与其供热需求接近但供冷需求更高的 A3 微气候区分割成两个小块；另外就是在东部沿海地区多受海风影响，有一定分布。C1 微气候区位于该地区的西北角，紧邻严寒、寒冷地区，也是夏热冬冷地区中最冷的位置。C2 微气候区的供热需求稍低于 C1 微气候区，供冷需求同样很低，大部分靠近温和地区的位置（贵州省大部及四川成都附近区域）。

### 5.2.2 长江流域自然通风潜力

有效利用自然通风可以减少部分供冷负荷，缩短需要供冷时间，但建筑自然通风的设计策略很大程度地依赖于当地的气候条件。因此，长江流域地区居住建筑采用自然通风，则首先需要考虑不同气候条件下建筑自然通风的应用潜力。从长江流域各微气候区中选择代表性城市进行室内热环境模拟，包括 A1 区南京、A2 区长沙、A3 区重庆、B1 区信阳、B2 区宜昌、C1 区汉中和 C2 区成都。模拟得到各城市不同通风量下建筑自由运行全年室温变化情况，将 18～28℃ 定义为温度舒适区，16～18℃ 与 28～30℃ 定义为过渡性舒适区（非供暖供冷环境可将舒适温度拓展到该区间内）。利用自由运行状态下室内处于舒适温度的小时数（$hrs_{T_1 \in [18,28]}$）与全年总时数（$hrs_{total} = 8760$）的比值来衡量自然通风可利用的时间。

以微气候区 A3 重庆作为代表性城市来说明自然通风潜力的季节性变化。利用重庆地区风力水平，全年平均风速为 1.4 m/s，利用计算流体力学（CFD）模拟及通风换气次数经验计算公式，得到中等建筑密度多层板式布局（建筑覆盖率为0.23）下平均通风换气次数为 4.4 次/h，最大换气次数为 5 次/h。对基准建筑采用两种不同的自然通风工况进行对比：①工况 ACH-1（对照工况）不采用开窗自然通风，仅保留 $1h^{-1}$ 的渗透风；②工况 ACH-5 采用开窗自然通风，最大换气次数为 $5h^{-1}$。该区的供冷需求较高、供暖需求较低，在不采用自然通风（ACH-1）时，7月和 8 月的绝大部分时间室内空气温度较高，而开窗自然通风（ACH-5）后室温有所下降，除了 7 月至 8 月的极端高温天气外，其他时间利用自然通风的机会明显提升。如表 5-4 所示，在完全不使用自然通风的情况下，非供暖供冷时间约占总时间的 39.9%，在使用最大换气次数 $5h^{-1}$ 的自然通风后，非供暖供冷时间比例增加到 66.3%，尤其是 5～9 月，非供暖供冷时间的提升十分显著。

微气候区 A3 代表城市重庆 4～10 月的非供暖供冷时间[a]    表 5-4

| 工况 | | 4 月 | 5 月 | 6 月 | 7 月 | 8 月 | 9 月 | 10 月 | 总计 (5136h) |
|---|---|---|---|---|---|---|---|---|---|
| ACH-1 | 非供暖供冷时间（h） | 594 | 349 | 236 | 0 | 0 | 154 | 719 | 2052 |
| | 所占比例 | 82.5% | 46.9% | 32.8% | 0.0 | 0.0 | 21.4% | 96.6% | 39.9% |

续表

| 工况 | | 4月 | 5月 | 6月 | 7月 | 8月 | 9月 | 10月 | 总计 (5136h) |
|---|---|---|---|---|---|---|---|---|---|
| ACH-5 | 非供暖供冷时间(h) | 675 | 606 | 419 | 207 | 202 | 553 | 744 | 3406 |
| | 所占比例 | 93.8% | 81.5% | 58.2% | 27.8% | 27.2% | 76.8% | 100.0% | 66.3% |

注：非供暖供冷时间统计 4 月至 10 月 （5136h）不采用供冷且室内温度处于 18～28℃舒适范围的小
　　时数。

建筑的非供暖供冷时间与气候条件直接相关。夏热冬冷 7 个微气候区冬季严寒与夏季炎热程度不同，各个气候区内建筑的非供暖供冷时间有一定差别，供热、供冷需求越低的地方，非供暖供冷时间越长。结合图 5-15，A1、A2 和 A3 为供冷需求较高的地区，该地区夏季十分炎热，需要供冷的时间较长；在利用自然通风时，极端炎热天气下室内热环境改善效果不如其他区域明显，加强自然通风对非供暖供冷时间的延长效果有限。C1 和 C2 为供冷需求相对较低的地区，需要供冷的时间较短，利用自然通风对非供暖供冷时间的延长效果相对明显，通风潜力更大。A1、B1 和 C1 是供热需求较高的地区，该地区冬季十分寒冷，需要供热的时间较长，甚至可延展至 3 月和 11 月的部分时间，使得非供暖供冷时间相对变短；在利用自然通风后，非供暖供冷时间延长相对较多。针对室外气候条件而言，整个夏热冬冷地区中气候区 C2 的自然通风潜力最大，气候区 A1 的自然通风潜力最小[6]。

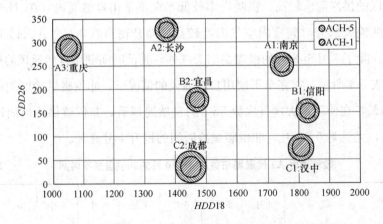

图 5-15　各微气候区代表城市非供暖空调时间相对时长对比

### 5.2.3 长江流域居住建筑适宜围护结构技术探讨

表 5-5 给出了采用敏感性分析方法得到的影响长江流域地区住宅建筑能耗的主要被动设计因素的敏感性结果排序。若以降低夏季制冷负荷为主，其节能设计的重点应为外窗的得热系数、南向窗墙比、气密性指标、南向遮阳措施、北向窗墙比；而外墙传热系数、屋顶传热系数对于降低夏季空调负荷的影响较小，不应盲目加厚其保温层。若以考虑降低冬季供暖负荷和降低全年供暖空调总负荷为主，则节能设计影响最显著的因素主要是建筑气密性、外墙传热系数、外窗得热系数等，在建筑节能优化设计时应重点考虑。

设计因素敏感性排名（前 5） 表 5-5

| 排名 | 空调负荷<br>[kWh/(m² · a)] | 供暖负荷<br>[kWh/(m² · a)] | 全年供暖空调总负荷<br>[kWh/(m² · a)] |
| --- | --- | --- | --- |
| 1 | 外窗 SHGC | 气密性指标 | 气密性指标 |
| 2 | 南向窗墙比 | 外墙传热系数 | 外墙传热系数 |
| 3 | 气密性指标 | 外窗 SHGC | 外窗 SHGC |
| 4 | 南向遮阳 | 外窗传热系数 | 南向遮阳 |
| 5 | 北向窗墙比 | 屋顶传热系数 | 南向窗墙比 |

结合前期研究以及文献综述，长江中下游居住建筑提高室内热舒适、减少供暖空调能耗的被动技术原则可以归纳为以下几点[7]：

（1）适宜的围护结构热工性能

较高保温水平的围护结构可阻挡冬季和夏季室外恶劣环境对室内环境的干扰。长江流域地区冬季供热需求、夏季供冷需求均需重视，应从全年能耗的角度权衡确定适当的围护结构保温水平。

墙体传热系数（$K$）要考虑该地区的经济发展的不平衡性。某些经济不太发达的省区，节能墙体主要靠使用空心砖和保温砂浆等材料，使用这类材料去进一步降低 $K$ 值就要显著增加墙体的厚度，造价会随之大幅度增长，节能投资的回收期延长。但对于某些经济发达的省区，可能会使用高效保温材料来提高墙体的保温性能，例如采取聚苯乙烯泡沫塑料做墙体外保温。采用这样的技术来进一步降低墙体的 $K$ 值，只要增加保温层的厚度即可，造价不会成比例增加，所以进一步降低 $K$

值是可行的，也是经济的。

考虑围护结构的热惰性指标是夏热冬冷地区的特点，这一地区夏季外围护结构严重地受到不稳定温度波作用，例如夏季实测屋面外表面最高温度南京可达 62℃，武汉 64℃，重庆 61℃ 以上，西墙外表面温度南京可达 51℃，武汉 55℃，重庆 56℃以上，夜间围护结构外表面温度可降至 25℃ 以下，对处于这种温度波幅很大的非稳态传热条件下的建筑围护结构来说，只采用传热系数这个指标不能全面地评价围护结构的热工性能。传热系数只是描述围护结构传热能力的一个性能参数，是在稳态传热条件下建筑围护结构的评价指标。在非稳态传热的条件下，围护结构的热工性能除了用传热系数这个参数之外，还应该用抵抗温度波和热流波在建筑围护结构中传播能力的热惰性指标 $D$ 来评价。

目前围护结构采用轻质材料越来越普遍。当采用轻质材料时，虽然其传热系数满足标准的规定值，但热惰性指标 $D$ 可能达不到标准的要求，从而导致围护结构内表面温度波幅过大。武汉、成都、重庆、上海等节能建筑试点工程建筑围护结构热工性能实测数据表明，夏季无论是自然通风、连续空调还是间歇空调，砖混等厚重结构与加气混凝土砌块、混凝土空心砌块中型结构以及金属夹芯板等轻型结构相比，外围护结构内表面温度波幅差别很大。在满足传热系数规定的条件下，连续空调时空心砖加保温材料的厚重结构外墙内表面温度波幅值为 1.0～1.5℃，加气混凝土外墙内表面温度波幅为 1.5～2.2℃，空心混凝土砌块加保温材料外墙内表面温度波幅为 1.5～2.5℃，金属夹芯板外墙内表面温度波幅为 2.0～3.0℃。在间歇空调时，内表面温度波幅比连续空调要增加 1℃。自然通风时，轻型结构外墙和屋顶的内表面使人明显地感到一种烘烤感。例如在重庆荣昌节能试点工程中，采用加气混凝土 175mm 作为屋面隔热层，屋面总热阻达到 1.07m² · K/W，但因屋面的热稳定性差，其内表面温度达 37.3℃，有空调时内表面温度最高达 31℃，波幅大于 3℃。因此，应对该地区屋面和外墙的热惰性指标 $D$ 值提出要求，可以防止因采用轻型结构 $D$ 值减小后室内温度波幅过大，以及在自然通风条件下夏季屋面和东西外墙内表面温度可能高于夏季室外计算温度最高值，不能满足现行国家标准《民用建筑热工设计规范》GB 50176—2016 的规定。

综上所述，夏热冬冷地区的围护结构热工性能应从传热系数及热惰性指标两个方面去对应控制，这样更能切合目前外墙材料及结构构造的实际情况。

（2）适当的内隔墙热工性能

长江流域中下游地区居住建筑中大多数使用分散式供暖空调设备，供暖空调存在"部分时间，部分空间"的用能模式，各个房间的空调在使用时间上是不统一的，这就造成邻室传热不仅仅是户与户之间的问题，也是户内房间与房间之间的问题。若房间之间的隔墙问题处理不好，内隔墙的传热会影响整体的供暖空调能耗，导致家庭用能的增加。因此，长江流域中下游地区的邻室传热问题需着重探讨。

从目前的规范上来看，现行国家标准《民用建筑热工设计规范》GB 50176—2016 和现行行业标准《夏热冬冷地区居住建筑节能设计标准》JGJ 134—2010 都对外围护结构有了节能保温的措施，对不同体形系数的建筑在传热系数和热惰性指标上都有的具体的规定。而现行国家标准《民用建筑热工设计规范》GB 50176—2016 并未对该地区内隔墙热工性能指标做具体要求，只在现行行业标准《夏热冬冷地区居住建筑节能设计标准》JGJ 134—2010 中对于"分户墙、楼板、楼梯间隔墙、外走廊隔墙"提出的统一的传热系数上限值为 $2.0W/(m^2 \cdot K)$，规定的指标要求较低，而且在户型内部也并未对供暖空调房间之间与供暖空调房间和非供暖空间房间之间的隔墙做具体的要求。但是对于实际情况而言，非供暖空调房间往往是卫生间、楼梯间以及其他无人房间，在这种间歇局部供暖空调模式下，夏季室内温度甚至比室外温度还要高，冬季室内温度仅仅比室外温度高 2℃左右，通过非供暖空调邻室的传热比例需要考虑。以重庆两邻室作为实验研究对象，当两邻室分别采用卧室和客厅间歇运行模式时（即：卧室供暖空调运行时段为 22：00～07：00，客厅供暖空调运行时段为 12：00～14：00 和 18：00～22：00），冬季供暖空调房间会通过隔墙向非供暖房间散失热量，随着隔墙热工性能的提升，散失的热量减少；当两邻室都采用连续运行模式时，无论隔墙的热工性能如何，通过隔墙传递的热量基本上可以忽悠。因此，该地区隔墙的热工性能需综合房间用能模式及经济因素综合考虑。

（3）适宜的气密性和通风方式

对于人员行为复杂多变的住宅建筑来说，自然通风是最节能最适宜的通风方式，居民可根据自身习惯以及室外天气情况决定是否通风换气。当住宅建筑不设置机械通风系统从室外引入新鲜空气进入室内时，住宅的气密性水平应能保证在门窗全部关闭状态下通过渗透进入室内的新鲜空气量能满足人员健康需要的最小新风量。结合现行国家标准《民用建筑供暖通风与空气调节设计规范》GB 50736—2012 对居住建筑人均最小新风量的规定，当人均居住面积在 20~50m² 之间时，从健康的角度来讲，住宅的最小换气次数应为 0.50 次/h。

从节能的角度来讲，由表 5-5 敏感性分析可知，住宅建筑的气密性水平对供暖空调能耗影响最为显著，气密性提升带来的主要是供热能耗的减少，对供冷能耗影响很小。在分室、间歇的用能模式下进行模拟分析，得到建筑供暖空调能耗随气密性变化情况如图 5-16 所示。不同微气候区各典型城市全年供暖空调能耗降幅比较明显，其中微气候区 B1（供热需求大）随着气密性增加，当模拟换气次数由 1.0 次/h 减小至 0.5 次/h 时，单位面积总供暖空调能耗降幅最大。因此，从节能角度来讲，门窗关闭时的换气次数越小越好，目前各地节能标准对气密性水平的规定限值为不超过 1.0 次/h。

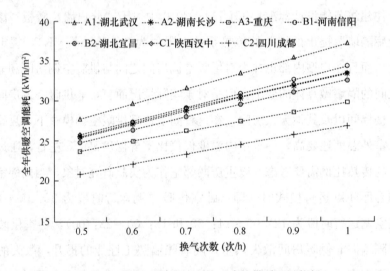

图 5-16　模拟不同换气次数下建筑供暖空调能耗

从舒适的角度来讲，不同换气次数形成的冷风渗透对室内温度场的影响不同，对同一房间冬季典型日空调工况下，不同换气次数下室内温度场和速度场进行模拟。图 5-17 中虚线框中的区域为外窗附近温度低于 18℃ 的区域，当换气次数为 0.2 次/h 时，室内温度低于 18℃ 的范围为距离外窗 0.3m 内；当换气次数为 0.6 次/h 时，室内温度低于 18℃ 的范围为距离外窗 0.7m 内；当换气次数为 1.0 次/h 时，低于 18℃ 的范围扩大到了距离外窗 1m 内。综上，从健康、节能、舒适三个方面综合来考虑，住宅建筑的气密性指标控制在门窗关闭时换气次数为 0.5~1.0 次/h

之间较好。

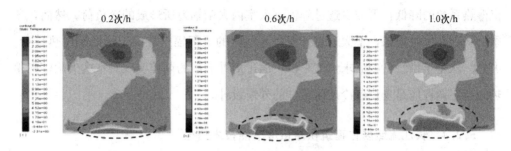

图 5-17  不同换气次数对室内温度场的影响

采用示踪气体法对重庆和上海的 5 个居住建筑进行气密性测试，如表 5-6 所示。1990 年左右建筑是一栋多层板式建筑，采用普通铝合金推拉窗，出厂时气密性等级为 3 级，由于建成年代较长，且至今未进行过节能改造，建筑围护结构中有较多缝隙和穿墙孔洞，经测试渗透换气次数为 1.79 次/h。2000 年左右建筑是一栋高层公寓楼，采用普通铝合金推拉窗，出厂时气密性等级为 4 级，经测试渗透换气次数为 1.26 次/h。2010 年建筑是一栋高层公寓楼，采用节能型铝合金推拉窗和平开窗，出厂时气密性等级为 5 级，经测试渗透换气次数为 0.65 次/h。2014 年建筑是一栋高层住宅，采用节能型铝合金平开窗，出厂时气密性等级为 6 级，经测试渗透换气次数为 0.52 次/h。2015 年建筑是一栋高层住宅，采用节能型推拉窗和平开窗，出厂时气密性等级为 6 级，测试房间为未入住的清水房，部分孔洞还未填补，经测试渗透换气次数为 0.87 次/h。可见，气密性等级相同的门窗由于施工方式不同，换气次数也有较大差别，换气次数很难精准控制至一定数值。但是，门窗气密等级选择 5 级及以上，在现有施工技术水平下，在该地区基本能够满足门窗关闭时换气次数为 0.5～1.0 次/h 之间。

**不同年代建筑渗透换气次数测试**　　　　　　　　　　　　　　　　　　　　表 5-6

| 建筑 | 建筑 1 | 建筑 2 | 建筑 3 | 建筑 4 | 建筑 5 |
|---|---|---|---|---|---|
| 建筑年代 | 1990 年左右 | 2000 年左右 | 2010 年 | 2014 年 | 2015 年 |
| 门窗气密性等级 | 3 级 | 4 级 | 5 级 | 6 级 | 6 级 |
| 换气次数 | 1.79 次/h | 1.26 次/h | 0.65 次/h | 0.52 次/h | 0.87 次/h |

（4）设置遮阳措施

夏热冬冷地区设置活动外遮阳的节能效果明显，灵活可控的外遮阳是夏季隔热、减少建筑室内得热从而减少供冷能耗的重要措施。通过遮阳技术的应用以及外窗得热系数的降低，可减少透过外窗进入室内太阳辐射所形成的冷负荷。然而，冬季由于存在供暖需求，增大通过外窗进入室内的太阳辐射有助于降低室内热负荷。因此，从全年供暖供冷需求角度来讲，通过对外遮阳的调控实现对室内太阳辐射得热的动态调控应是夏热冬冷地区最佳的外窗设计。

### 5.2.4　长江流域居住建筑供暖供冷节能技术路径

影响建筑能耗的因素众多，如建筑气密性、外墙、外窗、屋顶、遮阳等因素，并且各个因素与建筑能耗之间存在着复杂的耦合关系。适宜的保温隔热、气密性水平、通风策略、遮阳形式是营造室内热环境的关键被动式技术，对于建筑能耗的影响至关重要。围护结构热工性能的提升、通风及遮阳措施的合理应用会减少空调能耗、提升室内舒适水平，也会增加投资，需要对能耗、舒适、经济等因素进行综合权衡。应用多目标优化、多因素决策方法从众多方案中选出达到目标的最佳方案，如图 5-18 所示。在编程平台 Python 上，将多目标优化算法和能耗模拟软件结合，探寻保持室温舒适状态、能耗低且经济佳的围护结构方案，遴选长江流域地区各微气候区典型城市满足能耗限额的住宅建筑室内热环境营造技术策略[7]。

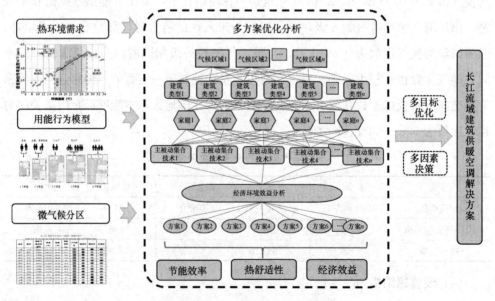

图 5-18　技术方案综合分析过程图

（1）典型居住建筑基准能耗模拟

为得到该地区在满足人员舒适性要求下的供暖空调基准能耗，选取表 5-1 中所占比例最大的两种家庭结构对应的户型构成基准建筑（图 5-19）进行模拟分析：A 户型，套内建筑面积 $70m^2$，两室两厅一卫，居住家庭结构为核心家庭（上班族夫妻＋子女），共 3 人；B 户型，套内建筑面积 $108m^2$，三室两厅两卫，居住家庭结构为三代家庭（退休老人＋上班族夫妻＋子女），共 5 人，两种家庭结构人员在室时间表见表 5-7。两个家庭结构空调使用模式均设定为人员在室时间内维持所在空间内舒适，即"部分时间、部分空间"的用能模式，户型 A 工作日白天不在室、能耗偏小，户型 B 工作日白天有人在室、能耗偏大，故取两种户型能耗的平均值作为每种设计方案对应的能耗值。

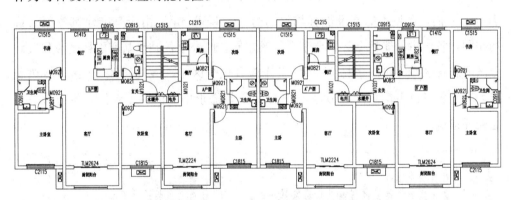

图 5-19　基准建筑平面图

**不同家庭模式典型在室时间表（部分时间、部分空间）**　　表 5-7

| 户型类型 | 家庭结构 | 用能空间 | 时间（工作日） | | | | | |
|---|---|---|---|---|---|---|---|---|
| | | | 00：00—8：00 | 8：00—12：00 | 12：00—14：00 | 14：00—18：00 | 18：00—22：00 | 22：00—24：00 |
| 户型 A | 核心家庭（上班夫妇＋上学子女） | 客厅 | × | × | × | × | √ | × |
| | | 卧室 | √ | × | × | × | × | √ |
| 户型 B | 三代家庭（退休夫妇＋上班族＋子女） | 客厅 | × | × | × | × | √ | × |
| | | 卧室 | √ | × | √ | × | × | √ |

注：√代表在室，×代表不在室，周末在室时间见表 5-2。

围护结构热工指标均满足现行行业标准《夏热冬冷地区居住建筑节能设计标准》JGJ 134—2010 的要求，即外墙传热系数取 1.14W/(m² · K)，屋顶传热系数取 0.93W/(m² · K)，外窗选取常用的双层中空玻璃，传热系数为 2.80W/(m² · K)、得热系数为 0.75，窗墙比为 28%（南）、24%（北）、3%（东西）。选用该地区应用最广泛的分体式房间空调器作为供暖供冷统一末端，考虑二级节能空调的实际运行能效为其额定能效的 80%，取实际运行制冷能效 *EER*（Energy Efficiency Ratio for cooling）为 2.69，实际运行制热能效 *COP*（Coefficient of Performance for heating）为 2.10。在这种基准围护结构组合下，对夏热冬冷地区各个微气候区代表城市维持理想室内舒适水平前提下的基准能耗进行模拟计算，如图 5-20 所示。当保证人员在室期间室内温度处于舒适范围（夏季 26℃、冬季 18℃）内，各城市的基准能耗均值约为 32.5kWh/m²，由于基准建筑各项设置均相同，各城市的能耗差异主要来自气候差异。此外，各城市基准能耗趋势和气候分区所属各区域冷热需求趋势一致，7 个微气候分区中，微气候区 A1 区（冷热需求均高）各城市平均总能耗最高，C2 区（供热需求中、供冷需求低）各城市平均总能耗最低。

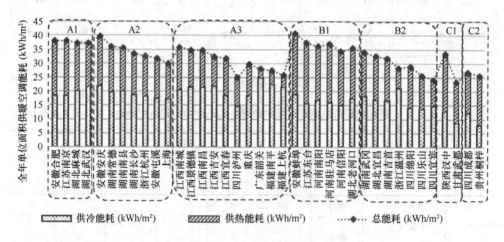

图 5-20　各典型城市基准建筑能耗

（2）居住建筑满足能耗限额的优化方案分析

影响建筑能耗的优化技术可以分为主动优化技术和被动优化技术。主动优化技术主要通过提升空调设备的能效，提高能源应用效率，进而降低能耗；而被动优化技术则通过围护结构热工性能的提升、通风技术及遮阳技术的运用，降低供暖空调需求，从而降低能耗。在室内温度处于舒适范围的前提下，降低居住建筑供暖空调能耗的技术方案可以分为两类：以主动优化为主的技术方案、被动优化与主动优化技术综合权衡的技术方案[7-9]。以下所有方案都是在上节设定的基准建筑情境下计算得出的，空调使用模式均设定为人员在室时间内、维持所在空间舒适，即"部分时间、部分空间"的用能模式。

① 以主动优化为主的技术方案

以"主动优化"为主的技术方案是指满足现行各地住宅节能建筑设计标准规定的限值的技术方案。在基准围护结构基础上增加自然通风和百叶遮阳的节能技术后，各个城市供热负荷密度不变，供冷负荷密度减少，全年供暖空调负荷降低。在这种方案下为了满足能耗限额 $20kWh/m^2$，主动设备能效需要大幅提升，各个城市为满足能耗限额要求，空调全年实际运行能效需要满足 $APF$（annual performance factor of heating and cooling）$>3.5$ 的要求，所需的空调实际运行能效 $APF$ 最小值见表 5-9。需要强调的是，这里提到的 $APF$ 值是空调全年实际运行能效，一般为额定能效的 $80\%$；同一额定能效的空调，若安装运行环境不同，实际运行能效也会有很大区别。

② 被动优化与主动优化技术综合权衡的方案

被动优化与主动优化技术综合权衡的方案是建筑的围护结构热工性能在现有住宅节能设计标准的基础上有所提升，空调全年实际运行能效适当提升的技术方案。

为了确定各个微气候区经济、能耗、舒适综合权衡适宜的技术路径，需要对各个城市不同围护结构组合、实施不同技术措施的数千个方案进行多目标优化、多因素决策，即对图 5-19 过程进一步细化，如图 5-21 所示。首先，以"能耗""舒适""经济适宜"为三个目标，建立了基于 NSGA-II 的多目标优化模型，应用 Energy Plus 能耗模拟软件计算全年供暖空调电耗；采用建筑生命周期成本 LCC 方法对建筑整个生命周期内的全部支出和收益进行评价；应用 $aPMV$（adaptive Predicted Mean Vote）热舒适模型对不同方案热舒适满意程度进行评价。其次，通过应用 TOPSIS（Technique for Order of Preference by Similarity to theIdeal Solution）决策方法计算对三个目标进行权衡，从 Pareto 方案解集中决策计算得出各个典型城市的最优推荐被动技术方案。为了达到能耗限额的目的，除了提升被动技术，还需要通过主动设备能效提升进一步降低供暖空调能耗，最终形成被动技术优先、主动设备性能提升的主动被动技术相结合的建筑技术方案[7]。

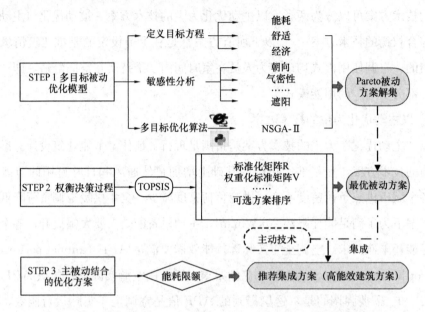

图 5-21　基于能耗限额的多目标优化—多因素决策模型框架[7]

　　各个微气候区代表城市"三目标综合权衡"的最优技术方案具体如表 5-9 所示。由于各个城市的供暖供冷需求不同，各个城市适宜的权衡方案也不相同。各城市适宜外墙传热系数范围为 0.53～0.65W/(m²·K)，屋顶的传热系数范围为0.48～0.58W/(m²·K)，外窗的传热系数范围为 1.71～1.80W/(m²·K)、得热系数范围为 0.33～0.67，空调全年实际运行能效 APF 范围为 2.3～3.1。武汉供暖供冷需求均最高，为了满足能耗限额要求的空调实际运行能效 APF 应大于 3.1；长沙、信阳、宜昌的供暖供冷需求相对较高，最优方案中围护结构的热工值和武汉一致，但是推荐空调 APF 各有不同；汉中和成都是相对供热主导的城市，最优方案中的围护结构热工推荐值最低；重庆和韶关是相对供冷主导的城市，最优方案中围护结构的热工推荐值最高。

　　③ 以被动优化为主的技术方案

　　以被动优化为主的技术方案是指建筑的围护结构热工性能指标远优于现有各地住宅节能建筑设计标准规定的限值，空调实际运行能效维持现有的市场上普遍的空调能效的技术方案。为满足能耗限额要求，采用被动优化为主的围护结构方案的各个城市空调实际运行最小能效 APF 推荐在 1.7～2.9 之间。

　　表 5-8 中给出的技术路径的气密性指标均为 0.5 次/h，即当住宅门窗关闭时，通过门窗缝隙渗透的房间换气次数为 0.5 次/h。该换气次数可满足住宅建筑人员对于新鲜空气的最小需求，无需设立额外机械通风系统，人员在室时间可以根据自身需求以及室外环境开关窗、通过自然通风调节室内热湿环境。自然通风控制策略：①人员在室时间内，当室外温度位于舒适区间时，优先开窗自然通风，外窗可开启面积设置为 0.3m²，自然通风换气次数根据室内外热压及风压逐时变化，在基准建筑设置情境下，不同微气候区各个代表城市通风季自然通风平均换气次数为 3.4～6.6 次/h 不等；②当自然通风调节无法使室内达到舒适状态时，关闭外窗同时联动开启空调进一步调控室内热湿环境。

**各气候分区典型城市建筑热环境营造不同技术路径对比**　　　　　　表 5-8

| 微气候区 | 代表城市 | 外墙 K [W/(m²·K)] | 屋顶 K [W/(m²·K)] | 外窗 K [W/(m²·K)] | 外窗 SHGC | 气密性指标 (次/h) | 全年总供暖供冷负荷密度 (kWh/m²) | 被动技术降低负荷比例 | 空调全年实际运行能效 (EER/COP) | 供暖供冷基准电耗 (kWh/m²) |
|---|---|---|---|---|---|---|---|---|---|---|
| | | | | | 基准建筑 | | | | | |
| A1 | 湖北武汉 | 1.14 | 0.93 | 2.80 | 0.75 | 1.0 | 90.93 | — | 2.69/2.10 | 37.18 |
| A2 | 湖南长沙 | 1.14 | 0.93 | 2.80 | 0.75 | 1.0 | 81.28 | — | 2.69/2.10 | 33.43 |
| A3 | 重庆 | 1.14 | 0.93 | 2.80 | 0.75 | 1.0 | 73.45 | — | 2.69/2.10 | 29.81 |
| | 广东韶关 | 1.14 | 0.93 | 2.80 | 0.75 | 1.0 | 73.55 | — | 2.69/2.10 | 28.06 |
| B1 | 河南信阳 | 1.14 | 0.93 | 2.80 | 0.75 | 1.0 | 80.97 | — | 2.69/2.10 | 34.34 |
| B2 | 湖北宜昌 | 1.14 | 0.93 | 2.80 | 0.75 | 1.0 | 78.51 | — | 2.69/2.10 | 32.61 |
| C1 | 陕西汉中 | 1.14 | 0.93 | 2.80 | 0.75 | 1.0 | 77.88 | — | 2.69/2.10 | 33.47 |
| C2 | 四川成都 | 1.14 | 0.93 | 2.80 | 0.75 | 1.0 | 63.94 | — | 2.69/2.10 | 26.90 |

注：基准建筑方案中均无遮阳和通风措施

| 微气候区 | 代表城市 | 外墙 K [W/(m²·K)] | 屋顶 K [W/(m²·K)] | 外窗 K [W/(m²·K)] | 外窗 SHGC | 气密性指标 (次/h) | 全年总供暖供冷负荷密度 (kWh/m²) | 被动技术降低负荷比例 | 空调全年实际运行能效 | |
|---|---|---|---|---|---|---|---|---|---|---|
| | | | | | | | | | 最低 APF (≥) | 推荐 APF |
| | | | | | 以主动优化为主的技术方案 | | | | | |
| A1 | 湖北武汉 | 1.14 | 0.93 | 2.80 | 0.75 | 1.0 | 84.09 | 7.5% | 4.2 | 4.2 |
| A2 | 湖南长沙 | 1.14 | 0.93 | 2.80 | 0.75 | 1.0 | 72.98 | 10.2% | 3.6 | 3.6 |

| 微气候区 | 代表城市 | 外墙 $K$ [W/(m²·K)] | 屋顶 $K$ [W/(m²·K)] | 外窗 $K$ [W/(m²·K)] | 外窗 SHGC | 气密性指标 (次/h) | 全年总供暖供冷负荷密度 [kWh/m²] | 被动技术降低负荷比例 | 空调全年实际运行能效 | |
|---|---|---|---|---|---|---|---|---|---|---|
| | | | | | | | | | 最低 APF (≥) | 推荐 APF |
| 以主动优化为主的技术方案 | | | | | | | | | | |
| A3 | 重庆 | 1.14 | 0.93 | 2.80 | 0.75 | 1.0 | 65.34 | 11.0% | 3.3 | 3.5 |
| | 广东韶关 | 1.14 | 0.93 | 2.80 | 0.75 | 1.0 | 67.11 | 8.8% | 3.4 | 3.5 |
| B1 | 河南信阳 | 1.14 | 0.93 | 2.80 | 0.75 | 1.0 | 71.27 | 12.0% | 3.6 | 3.6 |
| B2 | 湖北宜昌 | 1.14 | 0.93 | 2.80 | 0.75 | 1.0 | 70.36 | 10.4% | 3.5 | 3.5 |
| C1 | 陕西汉中 | 1.14 | 0.93 | 2.80 | 0.75 | 1.0 | 68.00 | 12.7% | 3.4 | 3.5 |
| C2 | 四川成都 | 1.14 | 0.93 | 2.80 | 0.75 | 1.0 | 55.26 | 13.4% | 2.8 | 3.5 |
| 被动优化与主动优化技术综合权衡的方案 | | | | | | | | | | |
| A1 | 湖北武汉 | 0.53 | 0.48 | 1.71 | 0.67 | 0.5 | 61.96 | 31.9% | 3.1 | 3.5 |
| A2 | 湖南长沙 | 0.53 | 0.48 | 1.71 | 0.67 | 0.5 | 53.39 | 34.3% | 2.7 | 3.5 |
| A3 | 重庆 | 0.65 | 0.58 | 1.80 | 0.33 | 0.5 | 48.78 | 33.6% | 2.4 | 3.5 |
| | 广东韶关 | 0.65 | 0.58 | 1.80 | 0.33 | 0.5 | 52.39 | 28.8% | 2.6 | 3.5 |
| B1 | 河南信阳 | 0.53 | 0.48 | 1.71 | 0.67 | 0.5 | 50.04 | 38.2% | 2.5 | 3.5 |
| B2 | 湖北宜昌 | 0.53 | 0.48 | 1.71 | 0.67 | 0.5 | 51.13 | 34.9% | 2.6 | 3.5 |
| C1 | 陕西汉中 | 0.53 | 0.42 | 1.71 | 0.67 | 0.5 | 48.79 | 37.3% | 2.4 | 3.5 |
| C2 | 四川成都 | 0.53 | 0.42 | 1.71 | 0.67 | 0.5 | 39.30 | 38.4% | 2.0 | 3.5 |

注：1. 两种技术路径中均应用了自然通风和百叶外遮阳的技术措施。

2. 百叶外遮阳调控方式：在5月～9月太阳辐射强度大于100W/m² 时开启遮阳设备。

3. 最低 APF(≥)是指满足能耗限额（全年供暖空调电耗不超过20kWh/m²）时所需的最低值，此 APF 值是空调全年实际运行能效，一般为额定能耗的80%；同一额定能效的空调，若安装运行环境不同，实际运行能效会有很大区别。

④ 分析与总结

综上所述，结合该地区住宅建筑人员的"部分时间、部分空间"的用能习惯，以改善室内热舒适和设定的能耗限额［全年供暖空调能耗不超过20kWh/(m²·年)］为目标，提出了长江流域各个微气候区代表城市的住宅建筑室内热环境营造节能技术方案，表5-9对两种不同技术路径的特点进行了综合对比，总结如下：

1）应用"部分时间、部分空间"的冬夏一体化、高效舒适的分体空调，既符合该地区人员用能习惯，又能维持人员在室时间、在室空间内舒适。这是提升居民舒适水平、降低供暖空调能耗、避免国家能源浪费的供暖空调末端形式，既以人为本，又能响应国家节能减排号召。

不同技术路径综合对比 表 5-9

| | | 以主动优化为主的技术方案 | 被动优化与主动优化技术综合权衡的方案 |
|---|---|---|---|
| 描述 | | 1. 建筑的围护结构热工指标满足现有各地级住宅节能设计标准限值<br>2. 空调实际运行能效大幅提升 | 1. 建筑的围护结构热工指标适当提升<br>2. 空调实际运行能效适当提升 |
| 用能模式 | | 部分时间、部分空间 | 部分时间、部分空间 |
| 被动优化 | 围护结构热工指标 | 外墙 $K$ 1.12W/（m²·K）<br>屋顶 $K$ 0.93W/（m²·K）<br>窗户 $K$ 2.80W/（m²·K）<br>$SHGC$ 0.75 | 外墙 0.53～0.65W/（m²·K）<br>屋顶 0.42～0.58W/（m²·K）<br>窗户 1.71～1.80W/（m²·K）<br>$SHGC$ 0.33～0.67 |
| | 通风措施 | 自然通风 | 自然通风 |
| | 遮阳措施 | 百叶外遮阳 | 百叶外遮阳 |
| | 气密性 | 1.0 次/h | 0.5 次/h |
| 主动优化 | 推荐 $APF$ | 2.8～4.2 | 3.5 左右 |
| 优势 | | 初投资少、施工难度小 | 能耗、舒适、经济权衡的方案 |
| 劣势 | | 室内温湿度波动大，舒适感稍差 | 初投资适中<br>热稳定性适中 |
| 适用范围 | | 符合节能标准各项限值规定的新建建筑 | 高能效新建建筑设计方案 |

2）这里提出的夏热冬冷地区住宅建筑满足能耗限额要求的几种技术路径，以"主动优化技术为主"的方案通过被动优化之后全年供暖空调负荷有一定程度的降低，但为了达到能耗限额目标，主动设备全年实际运行能效 $APF$ 需大幅提升；"被动优化与主动优化技术综合权衡的方案"通过被动优化之后全年供暖空调负荷显著降低，主动设备能效适当提升。该方案是"经济、舒适、能耗"三因素权衡最佳的方案，各城市的外墙传热系数范围为 0.53～0.65W/(m²·K)，屋顶的传热系数范围为 0.48～0.58W/(m²·K)，外窗的传热系数范围为 1.71～1.80W/(m²·K)、得热系数范围为 0.33～0.67，空调全年实际运行能效 $APF$ 范围为 2.0～3.1。所有方案均推荐遮阳措施、自然通风，气密性水平推荐 0.5 次/h。

3）以"主动优化技术为主"的技术路径适用于执行各省市最新住宅节能设计标准相关热工要求的新建建筑，其围护结构热工性能仅满足当地节能标准限值，在这种围护结构体系下室内热湿环境随室外气候变化波动较大，为了满足室内热舒适和能耗限额要求，则需选择能效等级较高（1 级节能）的空调产品。相比而言，"被动优化与主动优化技术综合权衡"是对多种可行方案的"能耗""舒适""经济"三个目标进行详细分析、综合权衡下确定，是该地区推荐的建筑节能设计方案，可在一定范围内示范推广。

# 5.3    高效供暖供冷设备和舒适末端

## 5.3.1    冬夏两用高效空气源热泵

与欧美等发达国家多采用对整栋建筑进行控温，即全部时间、全部空间进行空调的使用特点不同，长江流域地区居住建筑的供冷供暖更多地体现了用户的节约用能、按需使用的习惯，这就决定了能够实现压比适应、变容调节、分室使用、间歇运行的房间空调器是长江流域建筑冷热源的重要形式，不仅可以降低初投资和安装成本，同时还可以适应部分时间、部分空间的使用特征，提高极低负荷运行时的能效。

（1）适宜空气源热泵压缩比技术

长江流域主要为夏热冬冷地区，根据其供冷供暖的使用需求，可以分为供热需求高、供冷需求高和供热需求较低（供冷要求较高）三个区段。根据各地区所需的名义热冷比、需求压缩比、理论输气量，不同地区的空气—空气热泵、空气—水热泵研发时需采用不同的技术路线，如表 5-10 所示（表中压缩比针对目前用量最多的 R410A 制冷剂）。例如，对于主要的供热需求区，其热泵设计推荐：名义制冷工况为室外干球温度/湿球温度 35℃/24℃，名义制热工况为室外干球温度/湿球温度−2℃/−3℃。考虑到压缩比适应、容量变化范围大的特点，应采用带补气循环的变频空调器，可以大幅度改善空调器在夏季极高温、冬季低温环境下的高效运行问题。

**不同需求区空气源热泵的压缩比与技术分析[10]**　　　　　　表 5-10

| 供冷供暖需求 | 气温范围 | 恶劣低温 | 需求压缩比 | 宜采用的技术 | 备注（需求特征） |
|---|---|---|---|---|---|
| 供热需求高 | −2～38℃ | −7℃ | 1.7～6.7 | 单级补气、吸气/补气独立压缩，变频调节 | 对低温制热以及能效均有需求，制冷与制热运行时间较长，解决兼顾问题；要求快速制热、制冷，且具有良好的容量调节性能 |
| 供热需求低 | 2～38℃ | 0℃ | 1.7～5.2 | 单级压缩、单级补气、吸气/补气独立压缩，变频调节 | 对低温制热以及能效均有需求，制热运行时间不长，要求快速制冷、制热，且具有良好的容量调节性能 |
| 供冷需求高 | 2～43℃ | 0℃ | 1.7～5.2 | 单级压缩、单级补气、吸气/补气独立压缩，变频调节 | 对低温制热、高温制冷以及能效均有需求，制冷运行时间较长，需解决制冷、制热和能效三者兼顾问题，要求快速制冷、制热，且具有良好的容量调节性能 |

（2）压缩机压比适应及容量调节技术

空气源热泵是一种高效的冷热源设备，但在长江流域独特的夏季炎热、冬季寒冷、全年高湿气候下应用时存在的夏季制冷能耗大，冬季结霜严重、制热能力不足、能效比低、舒适性差等问题一直没有得到有效解决，而压缩机性能是影响空气源热泵性能最为重要的因素之一。长江流域夏季制冷的需求压缩比较小，在 2.5 左右，冬季制热的需求压缩比较大，在 4.5 左右。常规单级滚动转子压缩机空气源热泵系统随着环境温度降低制热性能衰减严重，当环境温度从 5℃降到−15℃，系统制热量衰减了 45% 以上。另外，该地区冬季室外相对湿度大，室外蒸发器容易结霜，也易导致制热量和 COP 的严重衰减。

目前，国内外对降低涡旋压缩机欠压缩采取的补气技术有较多研究，主要集中在单级压缩、中间补气（准双级）循环、双级压缩制冷循环等方面。滚动转子压缩机因其具有高效、灵活、轻便等优点，广泛应用于长江流域小型空气源热泵系统中，但对于转子压缩机的压缩比（压比）适应技术却研究较少。调节压缩机的压缩比，适用于工况需求同时调节其制冷/制热量，是适应建筑负荷需求、实现空气源热泵设备高季节能效比的关键。

目前国内外学者提出了两种应用于滚动转子压缩机上的中间补气结构，分别是端面补气以及气缸壁喷射。常规的端面补气方式是将补气口开设在气缸两端的端板上，通过转子的旋转来控制喷射口的启闭。这一端面补气压缩机一方面存在补气口面积小限制补气量的缺陷，更为重要的是，其变工况适应性差。当压缩机运行于高于设计工况的压比环境时，压缩机转子旋转到补气口关闭位置时，压缩腔内压力仍然小于补气压力，由此导致补气量和系统性能的提升潜力没有充分发挥，造成了补气"提前关闭损失"。相反，当压缩机运行于低压缩比工况时，腔内压力达到补气压力时补气口还没有关闭，导致后续随着腔内压力提升部分制冷剂回流到补气通道中，造成补气"回流损失"，降低了实际有效补气量和系统性能。传统气缸壁补气技术将补气口设置在排气口附近的气缸壁上，并在补气口设置单向阀，由此成功解决了传统端面补气的补气口面积小，变工况适应性差的问题。但其结构特征决定了始终有一段时间补气口与吸气口同时与吸气强连通，由此导致高压补气冲入吸气腔并推动腔内制冷剂反流入吸气管，导致实际吸气量降低，容积效率降低。基于此，提出了两种新型转子压缩机补气技术。

1）端面补气转子补气压缩机技术

针对上述传统补气结构的缺陷，可发展一种新型带单向阀的端面补气技术，新型端面补气口的设置必须遵循三个条件（充要条件）[11]：① 补气口在任意角度都不能与转子内圆连通；② 喷射口在任意角度都不能与吸气腔连通；③ 补气口在某一角度范围内与压缩腔连通。据此设计了新型端面补气滚动转子压缩机的补气口方案，其补气口设计图、压缩机内部结构与实物图，如图 5-22 所示。

新型端面补气结构，综合了传统端面补气和气缸壁补气结构的优点，同时避免了传统补气结构的缺点，具有补气口面积增大、大幅提升补气的变工况适应性、避免补气制冷剂向吸气腔回流和避免余隙容积对容积效率的影响等优点。实验研究表明，端面补气压缩机由于显著增加了冷凝器质量流量，在制热时能够显著提高压缩机的制热量和制热 COP。在所有的工况下，端面补气压缩机的制热量相比于普通单级压缩机提升了 $16.2\% \sim 30.0\%$，制热 COP 则提升了 $1.5\% \sim 4.6\%$（图 5-23）[12]。

2）滑板补气转子补气压缩机技术

为了进一步提高转子补气压缩机的性能，提出了滑板补气结构[13]，并设计研

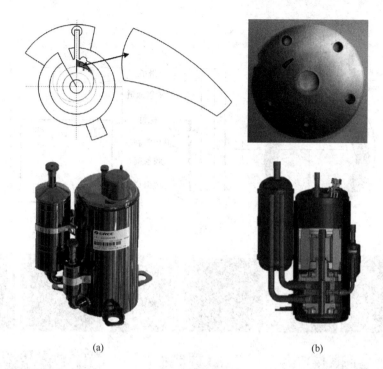

图 5-22 新型端面补气压缩技术

（a）补气口结构；（b）压缩机产品

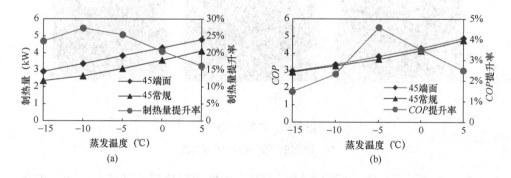

图 5-23 端面补气与常规单级性能对比

（图例中的"45"为冷凝温度，单位：℃）

（a）制热量；（b）COP

发出产品样机，如图 5-24 所示。与端面补气结构相比，滑板补气结构具有以下优点：①补气口面积大、变工况适应性好；②完全避免补气制冷剂回流、不增加余隙容积；③背压腔容积和压力较小。

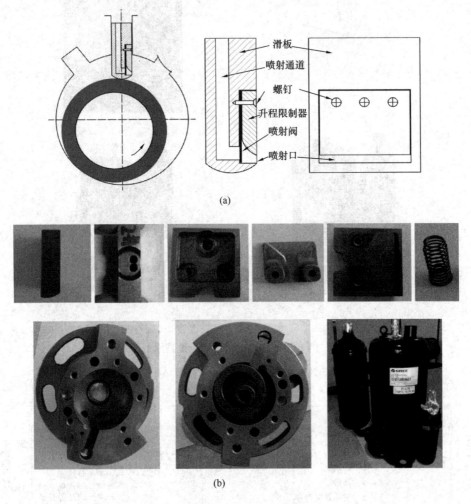

(a)

(b)

图 5-24　滑板补气结构

（a）设计图；（b）试验样机结构图

　　表 5-11 给出了三种压缩机在国标工况下的性能对比试验结果[13]。可以看出，相比于常规单级转子压缩机，滑板补气压缩机制冷量和制热量分别提升了 13% 和 12.7%，制冷 EER 和制热 COP 均提升约 1%。相比双级转子压缩机，滑板补气的制热量和制冷量分别低 7.4% 和 7.8%，其制冷 EER 和制热 COP 分别提升 1.65% 和 1.26%。COP 高于双级主要是因为双级压缩机在较低压比时的排气损失较大以及双级压缩的曲轴较长引起的摩擦损失更大等造成。

国标工况测试结果      表 5-11

| | 制冷量<br>(kW) | 功耗<br>(kW) | 制冷 EER<br>(—) | 制热量<br>(kW) | 制热 COP<br>(—) |
|---|---|---|---|---|---|
| 常规单级 | 5.3198 | 1.6321 | 3.259 | 8.4991 | 4.259 |
| 滑板补气 | 6.0123 | 1.8252 | 3.294 | 7.8375 | 4.294 |
| 双级 | 6.4948 | 2.0043 | 3.240 | 6.9519 | 4.240 |
| | 冷凝器质量<br>流量（kg/h） | 蒸发器质量<br>流量（kg/h） | 中间压力<br>(MPa) | 补气质量<br>流量（kg/h） | 补气比<br>(—) |
| 常规单级 | 112.1 | 112.1 | | | |
| 滑板补气 | 126.8 | 110.3 | 1.09 | 14.96 | 0.15 |
| 双级 | 136.9 | 117.03 | 1.01 | 19.87 | 0.17 |

3）吸气补气独立压缩转子压缩机技术

双级压缩循环在大压比工况下是一种效率较高的方案，但在小压缩比工况下，其效率不如单级压缩循环高。因此，一种小压比时为单级压缩循环、大压比时为双级压缩循环的压缩机则能在全工况范围内实现高效运行，中间补气压缩机和吸气/补气压缩机系统通过合理的系统设计循环，则可实现大小压比时均高效运行的要求。

将并联双缸、不等容独立压缩变频转子压缩机应用于空调器中，即可构建三压力（3P）制冷与热泵循环，如图 5-25（a）所示，其压缩机也可称为吸气/补气独立压缩机。采用这种压缩机和相应的制冷循环，配合变频调节，不仅可实现压比适应，还能实现容量调节，充分发挥制冷系统的性能，还可降低压缩机排气温度，改善大压比工况下空调器的可靠性问题。由于转子压缩机属于滚动活塞压缩机，是一种自适应压缩比的压缩机，采用变频调节后，即可实现压比适应和容量调节，可有效提升冬季的制热量和冬夏季运行时的能效比。

从图 5-25（c）所示的压缩机性能曲线上看，在相同工况（冷凝温度、蒸发温度、过冷度、过热度）下，吸气补气独立压缩压缩机（3P）的 COP 超过普通单级转子压缩机约提高 10%～15%，同时比补气型准双级压缩压缩机（图中为"中间补气"）略高 1%～2%。将此压缩机设置在常规单级转子压缩机空调器制冷系统中，采用独立压缩压缩机的空调器相比单级压缩系统而言，各工况点的能效均有不同程度提升，且均有 5% 以上的提升，全年运行能效比 APF 提升 6% 以上（图 5-26）。

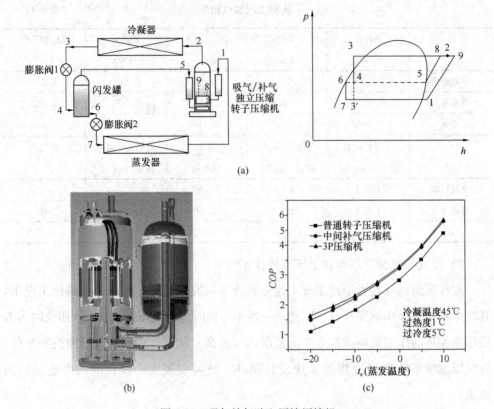

(a)

(b)                                    (c)

图 5-25　吸气补气独立压缩压缩机

（a）制冷与热泵循环；（b）压缩机结构；（c）性能曲线

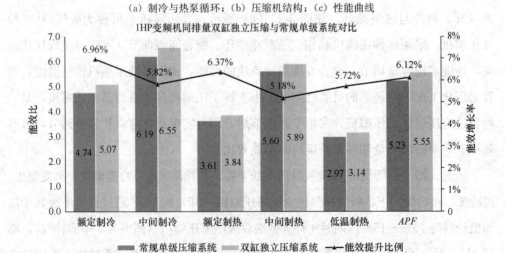

图 5-26　相同理论排量的双缸独立压缩与常规压缩机的变频空调器性能对比

上述压缩机技术为长江流域空调器全年耗电量控制在 $20kWh/m^2$ 以下提供了重要的技术保障。

### 5.3.2　空气源热泵抑霜/除霜技术

长江流域地区夏季空调时间长，供冷负荷大，冬季供暖时间相对较短，供暖热负荷小，空气源热泵作为冬季供暖热源在长江流域是普遍适宜的。然而，长江流域全年冬夏气温变化大、湿度高，对空气源热泵在变工况运行时的性能和效率及极端工况下的可靠性提出了挑战。空气源热泵在冬季制热时存在室外蒸发器容易结霜的问题，当室外环境温度和相对湿度分别在 $-5\sim5℃$ 之间和 $65\%$ 以上时，空气源热泵室外蒸发器最易结霜。延长除霜周期、降低除霜能耗和减少对用热侧的影响是实现该地区空气源热泵高效供热目标的关键问题之一，应当着力研发低温高湿环境下空气源热泵的抑霜、探霜与除霜技术。

（1）超疏水翅片管换热器长效抑霜技术

换热器表面改性等技术是延长除霜周期的主要手段之一。换热器翅片抑霜机理可以归纳为三点：①抑制翅片表面水蒸气成核；②降低凝结液滴分布密度；③削弱导热过程。据此研发出了纳米改性超疏水翅片换热器，可实现良好的抑霜和高效融霜效果，其机理在于：①融霜开始前，冻结液滴与超疏水翅片的纳米粗糙结构间形成了空气垫，冻结液滴在翅片表面呈 Cassie 状，如图 5-27 所示，

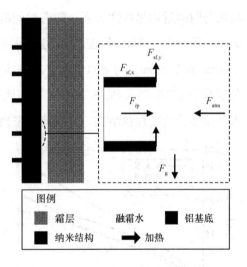

图 5-27　超疏水翅片融霜时霜层脱落的原理示意图

在纳米结构与霜层形成的封闭空间内，霜层受到内部空气产生的压力，同时还受到大气压力、超疏水翅片的黏附力以及自身重力，这些力达到平衡状态。②当融霜过程开始后，底部霜层融化后形成融霜水继续黏附在翅片表面；同时在纳米结构与融霜水形成的封闭空间内，空气受热膨胀，压力变大，因超疏水翅片的黏附性较弱，融霜水在该压力作用下与翅片分离，并在重力作用下与未融化的霜层一起脱离表

面。因此，要使霜层在融霜初期从翅片表面脱离，关键是纳米结构与霜层形成的封闭空间内空气受热膨胀，同时翅片表面的黏附性较弱。这在宏观上要求超疏水翅片不仅要具有较大的接触角，而且也要有较小的接触角滞后。

通过对普通翅片管换热器依次进行溶液刻蚀、去离子水煮沸和表面氟化处理"三步法"工艺，可实现超疏水换热器的整体化制备，其翅片表面具有高接触角和低滞后角特征；或通过制取 $SiO_2$ 超疏水涂层直接喷涂普通翅片后获得性能优异的超疏水翅片，并最终组装成超疏水换热器。通过翅片管换热器结霜/融霜实验系统对亲水型、普通型和超疏水型三种换热器（表面接触角分别为 $13.7°$、$95.3°$ 和 $156.8°$）表面的结霜/融霜以及性能参数进行测量，包括冷凝器侧进、出口流体的温度和流量，翅片管蒸发器进出口空气的温湿度、风量和压差，翅片管表面的结霜高度、翅片和管壁温度以及结霜/融霜过程的可视化图像，融霜排水温度和质量。图 5-28（a）所示为结霜量随结霜时间的变化过程[14]。三种换热器表面霜层质量的增长与时间近似呈线性关系，随着时间的增加，结霜量也均匀增加。结霜工况运行 60min 后，亲水型、普通型和超疏水型换热器表面的结霜量分别为 0.27kg、0.36kg 和 0.22kg。与亲水型和普通型换热器相比，超疏水型换热器表面的结霜量分别减少了 18.52% 和 38.89%，这表明相比普通型换热器，亲水型换热器和超疏水型换热器均能抑制结霜，且超疏水型换热器表面的抑制效果更佳。

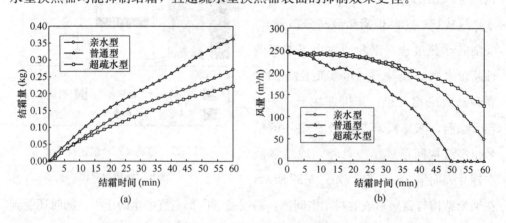

图 5-28　不同型号换热器性能

(a) 结霜量随结霜时间的变化；(b) 风量随结霜时间的变化

图 5-28（b）给出了流经三种翅片管换热器的风量随结霜时间的衰减趋势。结霜实验开始时，三种换热器的风量稳定在 250m³/h，而在结霜初始阶段，普通型换

热器的风量迅速下降，亲水型和超疏水型换热器的风量下降缓慢。20min 之后，普通型换热器的风量一直保持较大的下降幅度，而亲水型和超疏水型换热器呈现先缓慢下降后再迅速下降的变化规律。结霜 60min 后，普通型换热器的风量接近于 0，表明翅片间隙已被霜层堵塞，而亲水型和超疏水型换热器的风量分别为 $49.6m^3/h$ 和 $125.0m^3/h$，降幅分别为 79.7% 和 49.9%。可见，在相同结霜工况下，超疏水型换热器表面的风量衰减最弱，这表明超疏水型换热器表面的霜层生长得到了有效抑制，同时由此导致的风量衰减较小，超疏水型换热器的换热性能受结霜的影响也最小。

（2）精准探霜与高效除霜控制技术

霜层厚度是决定空气源热泵进入除霜状态的重要判据，准确探霜是解决空气源热泵除霜控制策略的基本环节。

① 根据换热器盘管温度与室外环境温度进行探霜

判定空气源热泵室外机蒸发器结霜程度并确定进入除霜（化霜）模式的判据就是探霜。按其探霜技术方案诞生的先后顺序，可以分为：定时除霜、室外单传感器探霜、功率判定法探霜、室外双传感器探霜、室内双传感器探霜。这几种探霜方法各有其优缺点，相对而言，在变频机组中采用室外双传感器探霜居多，而定速机组采用室内双传感器更多，但这些方法都普遍存在精确不高的问题。实际上，霜层厚度是决定空气源热泵进入除霜状态的重要判据，准确探霜是解决空气源热泵除霜控制策略的基本环节。

通过对不同机型及不同工况的大量非稳态制热实验，观察结霜现象、不同结霜状态下空调器制热量以及系统典型部位的制冷剂温度变化规律，见图 5-29 （a）。选择室外盘管温度（$T_3$）与室外环境温度（$T_4$）作为探霜参数，并通过 $T_3$ 温度变化率的变化规律，可以获得较好的进入与退出除霜的判据。

在四通换向阀除霜过程中，对室内外风扇、压缩机频率、电子膨胀阀开度进行参数优化控制，以延缓结霜，加速融霜，加快制热能力输出，如图 5-29 （b）所示。在融霜结束前，通过提前开启室外风扇来实现快速吹水雾，以减少除霜水流的形成，配合压缩机频率与电子膨胀阀开度实现快速融霜，并通过对压缩机频率与室内风扇的控制，实现制热高压的快速建立与制热能力的快速提升。

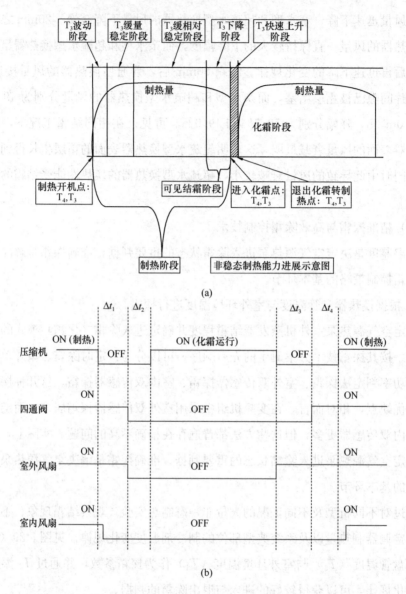

图 5-29　空调器除霜过程各阶段的室外换热器温度变化规律

（a）结霜—除霜过程的制热量变化曲线；（b）除霜前后各部件的运行状态

② 基于蒸发器送风系统的压差变化进行探霜

采用智能算法，实现及时除霜，避免假除霜与除霜不净等现象发生。在蒸发器的送风系统中配置静压计，根据结霜厚度对风机静压的影响规律，选择不同静压点进入除霜，探明最佳除霜时机，形成送风系统的静压—电流特性曲线，利用关联因子 duty（风扇的驱动电压占比参数）模拟霜层厚度作为除霜控制判断条件之一，并与室外换热器盘管温度及其变化率一起，实现有效探霜。从表 5-12 所示的实验结果可以看出，采用该方法进行探霜，空气源热泵将更为准确地判定室外换热器的结霜状态并进行除霜操作，避免了霜层的严重增厚和密实，实现了"有霜则除，无霜不除"的效果，从而提升了空气源热泵在整个除霜周期内的制热量和能效比。

智能除霜技术效果　　　　　　　　　　　　　　　表 5-12

| 空调运行工况 | 除霜方法 | 除霜周期（min） | 除霜周期内的平均换热量（W） | COP（W/W） | 改善效果 |
|---|---|---|---|---|---|
| 室外干/湿球温度＝－2℃/－3℃；100%负荷率 | 原除霜控制 | 93 | 47600 | 3.40 | 制热量增大5.4%，COP 提升11% |
|  | 改善后除霜控制 | 105 | 50150 | 3.78 |  |
| 室外干/湿球温度＝－5℃/－6℃；75%负荷率 | 原除霜控制 | 100 | 42500 | 3.00 | 制热量增大2.6%，COP 提升12% |
|  | 改善后除霜控制 | 72 | 43600 | 3.35 |  |
| 室外干/湿球温度＝－15℃/－16℃；100%负荷率 | 原除霜控制 | 178 | 38078 | 2.30 | 制热量增大4.4%，COP 提升16% |
|  | 改善后除霜控制 | 480 | 39766 | 2.67 |  |

（3）高效除霜技术

空气源热泵普遍采用四通阀换向除霜方式，必然导致制冷循环从室内取热，影响室内舒适性，同时影响制热量和制热能效比。采用蓄热除霜技术可实现室内不间断制热除霜，在制热过程中，利用相变蓄热材料储存压缩机壳体释放的热量(图 5-31)，在除霜时，压缩机排气分别进入室内与室外换热器中，并将蓄存的热量作为热泵的低温热源使用中，为除霜和向室内供热提供充足的能量，解决除霜时低温热源不足、室温快速降低的问题。实验结果表明，相比于四通阀换向除霜，除霜时的电耗降低了30%，除霜时间缩短了 50%，具有显著的节能和室内舒适性改善效果。

进一步，采用低成本热气旁通除霜技术并配合膨胀阀的优化控制，也可实现不间断制热除霜，提高除霜效率与速度，降低除霜部件的成本。通过比较室外环境与室外换热器盘管温度的变化，判断蒸发器的结霜状态，并根据不同结霜情况针对性地采用不同除霜模式，当结霜量较少时，在除霜的同时向室内供热，以保证室内的舒适性，在多霜时则以除霜为主，加快除霜速度（图 5-31）。

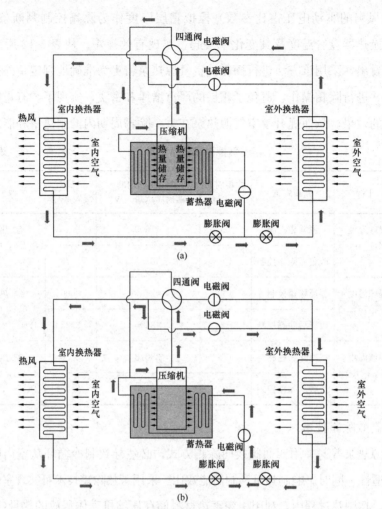

图 5-30　蓄热除霜空调器制热和除霜过程的制冷剂循环
(a) 制热过程；(b) 除霜过程

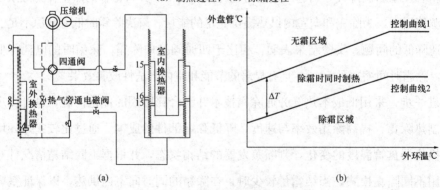

图 5-31　热气旁通除霜控制原理图
(a) 空调器原理图；(b) 除霜策略

### 5.3.3 空调器舒适对流末端技术

虽然以分散式房间空调器为代表的对流型末端很容易冷暖两用，且热响应快，能较好地满足长江流域供暖空调系统间歇运行需求，但传统对流式空调系统以空气对流的方式与室内环境进行热湿交换，送风风速大，存在明显的吹风感。对于长江流域地区同时存在供暖和供冷需求的情况下，冬季供暖时室内温度在竖直方向上易形成明显温度梯度，加之热空气上浮，导致人员活动区域温度不易达到舒适性要求，供暖效率低。通过对长江流域住户空调使用现状的调研，接近 70% 用户反映空调制冷时存在"冷风直吹，不舒服"问题，约 45% 的用户反映空调供暖时"制热慢，制热效果不好"等问题，反映了随着人们生活水平的提高，用户对空调满足基本制热制冷需求外，更高层次的舒适性需求也逐渐加强。因此，该地区冬夏两用的空调舒适性末端应综合考虑建筑围护结构性能、人员行为特征及运行方式等因素，优化末端送风方式及送风参数，研发舒适送风空调产品。

（1）舒适送风技术

空调室内机送风使得室内存在气流不均匀性、进而导致房间的温度场不均匀，对于制冷工况可以有效实现冷热掺混，然而对于制热工况，由于送风密度低、热风上浮，导致室内存在明显的垂直温差。为了满足制热需求，需要加大送风量，更易产生热风直吹、人员呼吸困难等问题。要解决这一问题，则需要考虑制冷时保证一定风量或降低风量后的送风距离，同时实现上送风、冷空气自然下沉，而制热时为了避免热风过热、直吹人体，则需要提高风量，结合热空气自然上升，使风往下吹能够到达地面，来改善房间垂直温度分层，提升下层温度，降低头部温度过高带来的不舒适。

要同时实现这两种效果，其本质都是需要提高静压，加强换热器换热效率，尽可能保证出风温度的均匀性与导风角度的可控，因此需要从风机风道的导风、送风、静压、噪声等多参数进行综合考虑。通过模拟和实测，将导风整流板安装在室内机进风口处，如图 5-32 所示，可以有效实现换热器的中风场均匀分布，避免换热死角的出现，从而提高换热效率，改善同能力下送风温度，提高出风温度的均匀性。

空调器整体送风设计示意如图 5-33（a）所示。三种结构的有效搭配能够保证出风温度的均匀性以及送风角度的可控性，从而实现挂机不同的吹风效果与房间舒

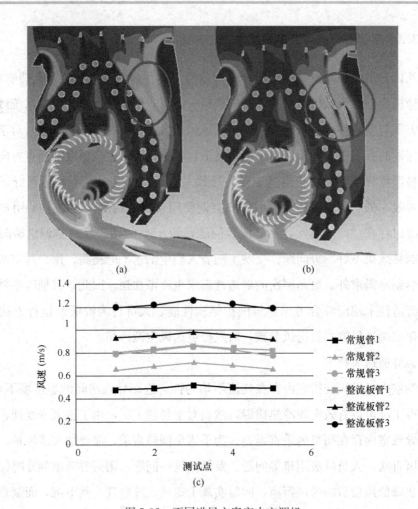

图 5-32    不同进风方案室内空调机

（a）常规空调；（b）导流板空调；（c）换热器死角处风速

适性。此外，出风口的导风风板依据阿孚拉理论进行设计，降低出风口喷嘴的紊流系数，从而有效增加制冷与制热送风的射程。制冷时通过控制吹风角度，扩散冷气流，降低吹风感。在风道的静压方面，作为动力源的贯流风轮可以有效提高风道的静压效果。通过对风机风道进行优化设计，采用高静压贯流风轮能够兼顾制冷制热的不同需求，达到稳定气流、扩宽风道稳定工作区域的目的，同时可以增强风道的抗压性，有效提高出风口静压，提高送风速度。同时设计不等距叶栅间距值，可以消除风轮运转时的啸叫声，有效降低运行时噪声值，同风量下实际噪声较原风道有约 2.5dB（A）的下降（图 5-33b）。

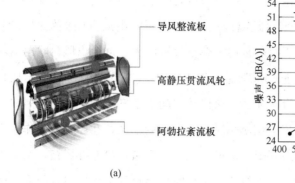

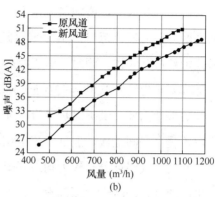

(a)　　　　　　　　　　　　　　　　(b)

图 5-33　舒适送分空调系统

（a）舒适送风技术；（b）新旧风道风量—噪声对比

以 35P 挂机空调器为例，在开机制冷或制热运行稳定 1h 后，离地面 0.1～2.2m 人体活动区域内，相比常规空调，实测制冷与制热垂直温度分层分别有 0.5℃与 1.4℃的改善。采用国际标准 ISO 7730 中吹风感指数 $DR$ 计算室内形成的热环境场下吹风感指数，对于同一测试条件，采用舒适送风技术的空调器达到热稳定后房间温度场更均匀，风速基本都小于 0.1m/s，相比常规产品形成的室内平均风速 0.36m/s，计算的活动区吹风感指数低至 3.48%（常规：14.39%）。

（2）上下分区、冷暖分送

随着城镇化进程加快和经济社会快速发展，人们对于室内热舒适要求也不断提高，热风机作为一款可以实现超低温环境下持续强劲供热，同时满足用户舒适性需求的产品，在北方寒冷地区村镇中得到广泛应用。设备通过分层射流和低位附壁耦合送风技术，可以有效改善房间供暖的气流组织，提高人体活动区的供暖舒适性。另外，热风机供暖的另一个显著优势是设备一般放置在房间外窗/内墙附近地板上，供暖时热风由于热浮力而自然向上扩散、降温，实现脚暖头凉的逆向温差，有效保证了供暖的舒适性，且提高了供暖效率。相比之下，住宅空调多为壁挂式，即使是柜式，送风机高度也较高，因此存在使用过程中冷风直吹人、热风不落地等问题。借鉴暖风机的供暖设计效果，上下分区、冷暖分送的空调送风技术可以较好地解决这一问题，通过在空调器垂直高度上设置高效上、下送风系统，对应两个出风口，实现广角度出风，且两送风系统分别控制，制热时下出风口工作，制冷时上出风口工作，解决了普通柜机热风上行，冷风下行的弊端，如图 5-34 所示。

　　为避免直吹人体，增加出风角度，上出风口设置横摆叶和竖摆叶，增加水平方向和高度方向的送风范围，上出风口距离地面 1.8m，同时出风方向偏斜向顶棚，出风范围可避开人体。同时，由于冷风较房间热空气密度大，从上出风口吹出后覆盖式下降，实现防直吹的同时保证房间降温效果均匀性（图 5-34d）。而下出风口布置在贴近地面处，供暖时热风直达地面，热风较房间冷空气密度小，从下风口吹出后覆盖整个房间地板，通过气流组织使暖风经过人员活动区，在浮升力等作用下实现空间内空气温度分布较为均匀（图 5-34c）。此外，下风口设有导风板，可自由调节出风角度，同时机身顶部设置旋转机构，工作时旋转打开上出风口，依靠横竖摆叶调整出风方向，实现智能送风（图 5-34b）。

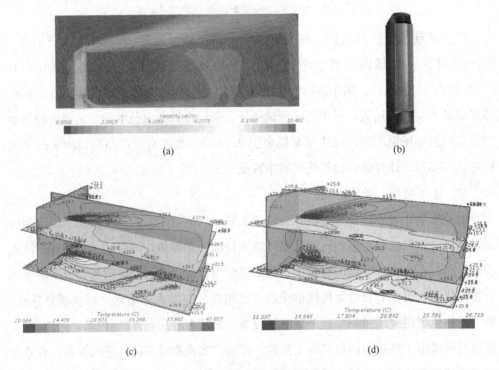

(a)　　　　　　　　　　　　　　　　　(b)

(c)　　　　　　　　　　　　　　　　　(d)

图 5-34　上下冷暖分送柜机和仿真云图

（a）风速分布；（b）新风柜机；（c）制热温度分布；（d）制冷温度分布

　　为实现空调上述上下分区、冷暖分送，采用了 S 形风道设计，保证扩压断平滑过渡，提高流动效率，实现气流路径最优化以及局部流动效率最优化，增加整体送风风量（图 5-35）。同时，S 形风道前蜗舌设置在蒸发器侧，进风阻力小，换热器表面风速分布均匀性高，相比普通风道送风效率高。此外，S 形风道延长流体经过

S 的路程，减小了噪声。通过实验测试，S 形风道实现转速为 800r/m 时，风量达 792m³/h，相比传统普通离心风道，同等转速下风机风量提高 9%，噪声降低 2dB。

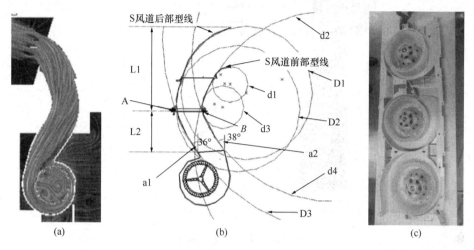

图 5-35　空调 S 形风道设计

(a) 流场仿真；(b) 风道参数；(c) 离心风道

燕尾式稳流风道技术是相比传统空调的另一项新技术。空调风道的扩压段与蜗壳出风口相连，扩压段的下部即为下出风口，出风口下部为稳流段。空调气流经扩压段后，流速降低，静压上升，热风可直达地面，同时改变传统的"束状"送风方式，改善出风路线，增加送风广度（图 5-36）。此种稳流风道前蜗舌设置在蒸发器侧，进风阻力小，换热器表面风速分布均匀性高，较普通风道送风效率高。经实验测试，燕尾式稳流风道扩压段后部型线与燕尾式稳流段的后部型线同曲率过渡连接，流动更加平稳，实现了转速为 800r/m 时，风量达 508m³/h，相较于普通离心风道，同等转速下风量增加 6%。

此外，合理确定制冷工况和制热工况下调节柜式空调器的上下出风比例是实现最佳舒适效果的另一关键问题。按照现行国家标准《室内人体热舒适环境要求与评价方法》GB/T 33658—2017 对产品进行舒适性效果测试，匹配上下风道结构，通过调节上下出风比例，评价不同出风比例下温度均匀性、垂直温差、吹风感指数、PMV 等指标。在标准制冷工况下，随着上下出风比例的增大，其各指标总分值增加，上出风口风量与总风量的比例越大，舒适性指标越好。上下出风比例从 80%增加到 90%时，制冷舒适性增长明显，当上出风口风量占总风量的 90%以上时，

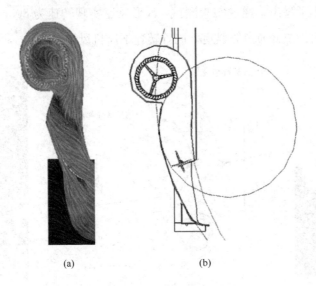

(a)　　　　　　　　　　(b)

图 5-36　燕尾式稳流风道

(a) 流场仿真云；(b) 风道参数示意

室内环境的舒适最好。相比在标准制热工况下，随着上下出风比例的增大总分值先增加、在上下出风比例达到 50%～60% 时达到最大值，后续趋于平稳。因此综合制热工况和制冷工况，当电机同转速时上下出风比例 6∶4，可达到上下送风量最佳热舒适性比例状态。

图 5-37 给出了上下出风空调柜机温度分布。上下出风柜机增加了下面出风口

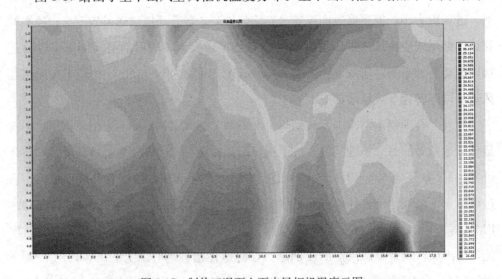

图 5-37　制热工况下上下出风柜机温度云图

的风量房间温度更加均匀，制冷时温度均匀度的标准偏差仅为 0.47℃，比普通柜机改善了 115％。特别是，增加了下出风口后，制热的温度均匀度的标准偏差仅为 0.65℃，比普通柜机改善了 57％。由于制热时足部温度对人员的舒适性影响非常大，当空调器设定为 23℃时，上下出风柜机的足部温度达到了 22.7℃，甚至高于环境平均温度，而普通柜机的足部温度不到 21℃，与普通柜机相比改善了 57％，提高了环境的舒适性。此外，上下出风柜机营造的环境头部和足部的温度几乎没有差异性，制热工况下在最佳出风比例时垂直温差在 0.08～0.93℃之间，垂直温差的不满意率仅为 0.24％，比普通柜机改善了 106％。采用暖体假人等效空间温度测评指标对其性能进行测评，与普通柜机相比，在温度均匀度、垂直温差、距离地面 0.1m 平均温度（足部温度）以及综合性指标 PMV 和暖体假人评分的舒适性指标上都远优于普通柜机，超过现行国家标准《室内人体热舒适环境要求与评价方法》GB/T 33658—2017 标准规定的 5 星级要求，综合指标较好。

类似的还包括采用上下两个吹风口的分布式送风技术[15]，根据冷空气下沉、热空气上浮原理，采用上出风口送冷风、下出风口送热风，使得送风直接作用于人体，提高了空调供暖、供冷的效率。此外，在供暖时通过将热风尽量送至房间下部，使得房间下层的空气充分升温，然后暖风再自然上升，从而大幅缩小室内的垂直温度差，让房间温度更均匀，舒适感更强，同时由于提高了供暖供冷的效率，更有利于节能。这些设计方法和节能舒适控制技术所研发的高季节能效热泵型房间空调器，已大量投入市场，部分也应用于长江流域部分住宅示范工程中，改善了家用对流式房间空调器使用的舒适性，解决了夏季冷风直吹不适、冬季热风上浮、人员活动区热舒适性差的问题，对于改善该地区民生需求、保障人员居住及工作环境质量、推动区域经济发展和节能减排都具有重要的社会意义。同时，技术创新促进了国内家电行业特别是空调行业的技术创新和技术发展，推动了产业的结构优化升级，提高企业和产品竞争力，引导行业从单纯的价格竞争向提高技术创新能力与水平的方向发展。

## 5.4 长江流域住宅示范建筑实测案例

### 5.4.1 示范工程概况

通过对长江流域地区 30 余项示范工程进行技术分析论证，涵盖中下游多个城市，各个示范工程是根据当地气候特点、建筑设计标准，结合适宜的空调技术和产品，优选了适宜供暖的空调技术方案。总体来讲，考虑建筑初投资、施工难度和既有建筑改造等因素，对示范建筑的围护结构热工指标远优于现有各地级建筑节能设计标准的，则主要推荐以被动优化为主，同时辅以自然通风、遮阳、优化窗户传热等方式降低建筑负荷；对围护结构热工指标只满足现有各地级建筑节能设计标准限值的，则以主动优化为主；对新建建筑，则推荐以被动优先＋主动优化的技术模式，要求建筑围护结构热工指标适当提升，同时选择适宜的高效空调产品，提升运行能效，从而达到经济、舒适、节能的目标。具体来讲，住宅示范建筑中多数执行了当地建筑节能设计标准限值和自然通风等被动式技术，并通过必要的围护结构性能提升，有效延长非供暖空调时间；在主动设备优化方面，多数住宅采用了高效热泵型房间空调器。经过超过一年的实时监测、数据分析及第三方检测，集成技术在各个住宅示范工程中达到了良好效果，热环境舒适性满足现行国家标准《民用建筑室内热湿环境评价标准》GB/T 50785—2012。结合该地区住宅"部分时间、部分空间"的用能特征，以及居民行为调节，住宅建筑全年供暖空调能耗都不超过 20kWh/m²。

### 5.4.2　示范工程案例实施效果

（1）南通三建低能耗绿色住宅建筑示范工程

南通三建低能耗绿色住宅建筑主要示范了"被动优化"的低能耗技术方案。结合当地地区气候特点，通过控制体形系数、构造高性能外围护结构、应用高性能外窗、无热桥设计、气密性设计、外遮阳设计等，降低了建筑本身的能耗需求。建筑外围护结构传热系数在 0.2~0.3W/(m²·K)，外窗采用三玻两腔 Low-e 玻璃，传热系数控制在 1.0W/(m²·K)左右。此外，在建筑东、南、西三侧的外墙窗户安装了全自动控制的电动遮阳百叶窗帘，针对建筑不同朝向灵活选择不同遮阳方案，南向采用活动外遮阳＋水平遮阳，东向和西向采用活动外遮阳，根据气候及太阳高度角、太阳光线的强度等来自动调节百叶窗帘的升、降及百叶的角度，夏季遮挡50%以上的太阳辐射，加上 Low-e 玻璃本身的遮阳效率（遮阳系数 0.87），大大减少太阳辐射得热。供暖空调设备采用全热回收新风空调一体机，夏季 SEER 为 4.3，冬季 COP 为 2.8，同时结合智慧空调技术，用户根据自身行为特性设定室内温湿度，各个房间通过电动送风阀，由智能传感器检测和调控区域温度值。

　　通过数据监测平台对该示范工程中一户住宅的室内温湿度参数和空调运行能耗进行实时监测，其住户家庭结构为一对夫妻和一个小孩、一个老人。图 5-38 给出了典型卧室和客厅全年温湿度监测结果。各个房间全年温湿度差异不大，夏季室内温度主要在 19.6～30℃ 范围内波动（注：前述统计含未使用空调供冷的时间），湿度为 70%～90%；冬季室内温度约为 13～15℃（同上，含未使用空调供暖的时

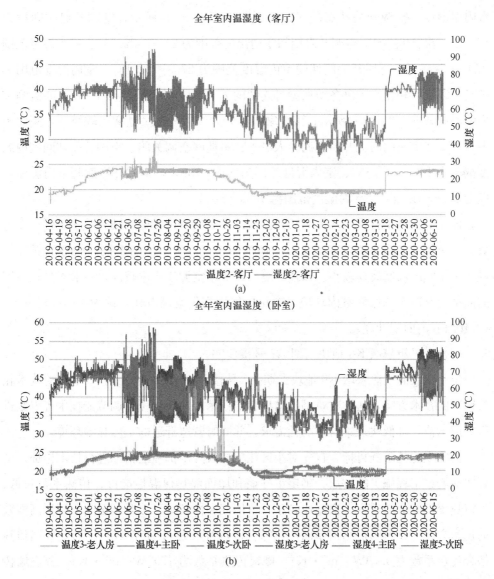

图 5-38　全年室内逐时温湿度

(a) 客厅；(b) 卧室

间），湿度约为50%～60%。相比，人员在室内且使用空调进行供暖供冷期间舒适度满足国家标准要求，空调供冷供暖期间室内温度主要集中在18～26℃，相对湿度在40%～60%，室内热湿环境满足Ⅰ级舒适区的时间比例＞56.75%，满足Ⅱ级舒适区的时间比例＞99.21%。

选择主卧夏季典型日连续两天（7月23日～7月24日）的监测数据进行分析，室内温湿度、空调开关状态的对应关系如图5-39（a）所示，空调开启时间段为17：00～次日8：00。空调开启期间室内温度范围为24.7～27.3℃、室内湿度范围为45%～89%；空调开关闭期间室内温度范围为27.3～29.1℃、室内湿度范围为73%～91%。相比，主卧冬季典型日连续两天（1月14日～1月15日）的监测室内温湿度如图5-39（b）所示，该户家里有老人、小孩，对温度比较敏感，倾向于冬季人员在室时间内就开启空调，人员不在室期间空调关闭。空调关闭期间室内温度范围为15.7～17.3℃、室内湿度范围为50%～52%；空调开启期间室内温度范围为17.3～20.2℃、室内湿度范围为45%～50%。

该住宅示范工程重点示范了长江流域地区住宅采用良好的被动技术，则可以有效改善全年室内热环境，降低供暖空调的需求。由于该住宅围护结构性能保温较好，全年室内温度波动较小。该住户夏季、冬季空调使用率较高，一般人员在室期间内都会开启空调保障室内环境，全年单位面积年空调电耗，约为19.80kWh/m²（按建筑套内面积计算）。

(2) 武汉唐家墩K6地块二期A7号楼住宅

位于武汉的"唐家墩K6地块二期A7号楼"住宅示范采用了"主被动技术相权衡"的技术方案，通过建筑围护结构节能技术、建筑供暖空调节能技术等方案进行集成示范，降低建筑本身的能耗需求，并同时营造舒适的室内热湿环境。

为实现能耗限额目标，首先对小区住宅建筑外围护性能指标进行技术论证，结合实地勘察工程施工的方法，确定了外墙和屋面隔热保温性能好、传热系数较低、外窗热工性能参数适宜、窗墙比较小、整体气密性较好、热泵型房间空调器高能效的技术方案。建筑围护结构屋面传热综合传热系数为0.51W/(m²·K)，外墙传热综合传热系数为0.79W/(m²·K)，楼板传热系数为1.93W/(m²·K)，分户墙传热系数为0.72W/(m²·K)，节能外门传热系数为3.0W/(m²·K)，外窗传热系数为3.2W/(m²·K)，满足该地区最新建筑节能标准要求。在此基础上重点示范了

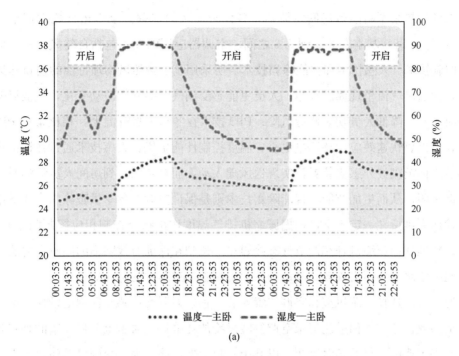

(a)

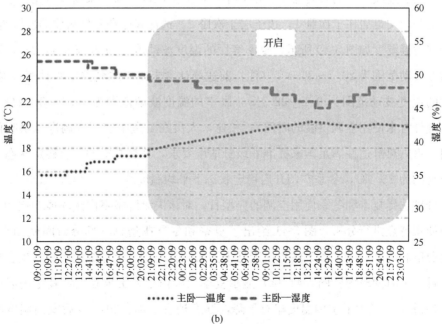

(b)

图 5-39  典型日逐时室内温湿度

(a) 夏季；(b) 冬季

一级能效的热泵型高能效房间空调器，各住户安装的空调器全年运行能效值最高5.6，最低3.28，基本在3.2到5.6之间。空调器应用的技术包括自然风技术、双PID控制技术、人感技术和智能除霜技术。所采用基于自然风物理特性的仿自然风技术，使送风气流呈现偏态分布，人员更能感受到气流的起伏波动变化，且低风速作用时间长，降低人员吹风疲劳风险；PID技术在冬季供暖升温上，相比常规PID技术，可以更快速效应，超调量更小，温度控制性能更优；人感技术通过在柜机顶部加装人体模糊红外感应装置，实现送风随人动，而在感测不到房间人员活动时则会自动关闭，从而更加节能；智能除霜技术则是保证空调在冬季供暖除霜模式下系统蒸发压力维持在一定水平，根据压缩机排气温度作出指令控制相应控制阀通断，实时、精准地向压缩机补充调节气态冷媒量，达到在保证有效除霜的同时室内温度维持在一定水平而不出现较大波动，从而提高除霜过程中的室内舒适性。

通过合理选择空调机型和空调位置安装，辅以温湿度传感器监测记录住户室内热环境参数，空调伴侣监测记录空调供暖供冷的耗电量，对示范多户住宅的卧室和客厅开展了连续一年的实时监测。以其中一户为例，该户为一家四口居住，老人居住于主卧，父母居住于次卧1，孩子居于次卧2。选择客厅和父母居住的次卧为例，全年室内温湿度如图5-40所示。夏季客厅的温度波动范围为25.3~34.2℃，卧室的温度波动范围为20.4~34.4℃（注：前述统计含未使用空调供冷的时间）；冬季客厅的温度波动范围为9.1~22.1℃，卧室的温度波动范围为10.5~30.4℃（同上，统计含未使用空调供暖的时间）。相比，人员在卧室中使用空调进行供暖供冷期间，室内热舒适性满足国家标准Ⅱ级舒适度要求，其夏季空调开启稳定状态下平均温度约为26.4℃，冬季空调开启稳定状态下平均温度约为20.1℃。

分别选择夏季和冬季使用空调的典型日，对该夫妻卧室室内热环境变化特性和空调使用特点进行分析，图5-41给出了夏季和冬季典型日（部分时间使用空调）室内温度和湿度分布。由于住户白天外出上班，其空调冬夏季的使用都发生在晚上至次日早上时间段内。图5-41（a）显示夏季白天由于人员未在室，其室内温度较高，超过30℃。晚上室内温度略有下降，湿度稍有增加。20：00后室内温度明显减低，表明该时段内人员进入卧室并开启空调，室内温度和相对湿度都在短时间内迅速降低到26℃以下。相似的情况也发生在冬季典型日。图5-41（b）显示白天人员未在室时其室内温度较低，基本在12~14℃范围波动，而相对湿度在40%~

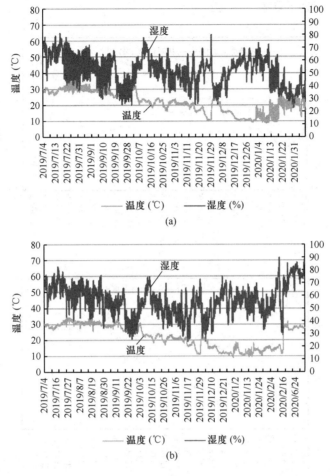

图 5-40　典型住户室内全年温、湿度

（a）卧室；（b）客厅

50％区间内。21：00后由于人员开启空调供暖，其室内温度在1h内迅速从12℃提高到近20℃。由于住户晚上连续开启空调供暖，其室内夜间温度基本维持在18～20℃之间。

表5-13统计了该住户卧室两个典型日全天、空调开启时段的室内温湿度波动以及空调耗电量。夏季用户使用空调供冷期间平均温度在晚上约为26.1℃，夜间略高，约为27.1℃，而全天空调耗电量为6.16kWh。相比，冬季在未使用空调时房间平均温度为13.4℃，晚上使用空调供暖后房间平均温度为17.9℃。由于夜间连续使用空调，室内温度逐渐上升，基本维持在19.5℃，而全天的空调耗电量约

为 6.88kWh，稍高于夏季。

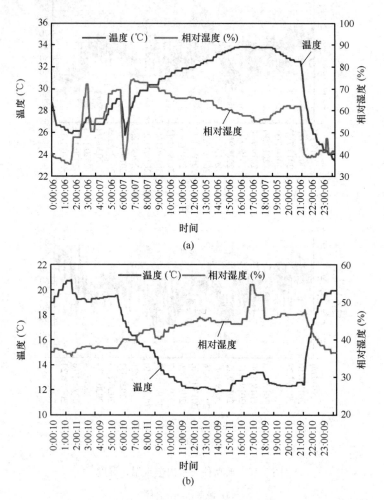

图 5-41　住户卧室典型日（含空调开启）室内温湿度分布

(a) 夏季；(b) 冬季

**住户冬夏典型日卧室温湿度及空调能耗**　　　　　　　　　　　　　　　表 5-13

| 季节 | 时间段 | 最高温度（℃） | 最低温度（℃） | 平均温度（℃） | 空调能耗（kWh） |
|---|---|---|---|---|---|
| 冬季 | 0：00～6：10（使用空调） | 29.1 | 25.9 | 27.1 | 2.28 |
|  | 21：05～23：59（使用空调） | 30.5 | 23.4 | 26.1 | 3.88 |
|  | 非空调期间 | 33.9 | 25.8 | 32.1 | — |
|  | 全天 | 33.9 | 23.4 | 30.1 | 6.16 |
| 夏季 | 0：00～5：30（使用空调） | 20.8 | 18.9 | 19.5 | 3.84 |
|  | 21：10～23：59（使用空调） | 19.9 | 15.4 | 17.9 | 3.04 |
|  | 5：35～21：05（非空调） | 19.9 | 11.8 | 13.4 | — |
|  | 全天 | 20.8 | 11.8 | 15.4 | 6.88 |

该住户卧室的空调使用反映了该地区住宅典型的"部分时间、部分空间"空调使用模式,用户卧室的空调用能主要发生在晚上休息时段,而客厅的空调使用则主要发生在白天,且主要是在家庭有老人和/或幼儿在室的时候,使用频率较低。通过一年的连续监测,该住户采用空调供暖供冷主要集中在 7~8 月,通过对该住户多个卧室和客厅的空调全年耗电量监测,该住户采用空调供暖供冷的全年总能耗为 2000kWh,按建筑套内面积 103m²,折算成单位面积全年空调电耗为 19.42kWh/m²。由于该住宅为新建建筑,采用了较好的围护结构节能技术,一定程度上降低了建筑供暖供冷需求,延长了非供暖供冷时间,加上住户空调使用模式和习惯,在满足室内热舒适的需求下全年空调总能耗低于 20kWh/m²。

通过上述住宅示范工程全年监测热环境和用能情况的对比,住宅建筑示范工程结合当地实际情况,示范工程一以提升建筑围护结构性能为主,示范工程二综合了围护结构被动技术性能提升和采用高效分散式热泵空调器,加上人员使用空调的典型"部分时间、部分空间"使用模式,通过全年监测,两个示范工程均满足了人员在室期间的温度需求,且全年采用空调供暖供冷的能耗均小于 20kWh/m²。两个示范工程监测的住户均为代表性住宅用户,家庭结构基本上为夫妻和孩子,人员一般白天上班,晚上和周末、节假日在室,在室期间仅在活动区间、感到不舒适的时候使用空调。因此,采用"被动优先,主动优化,提高能效,优化用能"的建筑供暖空调整体解决方案,可以较好改善该地区住宅的室内热环境,同时满足全年供暖空调通风能耗限额需求和国家节能减排战略,可为改善长江流域地区住宅室内热舒适、促进该地区住宅建筑健康有序发展提供良好的示范。

此外,项目在示范工程实施过程中也陆续对示范用户安装新的高效热泵型房间空调器后的使用效果进行了跟踪采访。通过对重庆、长沙、南京、杭州、武汉、芜湖等多个房间空调器住宅示范工程的用户回访,用户反映新的空调器的性能相比传统空调器效果更好,主要体现在几大方面:①新的空调器外形美观,质量好,与整体空间更协调;②空调使用在冬天可以迅速升温,夏天迅速降温,且运行期间室内温度波动小,风速低,噪声小;③空调节能效果好,冬夏季月耗电量没有过度增加,和同楼层其他用户相比较节能。

"十三五"项目通过在示范工程上集成优化被动技术方案和采用针对长江流域气候特点的高能效空气源热泵产品,主要监测了实际用户全年室内温湿度和空调耗电量，使用空调供暖供冷期间的室内温度基本在标准推荐的18～26℃范围内波动，且监测的全年供暖空调通风能耗均低于20kWh/m²。但住宅中人员的热舒适性受多方面因素影响和制约，示范监测时也发现该地区空调多用于夏季供冷，而冬季人员多通过服装、暖风机等辅助设备进行供暖，使用空调供暖的频率较低。"十三五"期间通过研发压比适应、容量调节、多级压缩等高效压缩机技术和产品，解决了空调在长江流域地区应用时制热能力不足、冬季易结霜等问题，通过空调器末端送风技术、风道优化、风口设置等技术，解决了送风气流组织的问题，一定程度上改善了冬季供暖的温度分层、热风上浮等问题，扩展了空气源热泵在长江流域地区建筑中的应用推广。但是，住宅中空调使用实际有效果的影响因素复杂（房间尺寸、安装位置、人员活动空间等），对于一般住宅建筑而言，采用高效空气源热泵空调器时，在空调房间较少或同时使用率较低的住宅，建议采用变频调速型房间空调器，不仅可以降低初投资和安装成本，同时还可以提高极低负荷运行时的能效。对于房间数量较多的住宅，为适应部分时间、部分空间的使用特征，也推荐采用房间空调器。对于多联机，当室内机开启台数很少，且室内负荷也很小时，多联机的压缩机转速较低，受压缩机的最低频率限制，甚至会出现启动运行，此时压缩机效率将很大程度地降低，并且存在启停损失，故多联机在低负荷率的时候效率将显著降低。因而如果选用家用多联机，提高部分负荷时的能效比，做到多联机在开启一台或两台室内机的情况下的能效比开一台或两台分体式空调器更高，则是家用多联机应用的迫切需求。

## 本章参考文献

[1] Liu H，Wu Y，Li B，at al. Seasonal variation of thermal sensations in residential buildings in the Hot Summer and Cold Winter zone of China[J]. Energy and Buildings，2017. 140：9-18.

[2] Li B，Du C，Yao R，et al. Indoor thermal environments in Chinese residential buildings responding to the diversity of climates[J]. Applied Thermal Engineering，2018，129(25)，693-708.

[3] Jiang H，Yao R，Han S，et al. How do urban residents use energy for winter heating at home? -A large-scale survey in the hot summer and cold winter climate zone in the Yangtze

River Region[J]. Energy and Building, 2020, 223: 110131.

[4]　住房和城乡建设部. GB/T 50785—2012. 民用建筑室内热湿环境评价标准[S]. 北京: 中国建筑工业出版社, 2012.

[5]　Xiong J, Yao R, Grimmond S et al. A hierarchical climatic zoning method for energy efficient building design applied in the region with diverse climate characteristics[J]. Energy and Buildings, 2019, 186: 355-367.

[6]　熊杰. 基于城市气候和空气污染的建筑自然通风潜力研究[D]. 重庆: 重庆大学, 2020.

[7]　住房和城乡建设部. JGJ 134—2010. 夏热冬冷地区居住建筑节能设计标准[S]. 北京: 中国建筑工业出版社, 2010.

[8]　Cao X, Yao R, Ding C., et al. Energy-quota-based integrated solutions for heating and cooling of residential buildings in the Hot Summer and Cold Winter zone in China[J]. Energy and Buildings, 2021, 236(11): 110767.

[9]　Yao R, Gostanzo V, Li X, et al. The effect of passive measures on thermal comfort and energy conservation. A case study of the hot summer and cold winter climate in the Yangtze River region[J]. Journal of Building Engineering, 2018, 15: 298-310.

[10]　石文星, 杨子旭, 王宝龙. 对我国空气源热泵室外名义工况分区的思考[J]. 制冷学报, 2019, 40(05): 1-12.

[11]　Wang B, Liu X, Shi W, et al. An enhanced rotary compressor with gas injection through a novel end-plate injection structure[J]. Applied Thermal Engineering, 2017, 131: 180-191.

[12]　丁云晨. 补气单缸滚动转子压缩机优化及其在热泵中的应用[D]. 北京: 清华大学, 2019.

[13]　Xingru Liu, Baolong Wang, Wenxing Shi, et al. A novel vapor injection structure on the blade of a rotary compressor[J]. Applied Thermal Engineering 100(2016) 1219-1228.

[14]　Wang F, Liang C, Zhang X, et al. Effects of surface wettability and defrosting conditions on defrosting performance of fin-tube heat exchanger[J]. Experimental Thermal and Fluid Science, 2018, 93: 334-343.

[15]　邓雅静. 格力分布式送风技术应用于热泵空调获"国际领先"认定[J]. 电器, 2017, 9: 67.

# 第6章 城镇住宅通风

## 6.1 我国居民住宅通风的现状和问题

通风就是房子的呼吸，让室内空气吐旧纳新，保持新鲜，同时排除室内人和环境产生的各种热、湿和空气污染物。但是，房子也是要受室外大气环境影响，例如臭氧，进入室内后还会发生二次反应生成新的室内污染物。不仅室外大气污染，还有诸如PM2.5会通过缝隙、通风渗入室内，而且大气中的一些活性强的污染物，随着我国大气质量的不断改进，对室内环境关注程度的日益增加，如何通过经济、适宜的通风净化方式，为居住者提供良好的空气质量已经成为我国建筑领域一个亟待解决的重要课题。那么，我国当前住宅主要的通风方式有哪些？室内空气质量究竟如何？常见的住宅通风净化方式有哪些优缺点？这些问题中，有些尚存一定的争议甚至误解，因此需要通过大量现场实测及客观数据分析才能给出更加有说服力的结果。

### 6.1.1 主要的通风方式调查

我国住宅主要的通风方式包括自然通风和机械通风。自然通风指通过开启窗户，被动引入室外大气；机械通风指通过风机，主动将室外空气引入室内。为了解我国不同气候区居民的通风行为及相应的室内空气质量，我国"十三五"期间重点开展了《居住建筑室内通风策略与室内空气质量营造》研究。天津大学等于2016年底起，对覆盖全我国五个气候区的城镇住宅通风方式进行了大样本调研，并从中选择一些典型住宅，累计对224户住宅完成了四季入户采样测试，285户住宅完成了一年以上的居民通风行为及室内空气质量进监测。具体样本分布如表6-1所示。

住宅通风及室内空气质量长期监测样本分布　　　　　　表 6-1

| | | 自然通风住宅 | 机械通风住宅（带热回收） |
|---|---|---|---|
| 严寒地区 | 沈阳、营口等 | 20 | 8（8） |
| | 乌鲁木齐 | 18 | 6（5） |
| 寒冷地区 | 北京、天津 | 33 | 14（10） |
| | 哈密 | 2 | 0（0） |
| | 西安 | 20 | 6（3） |
| 夏热冬冷地区 | 武汉、长沙 | 7 | 2（0） |
| | 重庆、成都 | 23 | 6（0） |
| | 上海、南京 | 40 | 10（7） |
| 温和地区 | 昆明 | 21 | 6（0） |
| 夏热冬暖地区 | 广州、南宁等 | 37 | 6（0） |

　　调研结果表明：目前我国绝大多数住宅的通风方式为自然通风，采用机械通风的住宅不到 1%，且大多数位于北方和长三角地区。我国国土横跨从寒温带到热带，从北往南，随着气候变暖，住宅自然通风的日开窗时长总体呈增加趋势，图 6-1 展示了 2016 年 11 月 15 日至 2017 年 11 月 30 日期间不同城市每日开窗（自

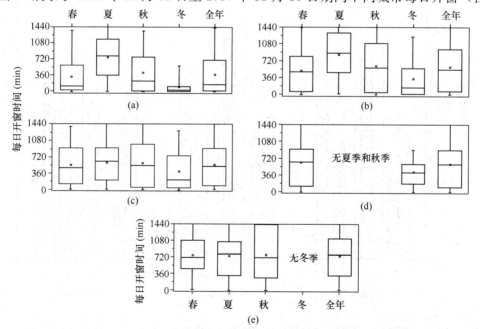

图 6-1　我国不同气候区住宅每日开窗时长[1]

（a）严寒地区；（b）寒冷地区；（c）夏热冬冷地区；（d）温和地区；（e）夏热冬暖地区

然通风）时长的月均值。总的来说，每日开窗时长的全年中位数依次是：2.6h（严寒地区）、9h（寒冷地区）、8.6h（夏热冬冷地区）、9.9h（温和地区）、12.7h（夏热冬暖地区）。另外，北方城市不同季节日开窗时长的差异性较为显著，夏季开窗时间最长，冬季开窗时间最短，这和全年气候的变化幅度更大有关。相比之下，南方城市日开窗时长全年变化不太明显。

　　开窗自然通风是老百姓不可或缺的生活行为，调研中发现即使有的家庭安装了机械通风系统，仍然会存在使用自然开窗通风补足通风的需求。通过图 6-2 日均通风时长对比，可以发现采用机械通风系统的住户其日均等效通风时长要多于仅依靠开窗进行自然通风的住户。这是因为采用机械通风系统的住户可以在不适合开窗通风的时段（室外雾霾、室外温湿度条件不佳）依靠机械通风系统补充通风。因此，中国住宅中的机械通风系统仅为自然通风的补充手段。其原因如下：中国的机械通风系统多为防治雾霾和改善自然通风不足安装，该系统在室外不适合开窗通风的时

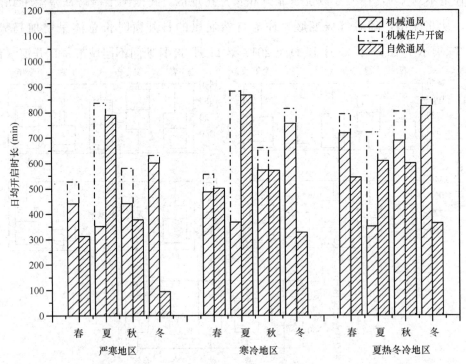

图 6-2　不同气候区居民日均通风时长对比图（日均通风时长为住宅实际的通风时间；
虚线框代表机械通风住户开启窗户进行自然通风补足时长）

段里为住宅提供所需通风。从居民的开启行为也可提供佐证（图 6-2），自然通风与机械通风的季节分布呈现相反的趋势。采用机械通风系统的住户倾向于在秋冬（雾霾较为严重的季节）开启机械通风系统，而在夏季选择关闭系统；采用机械通风系统的居民仍有开窗通风的行为，这与欧美国家对于机械系统的使用行为差异很大。

### 6.1.2　通风方式对室内环境的影响

通风对室内空气质量及舒适性有很大影响。室外大气质量良好时，通风可以用室外新鲜空气去除室内污染物达到净化效果，但是当室外空气质量较差时，通风也会引入大气污染物。通过针对我国住宅室内甲醛、$CO_2$ 和 PM2.5 浓度以及温湿度的调研，展示我国不同城市通风对室内环境的影响。

目前我国室内空气质量测试方法都规定了按照将门窗密闭测试室内污染物浓度是否达标来验证，这与实际使用行为有较大差距，仅能反映在极端不利情况下的室内空气质量。图 6-3 展示了我国不同城市住宅的室内甲醛在实际使用行为条件下（日常工况）和门窗密闭 12h 后（密闭工况）的室内甲醛浓度。由图 6-3 可以看出日常工况下甲醛浓度明显低于密闭工况。有些在密闭工况下室内浓度达到甚至超过国家标准值（图中虚线），但是实际情况下，由于住户及时进行了通风，实际空气质量普遍得到提升。在密闭工况下，北方住宅的甲醛浓度普遍高于南方住宅，这是由于北方住宅气密性较强，且北方住宅日常开窗通风时间少于南方住宅。其中，乌

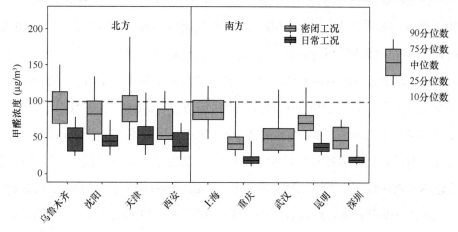

图 6-3　我国不同城市住宅在密闭工况和日常工况下室内甲醛浓度四季均值对比[2]

鲁木齐、沈阳、天津和上海的住宅在密闭工况下的甲醛浓度高于其他城市住宅，甲醛超标率超过 1/4。因此这些城市住宅应进一步加强室内甲醛源强控制或在门窗关闭时补充新风。同时，由于密闭工况下甲醛浓度大幅上升远高于日常工况，因此不可为了追求节能而使住宅过于密闭，同时按照标准测量出的浓度值也会显著高于日常生活中的实际暴露量。对于日常工况，乌鲁木齐、沈阳、天津、西安、昆明的甲醛浓度较高，应加强日常通风进一步降低室内甲醛浓度。不同季节室内甲醛浓度如图 6-4 所示。可以看出密闭工况下，夏季高温高湿情况下甲醛超标率较高。在夏季，居民在使用空调并关闭门窗时，应格外注意室内甲醛污染。

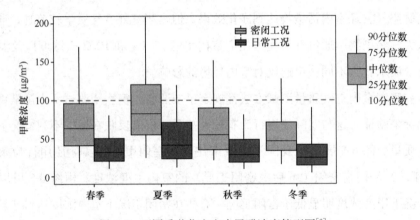

图 6-4　不同季节住宅室内甲醛浓度箱型图[2]

根据世界卫生组织（WHO）标准[3]，室内日均 PM2.5 浓度在过渡阶段应低于 $75\mu g/m^3$，最终目标应低于 $25\mu g/m^3$。我国室内空气质量标准暂无对室内 PM2.5 浓度的要求，现行国家标准《环境空气质量标准》GB 3095—2012 中规定日均 PM2.5 浓度限值为 $75\mu g/m^3$（二级）/$35\mu g/m^3$（一级）[4]。图 6-5 展示了不同城市住宅在四个季节的室内 PM2.5 浓度箱型图。除了昆明和上海，其他城市的住宅冬季室内 20%～70% 的时间 PM2.5 浓度均高于 $75\mu g/m^3$。大多数城市住宅室内 PM2.5 浓度中位数和室外 PM2.5 浓度中位数接近，说明住宅由于通风引入了室外 PM2.5。但是，乌鲁木齐和上海的室内 PM2.5 浓度中位数明显低于室外值，这是由于这两个地区住宅气密性较好且样本中含有较多的住宅配有室内空气净化设备。

室内空气新鲜程度可以通过室内 $CO_2$ 浓度反映，根据我国室内空气质量标准日均 $CO_2$ 浓度应低于 1000mg/L。图 6-6 展示了不同城市住宅在不同季节的日均室

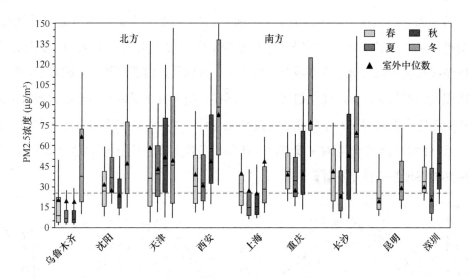

图 6-5　不同城市、不同季节住宅室内日均 PM2.5 浓度箱型图

内 $CO_2$ 浓度。对于北方住宅，所有城市在春季和冬季 $10\%\sim25\%$ 的时间日均 $CO_2$ 浓度高于 $1000mg/L$，表明北方住宅在这两个季节应加强通风。相反，在夏季 $90\%$ 以上的时间日均 $CO_2$ 浓度都小于 $1000mg/L$，表明夏季住宅实际通风较为充分。对于南方住宅，除了上海以外，其他城市住宅通风都较为充足。上海住宅 $15\%\sim25\%$ 的时间室内 $CO_2$ 浓度均高于 $1000mg/L$，对于这类住户也应加强通风。

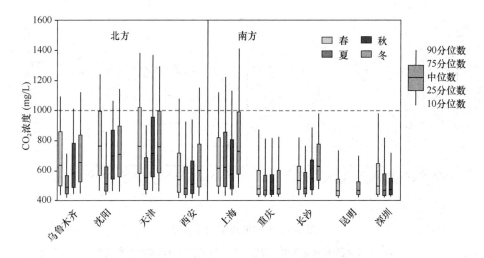

图 6-6　不同季节住宅日均室内 $CO_2$ 浓度实测值

为了解通风对室内温湿度的影响，对不同城市的温湿度进行了对比分析

（图 6-7、图 6-8）。在冬季（12 月、1 月和 2 月），对于北方集中供热为主的城市，如乌鲁木齐、沈阳、天津、西安等，月平均室内温度在 16～23℃之间，受外温及通风情况影响不大。对于南方城市，如重庆、深圳等，由于自然通风的影响，全年室内温度基本与室外温度变化趋势一致。同样，由于自然通风的影响，大多数南方城市全年室内相对湿度和室外相对湿度变化趋势基本一致，但室内略低于室外。重庆、长沙两地住宅全年相对湿度较高。沈阳、乌鲁木齐的住宅由于室内供暖，冬季室内相对湿度显著低于室外。

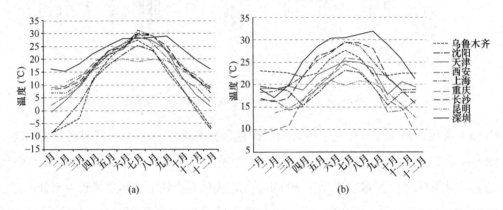

(a)　　　　　　　　　　　(b)

图 6-7　不同城市室内外温度

（a）研究城市月均室外温度；（b）监测住户月均室内温度

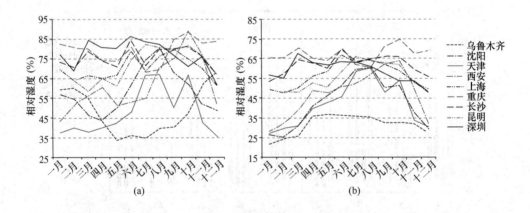

(a)　　　　　　　　　　　(b)

图 6-8　不同城市室内外湿度

（a）研究城市月均室外相对湿度；（b）监测住户月均室内相对湿度

综上所述，当前我国居民仍然以自然通风为主。即使采用机械通风的住宅，也仅在部分时段开启机械通风系统，在室外环境较好时同样采用自然通风。但是，当前住宅由于通风不当带来了一些空气质量问题，主要包括：①通风量不足，导致室内污染物浓度较高的情况仍有出现，尤其在北方的冬季较为明显。以甲醛为例，某些住宅室内甲醛浓度高于标准要求，应当进一步加强通风去除室内污染物。同时，我国室内空气质量标准没有明确规定实际使用条件下，室内污染物的健康限值，因此目前难以定量描述住宅需要多少通风量。②室内净化措施不够充分，无法即时去除通风引入室内的大气污染物，以PM2.5为例，大多数城市住宅室内PM2.5浓度和室外PM2.5浓度接近，且住宅冬季室内20%～70%的时间PM2.5浓度均高于$75\mu g/m^3$（WHO过渡阶段限值）。③由于通风带入了过多湿气，这个问题在南方城市比北方城市更为严重。大多数南方城市全年室内相对湿度和室外相对湿度变化趋势基本一致，但室内略低于室外。重庆、长沙两地住宅全年相对湿度较高。那么各种通风方式到底能引入多少通风量，以及如何实现室内环境的进一步改善呢？下面分别针对自然通风和机械通风两种形式进行分析。

## 6.2　自然通风的使用状况分析

采用自然通风的住宅，通过开启窗户引入室外空气来去除室内污染物并净化室内空气，居民通过调节窗户开启程度来调节自然通风量。同时，为了去除由于通风引入室内的PM2.5，部分住宅安装了空气净化器。本节基于调研数据，分析自然通风的实际使用情况。

首先，自然通风是否能带来足够的通风量去除室内污染物呢？图6-9对比了门窗关闭时候的渗透风量和门窗全开时的换气次数。渗透换气次数的中位数为$0.34h^{-1}$，开窗的换气次数中位数为$6.84h^{-1}$，部分时候甚至可以达到$10h^{-1}$以上，说明自然通风的潜力足够用于去除室内污染物。但是，在日常生活中，居民通常不会将窗户完全开启。表6-2统计了居民日常生活中，住宅卧室夜间开窗或关

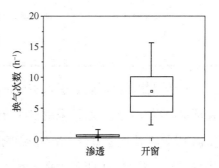

图6-9　实测住宅渗透（关窗）换气次数和开窗换气次数

窗时的换气次数。除了寒冷地区的冬季，其他气候区的住宅在四季开窗换气次数的

中位数均达 $1h^{-1}$ 以上，关窗时换气次数中位数为 $0.2\sim0.45h^{-1}$。

开窗及关窗时各气候区卧室夜间换气次数         表 6-2

| | 开窗换气次数中位数（$h^{-1}$） | 关窗（渗透）换气次数中位数（$h^{-1}$） |
|---|---|---|
| 严寒地区 | 1.58 | 0.26 |
| | 2.95 | 0.33 |
| | 1.45 | 0.24 |
| | 1.32 | 0.30 |
| 寒冷地区 | 1.32 | 0.31 |
| | 1.74 | 0.40 |
| | 1.37 | 0.35 |
| | 0.87 | 0.37 |
| 温和地区 | 2.21 | 0.27 |
| | 3.16 | 0.17 |
| | 2.33 | 0.14 |
| | 2.08 | 0.33 |
| 夏热冬冷地区 | 1.74 | 0.42 |
| | 1.51 | 0.44 |
| | 1.81 | 0.45 |
| | 1.86 | 0.38 |
| 夏热冬暖地区 | 2.28 | 0.24 |
| | 2.38 | 0.36 |
| | 2.59 | 0.39 |
| | 2.07 | 0.26 |

对于自然通风可能会引入室外的 PM2.5，可以通过安装空气净化器来去除以保证室内空气质量。通常采用室内与室外 PM2.5 浓度比值（简称 I/O 比）来评价室内 PM2.5 浓度受室外 PM2.5 影响的程度。该值越接近 1 说明室内 PM2.5 基本来自室外；大于 1 说明除了来自室外的 PM2.5，还有其他室内源对室内 PM2.5 浓度也产生了很大的影响；小于 1 说明室内的净化措施有效地去除了室内的颗粒物。图 6-10 对比了不同气候区不同类型（自然通风、自然通风＋空气净化器、机械通风）的 I/O 比。可以看出在使用空气净化器的家庭中 I/O 比最低，对于严寒和寒

冷地区，使用空气净化器的住宅基本可以将 I/O 比维持在 0.5 以下，说明空气净化器具有较好的室内 PM2.5 净化能力。

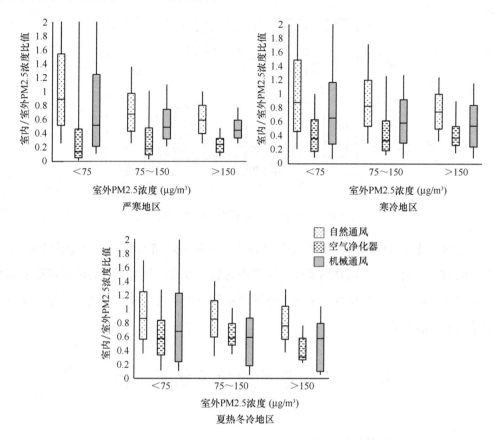

图 6-10 实测不同室外环境下的室内/室外 PM2.5 浓度比值[5]

尽管空气净化器的 PM2.5 净化能力较好，我国空气净化器的普及率远远低于其他发达国家，仅为 0.2% 左右（图 6-11）。同时，拥有空气净化器的家庭对净化器的使用积极性也很低。在 43 户长期监测家庭中，只有 8 户在使用空气净化器，而其他 35 户家庭则从来没有开启过空气净化器。图 6-12 展示了 8 户开启过空气净化器的家庭

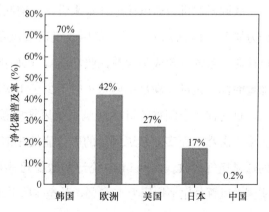

图 6-11 各个国家/地区室内空气净化器普及率[6]

使用空气净化器的日常运行时长。此8户家庭使用间歇式运行的模式，开启时每天的使用时长为1～4h。

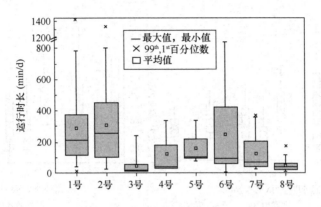

图 6-12　监测住户净化器日常运行时长

　　通过上述分析可知，采用空气净化器是一种较为经济有效的解决室内 PM2.5 污染的方案。同时，采用自然通风＋空气净化器的方式，符合我国居民多年形成的开窗习惯，让居民容易接受。另外，空气净化器布置灵活、成本较低，使得这种净化策略相对容易普及。

## 6.3　机械新风的使用状况分析

### 6.3.1　机械新风风量与效率

　　从调研的机械通风住宅样本来看，目前我国住宅内的机械通风系统形式大体可分为如图 6-13 所示的三类，负压式机械通风系统、正压式机械通风系统和平衡式机械通风系统（含或不含热回收功能），以后面两种为主。通常机械通风系统设计、配置的标准是可以满足室内每小时不少于 1 次通风换气的需求。通过对住宅调研发现，目前住宅中配置的机械通风系统风量中位值 250m³/h，可满足每小时 1～1.5 次换气次数，而实测系统风量的中位值仅在 150m³/h，仅能保证每小时 0.5 次左右的通风换气次数。图 6-14 中统计的数据可表明，各住户系统实测风量差异较大，实测送风百分比平均值为 57.1%，甚至有些系统送风量仅为铭牌上标注风量的 18%，实测与标注风量严重不符。这说明实际地使用、安装和系统维护对于机械通风系统

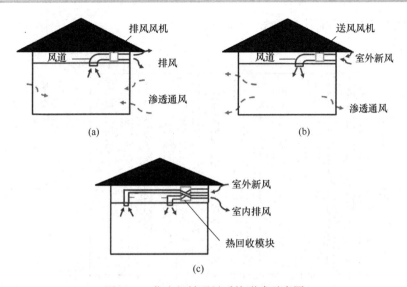

图 6-13 住宅机械通风系统形式示意图

(a) 负压机械通风系统；(b) 正压机械通风系统；(c) 热回收机械通风系统

的实际供应风量影响显著，目前住宅内的机械通风系统实际使用下通风量不足，导致无法完全依赖机械新风系统满足不同时间、不同空间、不同目标的通风需求。

带有热回收功能的机械通风系统比普通机械通风系统运行时间长。在我国的机械通风住宅中，其通风系统的运行方式明显不同于欧美国家。在欧美国家，机械通风系统是全天开启的，而在中国住宅内，居民倾向于间歇运行机械通风系统。影响系统开启和关闭的因素很多，如家中是否有人、室外雾霾状况、新风温度不适、能耗过高等。从图 6-15 的统计数据可以看出，系统是否带有热回收对用户使用时长有一定影响：不含有热回收功能的机械通风系

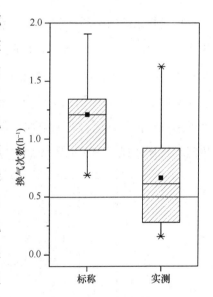

图 6-14 机械通风实测换气次数与标称换气次数对比图

统其日平均开启时长为 9.1h，而含有热回收功能的机械通风系统其日平均开启时长为 13.4h。尽管如此，对于以间歇运行为主中国家庭来说，热回收系统的实际节

能效果及适用条件仍需认真考虑。

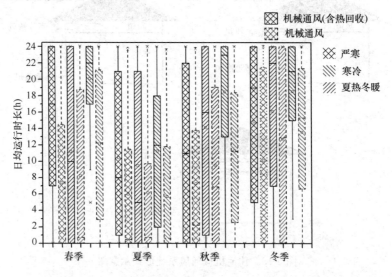

图 6-15   含热回收机械通风系统与普通机械通风系统运行时长对比图

　　热回收系统实际热回收效率与系统标称效率差别较大，各气候区适用性不一。如图 6-16 所示，在严寒地区热回收系统的回收效率平均为 80%，在寒冷地区回收效率在 70%，全热回收效率略优于显热回收效率，而对于夏热冬冷地区，其热回收效率低于 50%。利用长期监测数据进行热回收运行费用和回收年限分析，综合考虑系统初投资、运行费用增加、新风冷热负荷减少等因素，目前在住宅中采用带热回收机械通风系统其回收周期各地均长于 10 年，因此在经济性上并无优势可言。

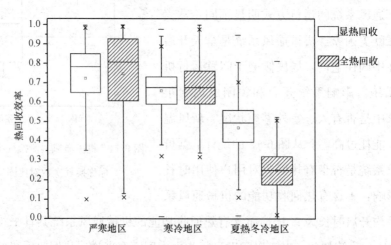

图 6-16   不同气候区热回收系统实测热回收效率对比

### 6.3.2 机械通风系统控制污染物效果分析

机械通风系统实测净化效率远低于系统标称净化效率。机械通风一般是安装过滤装置的，通过高效滤芯（过滤效率应＞90％）将室外空气过滤后送入室内。统计数据表明，目前监测的住户中有 38.9％的住户系统采用了高效滤芯净化技术，而 22％的住户系统不仅采用了高效滤芯，同时在系统中采用了静电技术，其中包括静电过滤和驻极体静电滤芯两种技术，而仍有 18.6％的住户系统仅采用了亚高效滤芯。目前机械通风住宅所采用的净化技术，其标称 PM2.5 净化效率均大于 95％。但高效净化技术的采用并没有达到令人满意的效果，监测住宅建筑中机械通风系统的监测平均效率仅约为 50％，远远低于系统铭牌的标称过滤效率。这意味着实际过程中机械通风系统不能一直保持高效率。系统维护、室外运行条件、系统泄漏等都会对系统的长期性能产生很大影响。

在长期调研的机械住户样本中，超过 80％的住户系统甚至会出现负效率运行状态。这意味着机械通风系统不仅不会有效去除室外污染物，还可能引入室外颗粒物，造成对室内的二次污染。如图 6-17 所示，大部分监测住户的机械通风系统都出现过送风口处 PM2.5 浓度高于室外 PM2.5 浓度的时刻，这表示机械通风系统会将室外粒子带入房间，对室内空气质量产生负面影响。这是因为当室外空气清洁时，清洁的空气通过过滤器会带走部分以前积攒在过滤器中的污染物，形成对新风的二次污染。机械通风系统中的过滤器不可能实现天天清洗，因此过滤器集灰和二次污染是不可避免的。此外，进入机械通风系统中的室外空气中的污染物从大粒径颗粒（PM10）到小粒径颗粒（PM2.5）都存在，一个大颗粒粉尘的体积可以是一个小颗粒粉尘的数百倍。用一种滤料，通过一种过滤方式在这种情况下就只能对大颗粒有效，而对小颗粒效果不大。然而大颗粒在室内会靠沉降作用自然消减的，真正危害大的是微小颗粒。这需要用不同的过滤原理去除，并且这种原理在大颗粒存在时效果不会太好。这样看来，机械通风方式靠过滤器进行全面过滤并不是解决室外空气污染的好措施。室外严重污染时，它消除微颗粒的能力并不强，室外干净时它又造成二次污染。很多安装了新风系统的家庭，同时又购置了室内空气净化器，也是上面问题的一个体现。

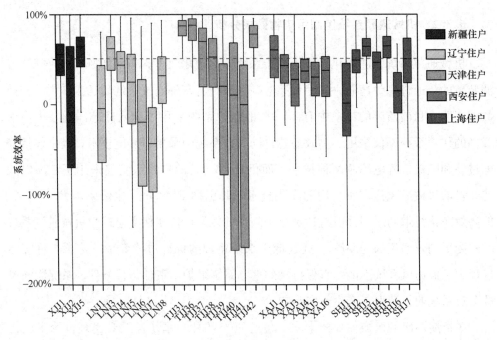

图 6-17    住宅机械通风系统效率实测情况

# 6.4    我国未来如何发展住宅通风

室内外通风换气,对营造室内环境有重要作用。通过通风换气可以排除室内人员等释放的臭味、$CO_2$,也可以排除室内家具、物品产生的 VOC 等污染物,因此自古以来,屋子要通风换气,是一辈一辈传下来的习惯。但是当室外污染严重、出现沙尘暴、雾霾、PM2.5 超标时,引入室外空气就加剧了这些污染物对室内的污染。因此,通风换气对室内空气质量具有两重性:可以排除室内污染,又在室外出现严重污染时引入室外污染。由于自然通风会引入室外大气污染物,一些人员开始主张发展针对住宅的机械通风。那么,究竟是保持原有的自然通风,还是大面积推广机械通风?

主张机械通风的理由之一是机械通风可以直接过滤空气中的 PM2.5,并给住宅充足的洁净空气。然而,实际运行条件下是这样吗?首先,之前实测数据表明,机械通风系统的实际风量往往低于标称风量。这就导致住宅实际通风量不足。其次,调研结果也表明机械通风系统实际使用过程中其系统平均 PM2.5 过滤效率约为 50%，无法有效去除雾霾时的室外大气污染物，而当室外空气洁净时，有给室内造成二次污染的风险。造成这些结果的原因之一是实际使用过程中，住户对机械通风系统的维护不足。机械通风系统中的一个关键部件为 PM2.5 滤芯，为了保证滤芯的使用效果，需要定期清洗或更换。但是，由于清洁麻烦、更换花费高等因素，实际使用过程中往往无法保证对机械通风系统良好的维护。再来看自然通风方式。为了改善室内污染现象，可以在室内布置空气净化器，也就是让部分室内空气经过空气净化器中的过滤器滤除部分污染物，然后再放回到室内，由此实现对室内空气的循环过滤。由于大颗粒在室内的自沉降作用，这时进入到空气净化器的主要是微小颗粒，由此就可以采用消除小颗粒的过滤原理和滤料。此时空气净化器的功能是捕捉室内微颗粒，而不是一次性过滤微颗粒，因此并不追求一次过滤的效率。只要能不断地从空气中捕捉污染物，空气就会逐渐净化。这就不同于安装在机械通风系统中的过滤器，如果污染物从过滤器逃脱而进入室内，它就再无机会被捕捉。相比机械通风系统中的过滤器，空气净化器中的过滤器灰尘积攒的少（因为主要是微颗粒），这就使得净化效果更好。与机械通风方式更重要的差别是：空气净化器由使用者管理，当他觉得室内干净时，就不会开启，而只有他觉得有必要净化时才会开启空气净化器。这样，很少有二次污染的可能。此时，使用者同样还会管理外窗的开闭。当室外出现重度污染时，使用者很少可能去尝试开窗，而当室外空气清洁、舒适宜人时，才是使用者开窗换气的时候。这样，无论是针对室外的颗粒污染还是针对室内的各类污染源污染，由使用者掌管的开窗通风换气和空气净化器方式都可以获得比机械通风加过滤器方式更好的室内空气质量。同时，实测结果也表明，使用空气净化器的住宅的 I/O 比明显低于使用机械通风系统的住宅，说明空气净化器在实际运行条件下也有更好的 PM2.5 净化能力。

另一方面，自然通风可以带来很大的新风量。只要窗户开启面积够大，自然通风量足以去除室内污染物。通过空气质量调研可知，我国住宅需要一定的新风量来保证室内空气洁净。同时，对于住宅来说，室内人员出于能源费用、室内舒适性等角度考虑，会通过调节窗户开启程度来避免过大的通风量。因此，不需要过于担心住宅通风量过大。在进行住宅设计和运行维护时，应当更加关心住宅所需的最小通风量是否能够满足。室内人员在日常生活中对室内空气质量难以感知，容易出于舒适性的角度长时间关闭窗户，导致通风量不足。对于这种情况，应当采取一些措施补充通风量。对于住宅来说，不需要通过机械通风系统来严格控制通风量，可以让住宅的通风量在一定范围内波动。因此，保留自然通风，推广空气净化器使用是较为适合我国国情的通风净化措施。对于严寒和寒冷地区的冬季，经常由于门窗关闭导致新风不足，可以采取机械通风来补充新风。

由于提高气密性是建筑节能的一个重要途径，欧洲一些国家提出了被动房概念，最大程度降低房屋漏风量，采用机械通风系统进行小风量通风以降低能耗。但是，这一理念在我国并不适用。首先，我国由于人口较多，人居住宅面积较小，住宅室内装修强度相对较高，仅依靠机械通风去除室内污染物则需要相对较大的风量，导致通风能耗增加。对比而言，开窗通风能很容易获得较大通风量，因此通过开窗通风去除室内污染物则是更为经济合理的通风方式。其次，大部分被动房采用机械通风系统进行小风量通风。这实际上与通过渗透进入室内的新风没有很大区别，反而将极大地提高我国住宅的建设和运行成本。最后，从前面室内空气质量测试结果可以看出，由于北方住宅气密性要求较高，已经导致不少住宅室内污染物浓度超标，因此，不断地提高气密性无疑会影响居民的身体健康。尤其对于严寒和寒冷地区的冬季，由于室外温度较低，居民开窗通风时间较少，更加需要适当的通过渗透进入室内的新风，在一定程度净化室内空气。因此，将住宅气密性设计在一个合理水平是较为合理的设计思想。

总而言之，在通风设计时，应采取以人为本，共性个需共存的设计原则，实现空气品质、节能、室内舒适性多赢目标。不可片面追求节能而不断提高住宅气密性，应当保持基本的渗透通风以保证基本的通风量。保证基本通风量基础上，个人通风喜好应该鼓励，按需按喜好的个性化通风住宅要追求灵活便捷可调控的通风，不能剥夺使用者对新风的控制能力和个性化需求的满足，定量化通风不是智能变风量通风。就此观之，自然通风不是穷人思维，而是智慧行为，它满足了老百姓长期以来的开窗习惯，增加室内人员与自然环境的亲近感，符合生态建筑设计理念。

对于未来自然通风的发展，还有哪些地方需要改进？首先，近年来，随着生态环境部先后出台的"大气十条""蓝天保卫战"等环保条例，我国的城镇大气环境质量得到了显著提升。随着室外大气环境的改善，建筑通风所面对的问题不再是室外污染严重、室内人为污染严重的"内忧外患",而是逐渐偏向"内忧"。在此背景下,应高度关注并发展厨房、卫生间专用通风净化设备,解决住宅室内的关键节点通风及空气品质问题。另外,应当发展带有净化功能的自然通风技术,如带有PM2.5过滤功能的纳米纤维纱窗[8],在自然通风的同时实现一定的PM2.5过滤效果。同时,可以结合物联网和人工智能技术,开发针对住宅室内空气质量预测模型[9]及净化设备智能控制模型[10],实现净化设备的智能化运行。对于某些特定地区、特定使用者自然通风不足,要发展就近取新风的无风道新风机[11]、自然通风调节器等低阻力新型智能型通风系统,结合非全时空机械通风策略[12,13],实现住宅通风净化设备的智能控制。

# 6.5 住宅内预防传染病传播措施

## 6.5.1 住宅内传染病来源途径

(1)住宅环境与其他建筑环境的不同

住宅环境是私人空间环境,与办公建筑、学校教室、各类场馆建筑以及公共交通工具内部空间环境不同。后者基本是多人员聚集环境,很可能存在潜在的感染病人,而住宅环境人员固定且少,根据 2018 年《全国人口和就业统计年鉴》,我国各地区平均每户人数 3.08 人,各个地区市平均每户人数 2.98 人。因此住宅需要关注的是外部来源途径,如下所述。

(2)住宅环境的传染病来源 3 个可能途径

首先明确,本文讨论的是住宅环境如何预防外来的感染源,并不针对住宅内部已有感染者的情形,因为一旦有感染者,就已经隔离就医,不在本文讨论范围之列。

1)冷链运输的冷冻食品或者快递:大部分病毒在低温下都能存活更久,据有关研究显示:塑料、不锈钢表面新冠病毒的存活时间为 2~3 天。且冷链是非常复杂的物流体系,牵涉的人员众多,尤其在国外疫情严重的形势下,进口冷链运输是一个较高风险的传播途径。如果气温下降,一些国内外有风险地区运送过来的快递在低温环境下也产生了类似冷链运输传播效果。

疾控专家表示，市民接收来自有风险地区的快递时需戴好口罩、手套，与快递员保持1m社交距离；收到包裹后，用含酒精的湿布湿纸擦拭外包装，处理完包裹以后要洗手，不能直接用接触包裹的手去做抠鼻子、揉眼睛等动作，若是不急需，可以将包裹放置在阳台通风处，过几天再处理。快递员在作业过程中，要做好个人防护，戴口罩、手套，保持1m的社交距离，注意手部卫生，在下班以后一定要洗手。因此只要注意手卫生，还是可以安全的购物。

2）来访人员：人员从外面进入到室内有可能带来病毒污染，比如已有研究在人的鞋底检测到新冠病毒（比如下雨造成下水道水外溢，在外行走鞋底接触到污染的地面）。因此一方面疫情期间出门回家后应该将外套和鞋脱下放在门口避免带入室外的污染；另一方面应尽量避免外来人员来访家中，如有不可避免的和外来人员来访，应减少聚集时间，并保持足够的距离（2～2.5m）。

3）邻居存在潜在的感染者通过户间相连的管道系统：①卫生间排水系统。②厨房共用的排烟道等的传播，这些是预防的重点。

对于冷链传播和来访人员的传播，可能的传播源头明确且容易控制，按上述方法即可保证安全。而对于住宅内各种相连的管道的病毒传播，相比而言更为复杂，也同样需要重视。

### 6.5.2 预防传染病户间传染

(1) 大气的安全性

大气可能包含其中的病毒气溶胶，但其具有足够的稀释/清洁能力，新冠病毒在空气中存活的时间只有3h。根据疫情期间（2020年2月16日～2020年3月14日）对武汉室外空气中的病毒检测结果发现，在住宅和公共区域周边大气空气中没有检测到的病毒，仅有在距医院住院和门诊部10m左右的室外空气中检测到新冠病毒（650～8920拷贝数/m³）。而根据意大利对不同城市新冠确诊病例数与大气中病毒含量的关系研究结果，最不利的情况下，当有10万确诊病例的时候，大气中的病毒含量也仅有0.2拷贝数/m³（1m³空气中只有0.2个病毒），相比新冠病毒确诊患者呼出气的$10^5$～$10^7$拷贝数/m³，几乎可以忽略（约为新冠病毒确诊患者呼出气的五十万分之一）。因此对于大部分周围没有新冠病例收纳医院的住宅而言，引入大气进入室内是安全的，也无需对引入的室外空气进行消毒。

（2）卫生间的防控措施

在下水道等生活污水的排水系统环境样本中检测到了新冠病毒，排水系统因此可能会造成新冠病毒的传播，如图 6-18 所示。在住宅环境中，马桶、洗手盆、浴缸和地漏等排水口是需要注意的关键点，有些住宅设计为直立式污水管，会通过连接收集同一栋楼所有楼层同号数住宅的污水。排水系统一般都设置有 U 形存水弯来防止排水系统中的气体进入室内，但 U 形存水弯可能会因为干涸而不能发挥隔气的作用，从而使得病毒可能在不同楼层间传播。因此，卫生间应注意：

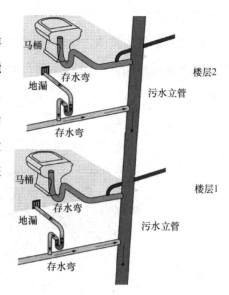

图 6-18　生活污水排水系统示意图

1）马桶盖随时盖上，使用后盖上盖再冲水；

2）保证地漏、洗手池、马桶等存水弯有存水，经常性补水；

3）可用稀释的消毒水注入排水口，补充存水弯的存水；

4）卫生间排风时，尤其要注意不易排风量过大（负压太大），且确认存水弯有水。

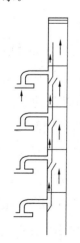

图 6-19　常见的集中排烟道形式

（3）厨房的防控措施

自 20 世纪 90 年代以来，随着高层住宅建筑的发展，采用集中排烟道进行厨房排烟取得了建筑和通风专家的一致认可。它是将每层住户的厨房油烟通过抽油烟机搜集在公共排烟管道中，再经由屋顶统一排出。但这种方式经常出现排烟不畅、排气不均、烟气倒灌、串味等问题，增大病毒在不同楼层间传播的风险，如图 6-19 所示。

这是由于抽油烟机和排风扇大多数都是由住户自行装设，一旦运行，将改变风道的空气动力特性，由负压状态变为正压状态，排风可能会通过公共管道进入毗邻住宅未开排风扇或者排风扇密闭性能不好的厨房。如果个别厨房未装排风扇，则串风的情况将更加严重。

因此对于住宅整体建设来说，建议采用变压式、主副式共用烟道，并在烟道口加装下垂式止回阀。而对于单户家庭，最重要的是保证烟机自身带有排烟止逆阀。

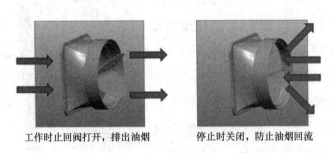

工作时止回阀打开，排出油烟　　　　停止时关闭，防止油烟回流

图 6-20　止回阀工作原理

值得注意的是，现在家庭安装厨房抽油烟机，都知道在抽油烟机出口与烟道之间设置止回阀，如图 6-20 所示，为什么烟道还会倒灌呢？其实问题就出在止回阀上。一方面用户选取的厨房排烟止回阀，往往都是由塑料等轻质材料制成的简易制品，本身不具承压能力且不严密；另一方面止回阀都采用重力自垂复位或微弹力回弹复位等逆止形式，使用一段时间后，粘腻的油垢使阀叶复不了位，止回阀就失效了，需要定期更换。

（4）特殊情况

对于高密度住宅小区，极少数个案表明病毒传播风险与感染者的分布和楼层之间的气流流向以及小区风速场存在一定联系。2003 年 SARS 爆发的香港淘大花园案例中，由于当时处于 2～5 月，（当地温度为 20～25℃，平均室外风速不大于 3m/s），住户基本采用开窗来实现自然通风，由浮升力引起的不同楼层同侧窗户之间的排风和进风的串联效应可以引起污染物的级联传播，约有 5% 的下层排风会进入上层。具体的跨户传播会同时受热压、风压以及建筑朝向的影响。

因此，若处于高密度高层住宅且邻里中已有确诊患者，其他住宅的居民可根据环境条件造成的主要矛盾来选取相应的措施，降低病毒跨户传播的概率。在春夏之季，跨户传播受室外风向影响较大，建议居民打开各自的排气扇或者整栋楼的中央排气系统；而在寒冷季节，建筑内部的竖直通道内形成"烟囱效应"影响逐渐变大，建议居民通过不时地打开外窗来加强室内自然通风，以达到净化室内空气的效果。

## 本章参考文献

［1］　Lai D，Jia S，Qi Y，et al. Window-opening behavior in Chinese residential buildings across different climate zones［J］. Building & Environment，2018，142：234-243.

［2］　Liu J，Dai X，Li X，et al. Indoor air quality and occupants′ventilation habits in China：Seasonal measurement and long-term monitoring［J］. Building & Environment，2018：119-129.

［3］　WHO. WHO Air Quality Guidelines for Particulate Matter，Ozone，Nitrogen Dioxide and Sulfur Dioxide. Global Update 2005. Summary of Risk Assessment［M］. Global Update Summary of Risk Assessment，2006.

［4］　国家质量监督检验检疫总局，中国国家标准化管理委员会. GB 3095—2012. 环境空气质量标准［S］. 北京：中国环境科学出版社，2012.

［5］　Dai X，Liu J，Li X，et al. Long-term monitoring of indoor $CO_2$ and PM2.5 in Chinese homes：Concentrations and their relationships with outdoor environments［J］. Building and Environment，2018，144：238-247.

［6］　Pei J，C Dong，Liu J. Operating behavior and corresponding performance of portable air cleaners in residential buildings，China［J］. Building and Environment，2019，147：473-481.

［7］　Zhou N，Khanna N，Feng W，et al. Scenarios of energy efficiency and $CO_2$ emissions reduction potential in the buildings sector in China to year 2050［J］. Nature Energy，2018.

［8］　Xia T，Bian Y，Shi S，et al. Influence of nanofiber window screens on indoor PM2.5 of outdoor origin and ventilation rate：An experimental and modeling study［J］. Building Simulation，2020，13(3).

［9］　Dai X，Liu J，Zhang X，et al. An artificial neural network model using outdoor environmental parameters and residential building characteristics for predicting the nighttime natural ventilation effect［J］. Building and Environment，2019，159：106139.1-106139.10.

［10］　Nam，KiJeon. A proactive energy-efficient optimal ventilation system using artificial intelligent techniques under outdoor air quality conditions［J］. Applied Energy 266（2020）：114893.

［11］　Li J，Hou Y，Liu J，et al. Window purifying ventilator using a cross-flow fan：Simulation and optimization［J］. Building Simulation，2016，9(4)：481-488.

[12]  Ai Z T, Mak C M. Short-term mechanical ventilation of air-conditioned residential buildings: A general design framework and guidelines[J]. Building & Environment, 2016, 108: 12-22.

[13]  Sherman M H, Walker I S. Meeting residential ventilation standards through dynamic control of ventilation systems[J]. Energy & Buildings, 2011, 43(8): 1904-1912.

# 第7章 住宅建筑的用电模式畅想

## 7.1 住宅建筑用能电气化

建筑电气化与电源清洁化相辅相成，分别可以减少建筑的直流碳排放和间接碳排放，对于促进城市低碳发展有积极作用。城镇住宅（不含北方供暖）消耗了建筑用能总量的四分之一，推进城镇住宅的电气化发展也是建筑低碳发展的重要工作。目前，城镇住宅中的生活热水、炊事和南方供暖这三类用热需求还依赖于相当一部分的非电能源供给。当前按照发电煤耗法算，城镇住宅（不含北方供暖能耗）的电气化率仅为60%，如图7-1所示。未来预测为了满足2℃温升乃至于碳中和的要求，在电源侧高度清洁化的同时城镇住宅（不含北方供暖能耗）电气化率也至少要提高到95%以上❶，如图7-2所示。因此城镇住宅电气化进程还需加速，而生活热水、炊事和南方供暖则是关键环节，本节内容将围绕着这三者展开。

### 7.1.1 生活热水电气化

居民生活中在洗澡、盥洗、洗衣、厨房用热水（洗菜、清洁餐具等）以及打扫卫生等活动中都可能用到热水。目前，洗澡是生活热水最主要的用途，不同人的使用频率从一天2次到三天或者更长时间1次，洗澡时间可以从5min一次到40min一次，不同人平均每日用热水的差异可以到10倍以上。通过实际工程案例调研发现居民洗浴热水用量集中在平均每人每天20～40L。未来，随着人们生活水平提高，热水的用途也会不断丰富，而热水用途增加也意味着热水用量增加，乃至热水供应时间也随之沿程。例如，当厨房清洗过程中也需要热水时，除了洗澡时段外，准备三餐的时候也需要。如果未来城镇住宅生活热水的用水量达到平均每天每人

---

❶ 深圳市建筑科学研究院股份有限公司.《建筑电气化及其驱动的城市能源转型路径》。

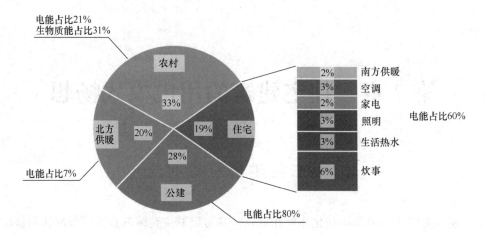

图 7-1  我国建筑电气化现状（发电煤耗法，2015 年）

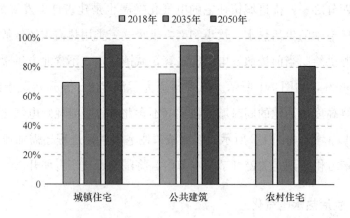

图 7-2  建筑电气化率发展预测（满足 2℃情景，不含北方供暖）

40L，则未来城镇生活热水的需求就会超过 19 亿 GJ，相当于 680 亿 m³ 的天然气。无论是从缓解气源紧缺还是减少碳排放的角度看，还是从推进生活热水电气化都很重要。

　　城镇住宅生活热水的热源主要分为电、燃气和太阳能三种，而系统形式分为家用热水器和集中热水系统两种。其中家用电热水器和家用燃气热水器是最主要热水供应方式，其次为太阳能热水器、太阳能集中热水系统和燃气集中热水系统。近年来随着节能理念逐步推广，太阳能热水器和太阳能集中热水系统在居民生活热水供应方式中的比例有升高趋势。那么，未来解决城市居民生活热水为什么是电而不是太阳能和燃气？

（1）太阳能生活热水系统的挑战

首先，太阳能系统在 24h 保证热水的建设模式下，热水循环不间断导致散热损失。若为集中式热水系统，系统热损高造成的热量损失在非太阳辐照高峰时段用水需依靠大量辅助加热，增加了系统用能成本，无法充分发挥太阳能替代常规能源优势，系统"两进两出"热量平衡如图 7-3 所示。通过对数十个集中式热水系统运行实测数据显示，集中热水系普遍存在热损大的问题，超过一半的案例热损比超过 60%，太阳能有效利用率不到 30%；若为分散阳台壁挂式系统，虽管路有所减少，但储存热水需设置一定容量水箱，用户介意水箱占据空间而不愿意采用这一系统的情况比例较高，尤其是在住宅价格较高的城镇问题更为明显。

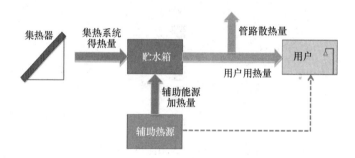

图 7-3　太阳能热水系统热量平衡关系图

其次，太阳能系统集热高峰与居民用水高峰不匹配。现阶段居民用热水呈现"M"形高峰，而太阳能系统集热在 24h 内呈现倒"V"形，与用热不匹配。同时，冬季居民用热与太阳能系统集热也存在季节不匹配，如图 7-4 所示。

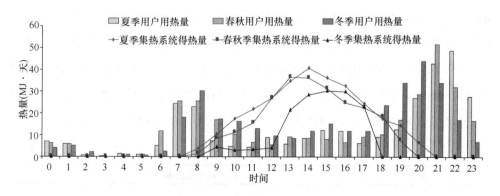

图 7-4　太阳能热水系统集热与用热逐时规律

由此，太阳能生活热水系统更适宜在必须保障 24h 热水的建筑，以及用热水时间集中、用热水负荷集中的场景，如宾馆酒店建筑、学校集中浴室、医院及游泳馆等。如图 7-5 所示为某高校学生宿舍集中浴室太阳能热水系统 2017 年 10 月—2018年 9 月实测参数，由图 7-5 可知除寒暑假外，该系统平均系统热损比为 0.48，太阳能有效利用率达 70% 以上。

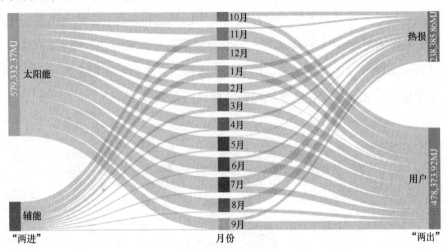

图 7-5　某高校集中浴室太阳能热水系统运行效果

（2）不同能源的热水成本

生活热水电气化的一个关键问题是电热水器的经济性如何。对于家用燃气热水器，按照 85% 的热效率和 4 元/m³ 的天然气价格算，将热水从 10℃ 加热到 45℃ 的能源成本是 20 元每吨热水；对于家用电热水器，按照 95% 的热效率和 0.5 元/kWh 的电价算，将热水从 10℃ 加热到 45℃ 的能源成本是 21 元每吨热水，如表 7-1 所示。也就是说当燃气的价格在 4 元左右时，电热水器和燃气热水器的使用成本基本相同，若考虑投资费用，电热水器的综合吨热水成本往往低于燃气热水器的综合吨热水成本。此外，未来带有蓄热能力的电热水器可以成为电力系统的灵活性资源，在峰谷电价或者电力市场等政策的支持下可能获得低电价，优势更为明显。

不同能源生活热水成本　　　　　　　　　　　　　　　　表 7-1

| 类型 | 吨热水成本（元/t） | |
| --- | --- | --- |
| 燃气热水器 | 气价 4 元/m³ 时 | 20 |
| 电热水器 | 电价 0.5 元/kWh 时 | 21 |
|  | 居民峰谷电价，0.3 元/kWh 时 | 12.6 |

（3）用户体验感

生活热水电气化的一个关键问题是电热水器能否保证用户的体验感不降低。调研发现，如图 7-6 所示，在家用热水器中，电热水器的温度适宜性满意度最高，有71.6％的居民感到很舒适，燃气热水器和太阳能热水器的水温满意度分别是65.9％和 61.8％；使用太阳能热水器的用户中有 5.9％的用户表示存在水温偏冷的情况，而该问题在使用燃气热水器和电热水器的用户中并没有收到反馈。在水温稳定性上，电热水器的表现也比较突出，认为不稳定的用户不到 5％，而反映水温不稳定的燃气热水器用户比例超过 10％，太阳能的甚至超过 25％。在用水等待时间上，主要区别在家用热水器和集中热水系统之间，整体来看集中热水系统的用水等待更长，有 88％的受访用户表示需要放一些温度不够的热水才会有热水，平均等待时间约 1.5min，而这在家用热水系统用户中约 1min。当然，由于电热水器受限于功率，在蓄热水箱容量有限、无法一次满足多人次的用水总量需求的情况下，可能会产生间隔等待时间而导致用户体验感下降，但该问题可以通过增大蓄水箱容量来解决。综合来看使用电热水器并不会显著降低用户的使用体验，甚至温度适宜性、温度稳定性等方面有一定优势。

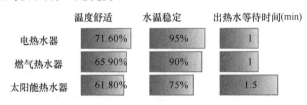

图 7-6　用户体验调查

生活热水电气化对于国家是实现碳中和目标的重要技术策略；对于学者，是提高系统效率的有效手段；对于老百姓，是便捷、舒适且经济的热水获取方式。太阳能光伏直驱的电热水器（或空气源热泵热水机），未来作为负荷迁移和调节的重要手段，对于解决可再生能源消纳、提高电力系统的灵活性和可靠性，将发挥重要的作用。

### 7.1.2　住宅炊事电气化

随着人们生活水平的提高，厨房设备的数量正在变得越来越丰富，而其中绝大多数的新型炊事用具都是电炊具。电饭煲、电热水壶、微波炉、电冰箱等较早出现的厨用电器目前已经普及了千家万户，而一些满足人们多样化炊事需求的设备如豆浆机、榨汁机、电火锅、电烤箱等被越来越多人所使用，甚至洗碗机、炒菜机等新型智能厨用电器也开始走进人们的生活。如图 7-7 所示，通过对近 400 户家庭用户进行了电炊具拥有率的调研，发现电热水器、电饭煲、抽油烟机、电磁炉、微波炉等常见电炊具的拥有率排名靠前，均超过 30％，而拥有率在 10％以上的有 17 种。在生活节奏较快的城市，人们在家中做饭的次数较少，甚至只能作为节假日的爱好，而随着原来很多的手工操作和加热制冷工艺都逐渐被电气设备所替代，并且通过与智能化技术相结合让炊事变得更加方便和安全。智能化炊具也许会成为炊事电气化的核心驱动力。

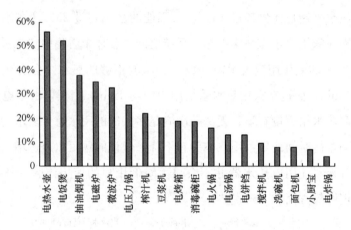

图 7-7　电炊具拥有率

虽然厨用电器层出不穷，但是燃气灶仍然是人们炒菜的首选方式。而且由于功率大和使用频率高，燃气灶所消耗的天然气和液化石油气是住宅炊事用能的主要组成部分，因此推进燃气灶的电气化是未来城镇炊事电气化的重点。而让用户乐意选择电磁炉替代燃气灶的关键又在于使用体验和效率价格。

（1）用户使用体验

安全、环保、便捷是电炊具在使用体验中的明显优势。通过电能彻底替代厨房的天然气和煤气，排除了爆炸、起火、泄漏中毒等安全隐患。在环保方面，每燃烧 $1m^3$ 的天然气会产生 $12m^3$ 的一氧化碳、二氧化碳、氮氧化物等气体污染物；而电炊具的加热原理不需要氧气，室内无废气产生，在未来高比例可再生电力能源结构下也没有直接和间接碳来源。另外，电磁炉插电即可使用，比燃气灶在移动性和便捷性上更优。然而，中国的老百姓宁可使用相对不安全的天然气，也不常用电磁炉，主要原因是用户普遍反映电磁炉加热功率小和没有明火爆炒的功能。

在功率方面，根据市场产品调研，目前家用燃气炉的热负荷一般在 5kW 左右，能效能级普遍为一级 63% 以上，因此实际加热食物的功率约 3.15kW；很多家用电磁炉的功率为 2.2kW，且三级能效居多，其加热食物的功率约 1.9kW。当前市场上电磁炉功率小于常规燃气灶是导致很多用户觉得电磁炉的炒菜体验不如燃气灶的主要原因。但是，应该注意到大功率电磁炉技术正在发展成熟，目前市场上已经能够找到不少大功率的电磁炉产品，例如 3.5kW 的电磁炉按照三级能效计算其加热食物的功率达 3kW，跟家用燃气灶的功率接近。目前有些商用电磁炉的功率甚至可达数十千瓦。

在明火爆炒方面，电磁炉通过高速变化的电磁场产生热能，中间温度特别高、四周温度很低，因此导致中间易糊、四周不热的加热不均匀现象，令人感觉炒菜是焖熟的，不能爆炒。电磁炉发明了 20 年，在中国取代天然气炉的步伐缓慢，很重要一个原因就是没有明火爆炒的功能，炒出来的菜不适合东方人的口味；相反，电磁炉在欧美国家普及率更高。电焰炉是能够实现明火炒菜的技术之一，目前在市面上也能找到相关产品，如图 7-8 所示。其电弧火焰的温度高达 1200℃（天然气 600℃左右），炒菜时间短，熟得快，不破坏食材的纤维结构，营养物质、水分等不容易流失，保持食材的原汁原味。

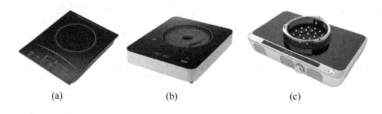

(a)            (b)            (c)

图 7-8  典型电加热灶具

(a) 电磁炉；(b) 电陶炉；(c) 电焰炉

（2）能效和经济性

如果分别按照 4 元/m³ 的燃气价格和 0.5 元/kWh 的电价算，单位热值的电费比燃气费用贵 20%；但是电磁炉在热效率上有明显优势，按目前产品中普遍达到的电磁炉三级能效为 86%，而燃气灶一级能效为 63%，因此满足同样加热量所需的电量热值仅为燃气热值的 73%，所以综合来看电磁炉的能源成本比燃气灶还低 12%，如表 7-2 所示。未来随着电磁炉热效率的提升和天然气成本的升高，电磁炉的节能和经济优势会愈发明显。

市面上的燃气灶和电磁炉产品参数                                         表 7-2

|  | 产品 | 单灶热负荷 | 额定热效率/能效等级 | 价格 |
|---|---|---|---|---|
| 燃气灶 | A1（双灶） | 4.2kW | 63%/一级 | 450 |
|  | A2（双灶） | 4.5kW | 63%/一级 | 538 |
|  | A3（双灶） | 5kW | 63%/一级 | 549 |
| 电磁炉 | B1（单灶） | 2.2kW | 86%/三级 | 169 |
|  | B2（单灶） | 3.5kW | 86%/三级 | 398 |
|  | B3（双灶） | 2.1kW | 86%/三级 | 1279 |

总而言之，电磁炉在控制精度、安全性、智能化、热效率等方面的明显优势，同时符合清洁化和低碳化的发展理念，随着技术发展和炒菜体验的不断改善，电磁炉、电陶炉、电焰炉等电炊具设备将会被更多用户所接受。

### 7.1.3　南方供暖电气化

近几年来南方供暖一直是社会关注的焦点话题。尤其在长江流域，冬季气候湿冷，居住建筑室内温度有时不足 10℃。目前绝大多数长江流域住宅中都装有各种各样的分散供暖装置，如热泵式空调、燃气壁挂炉、各种辐射或对流型电暖气，以及电热毯等。这些装置都根据室内温度状况和有人与否按照部分时间、部分空间的方式运行，每个供暖装置冬季的平均开启率不超过 10%。而在这样的供暖方式和运行模式下，室内有人时的室温多在 14～18℃，无人时房间温度可降到 10℃以下。

随着人们生活水平的提升，人们对于室内环境的改善需求越发迫切。为此，起初有些地方政府就计划发展燃气集中供暖和冷热电三联供系统。然而，这些系统在长江流域实际应用中会面临能耗增加和经济性不佳两方面问题。

（1）供热时间短，经济性不佳

长江流域冬季持续时间不长。按照《民用建筑热工设计规范》GB 50176—2016，上海、武汉、重庆等长江流域城市的度日数分别是 1540℃·d、1501℃·d、1089℃·d，远远小于北京、天津等寒冷地区城市的 2699℃·d 和 2743℃·d，更不用说哈尔滨、长春等严寒地区城市的 5032℃·d 和 4642℃·d，如图 7-9 所示。而集中供热系统热源及管网的投资巨大，必须依赖于长时间的经济运行才能回收成本。而且由于能耗大幅增加，习惯了节俭生活方式的用户不一定有很大比例愿意支付高额的供热费用，导致集中供热系统的普及率不高。所以在南方方法集中供热系统尤其是大型集中供热系统经济性不佳乃至供热亏损，而且与未来我国能源结构调整战略也不相符。

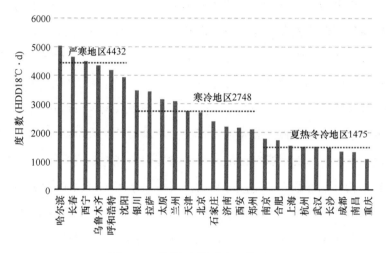

图 7-9    不同城市供暖度日数对比

（2）增加输配损失和过量供热，增加能耗

首先，集中供热系统需要建设小区庭院管网乃至城市供热管网，如果参照北方集中供热系统，集中供热管网输配过程的热损失达到了总热量的 12%，而且其中的绝大部分热损失发生在小区内的庭院管网。其次，长江流域室内外温差仍远小于北方，这会导致一天内不同房间朝向、不同室内人员与设备数量等因素造成不同房间不同建筑间的热需求不同步。如果缺乏调节手段或缺乏能够促进人们主动节能的热价机制，就势必会造成过量供热现象，从而大幅提高能耗。最后，长江流域居民有着与北方居民不同的衣着习惯及开窗方式，由于室内外温差不大，这一带居民室内外更衣现象不多，在室内仍穿毛衣等御寒衣物。并且绝大多数家庭有开窗的习惯，每天开窗通风换气的时间超过 8h。改为集中供热不仅会改变节能的生活习惯，还会由于通风换气量太大且围护结构保温水平不佳等问题大幅增加耗热量。综合来看，燃气集中供热系统所消耗的燃气量将远大于分散燃气系统。

南方供暖电气化的最佳方式应该是分室或分户的空气源热泵，这种方式的能效比电热方式高，同时没有集中供热系统的输配损失和过量供热现象，因此是最为节能的电供暖方式。在北方"煤改电"工作中，大量农户就采用了空气源热风机方式，其运行可靠性和供热效果都得到了检验。南方用户普遍反映传统空调用作冬季供热房间温度仍然不理想，其原因主要有几方面，其一是冬季压缩机工况与夏季不同，需要对压缩机做优化，其二是冬季室外机存在化霜问题降低了制热量，其三传统空调的室内机采用上送风的方式存在上热下冷的现象，其四围护结构性能有待加强尤其是门窗气密性待提高。冬季效率提升、化霜和改善气流组织这些问题可通过热泵技术的发展解决。参考北方的空气源热风机技术，其低温制热性能良好，在室外7℃的工况下 COP 能达到3.1，在室外−20℃的工况下 COP 仍能达到1.95，远高于传统空气源热泵；而且室内机落地安装，并采用双出风口形式改善室内气流组织，提高冬季供暖的舒适性，其中室内机的上出风口针对人员活动区域，实现快速供热和制冷，下出风口针对脚踝区域，冬天时能够实现地暖式供暖。通过技术优化和房屋围护结构性能加强，分室或分户的空气源热泵完全可以满足南方供暖用户的舒适性需求和节能需求。当然，对于供暖需求较小的用户各种各样的电供暖设备仍然值得考虑，而对于冬季供暖需求普遍而且冬夏冷热量较为平衡的小区也可因地制宜地考虑地源热泵等其他形式的电供暖系统，满足多样化的用户需求。

值得注意的是南方供暖电气化对于电网的挑战。今年冬天低温寒流频频来袭，湖南、江西等地区的电力负荷快速攀升，湖南省发展改革委发布了关于启动2020年全省迎峰度冬有序用电的紧急通知，浙江等很多其他南方地区的电网也面临着紧张的电力供需关系。未来电供暖方式的普及和炊事、生活热水的电气化，南方住宅的耗电量必然会快速增加，对南方地区的电力系统产生更大压力。如何解决电力供需矛盾、增强电力供给可靠性将会是住宅建筑电气化过程中亟待解决的问题。

## 7.2　建筑外表面资源化光伏利用

### 7.2.1　住宅建筑光伏潜力

太阳能具有能量密度低、分布分散的特点，因此分布式将成为光伏发电的重要形式。建筑屋顶以及可能接收到足够多太阳辐射的建筑垂直表面，都将成为安装太阳能光伏的最佳场所。

在进行城市规划和建筑设计时，首先需要分析分布式光伏系统利用潜力，从而帮助能源规划师做出决策。在屋顶最佳倾斜角条件下，安装分布式太阳能光伏系统的利用潜力可以通过如下公式计算：

$$E_{\text{potential}} = A_{\text{act}} \times G_{\text{optimal}} \times \eta_{\text{stc}} \times \lambda$$

其中，$E_{\text{potential}}$ 是全年光伏系统发电潜力，kWh；$A_{\text{act}}$ 是光伏系统可用面积，$\text{m}^2$；$G_{\text{optimal}}$ 是光伏组件以最佳倾斜角安装时表面接收到的太阳辐射量，$\text{kWh/m}^2$；$\eta_{\text{stc}}$ 是光伏组件在标准测试工况（STC）下的光电转换效率；$\lambda$ 是光伏系统的性能比，用于描述实际发电性能与理论发电性能之间的比值。

对于城市太阳能光伏安装潜力可以通过两种方法进行估算。第一种方法为经验公式估算方法。这种方法首先计算地面面积，然后根据建筑屋顶面积与相对应地面面积的比例，来确定建筑屋顶面积，这种方法适用于城市化程度高的地区。第二种方法为 GIS＋雷达遥感技术估算方法。通过 GIS 和雷达遥感技术确定区域内可用于安装光伏系统的屋顶面积，因此更加准确。然而这种方法需要 GIS 和雷达等数据库，我国在此方面的研究刚刚起步，加上仍处于快速的城市化进程中，城市更新和发展的速度很快，有待于结合我国的城市建设状况进行深入的研究。

截至 2018 年，我国民用建筑面积已经超过 600 亿 $\text{m}^2$，其中城镇住宅 244 亿 $\text{m}^2$。如果按照平均层高 10 层和屋顶 40％面积可用于安装光伏进行估算，可安装近 2 亿 kW 光伏系统，年发电量达 2000 亿 kWh，相当于目前城镇住宅用电量的 40％。如果再考虑建筑立面和小区其他建筑物的屋顶，住宅建筑光伏装机容量还能进一步增加，用好建筑外表面发展分布式光伏以抵消建筑外购电量将成为建筑节能的新途径。

随着光伏造价的降低，加上分布式光伏系统由于支架成本、建安费用、电网接入、屋顶租赁/加固等费用相对集中式光伏较低，2020 年晶硅分布式光伏系统的价格甚至已低于 4 元/Wp，不到 10 年前的十分之一，未来分布式光伏在建筑中应用的经济性会逐渐凸显。

### 7.2.2　分布式太阳能光伏系统

城市建筑体量大，建筑的屋顶、立面和阳台等部件都可以与光伏组件相结合，具有很大的利用潜力。而这样结合形成的建筑一体化光伏系统，既不影响建筑物的正常使用功能，又能获得电力供应，而且光伏系统在电网末端接入，从而无需对输电线路进行扩容改造，因此该系统将成为城市发展分布式光伏能源的重要方式，也将成为我国实现"3060"碳中和目标的重要途径。

（1）建筑光伏一体化系统类型与特点

如图7-10所示，光伏组件与建筑有多种结合方式，如光伏屋顶、光伏立面和光伏构件等。但是不论哪种形式都必须考虑不同立面朝向、立面倾角、日照时间、太阳辐射量等根本性影响因素。

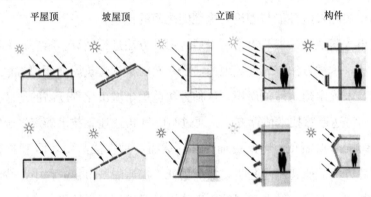

图7-10    光伏组件与建筑结合的方式❶

建筑屋顶用于光伏发电的优势尤为明显，如图7-11所示。首先，屋顶是建筑外表面中接受太阳辐射最多的地方。其次，屋顶是建筑外表面中闲置面积最大、最

图7-11    建筑屋顶光伏系统❷

❶    徐燊，黄靖. 太阳能建筑设计［M］. 北京：中国建筑工业出版社，2015.

❷    Peng JQ，Lu L，Yang HX，Han J. Investigation on the annual thermal performance of a photovoltaic wall mounted on a multi-layer façade［J］. Appl Energy. 2013；112；646-56.

完整的地方。再次，屋顶安装光伏系统不影响建筑美观。最后，光伏屋顶技术成熟，安装维修方便。采用建筑屋顶光伏系统，不仅可以产生大量的电力供给建筑使用，而且减少了太阳直射辐射得热，因此可以减少顶层空调能耗，还起到建筑节能的作用。

光伏系统还可以安装在建筑立面，形成光伏墙体系统，如图 7-12 所示。类似于屋顶光伏系统，光伏墙体系统也可以减少墙体的太阳辐射得热，从而减少建筑空调能耗。研究表明，在香港地区相比于普通南向墙体，光伏墙体夏季可以减少 51% 的热量，在冬季的白天和晚上分别可以减少 69% 和 32% 通过墙体的热量（PengJQ, et al. 2013）。另外，如果将光伏组件与墙体之间通道内的热量收集起来，还可以作为热源直接或间接的供建筑使用，进一步起到建筑节能的作用。对于光伏电站，光伏组件通常都是蓝色或黑色，而在光伏建筑一体化中，为了让光伏组件与建筑更加协调美观，彩色组件应运而生。如图 7-13 所示，种类繁多的彩色组件类型，不仅可以满足建筑美观需求，还可以根据需求定制，从而增强与建筑的协调性，满足建筑美观时尚的目的。虽然彩色光伏组件会对发电效率产生负面影响，但是对于建筑一体化光伏系统来说，除了发电效率之外，更应该考虑其他方面的评价指标。对于建筑一体化光伏系统，按照重要性排序应该是先确保系统安全性、再尽可能追求美观性和建筑的协调性、最后再兼顾发电效率提升，这是建筑一体化光伏系统与传统光伏系统的一个重要区别所在。

图 7-12　光伏墙体系统

图 7-13　彩色光伏组件

现代建筑中，玻璃幕墙由于其美观性而被大量使用，然而玻璃幕墙隔热性能较差，容易造成较高的建筑能耗。而通过将光伏电池与幕墙系统相结合，形成半透明光伏幕墙（图 7-14），则不仅可以产生电力供给建筑使用，而且可以减少进入室内的太阳辐射并控制室内眩光，从而具有良好的节能性能，受到了研究人员的广泛关注。半透明光伏窗的发电性能受太阳能电池种类、组件透过率、太阳辐照强度以及建筑朝向等因素影响。目前已经商业化的半透明光伏组件透过率在 20％～50％之间，根据透过率的不同，晶体硅、非晶硅和碲化镉半透明光伏组件的能量转换效率分别为 10％～18％、6％～9％和 8％～12％。光伏组件透过率越高，发电效率越低，太阳得热也会增加，而且透过率过高的时候，会产生眩光造成室内视觉不舒适；光伏组件透过率越低，发电性能越好，但是会影响室内采光，造成较高的照明能耗，同时也会影响组件美观和与外界的视觉交流。因此半透明光伏幕墙的设计需要综合考虑建筑需求和气象条件，从而选择合适的透过率以提高发电、传热和采光综合能效。另外，随着人们生活水平的提高，人们对建筑的要求不仅是节能，还要提高室内舒适度，因此半透明光伏幕墙对室内光环境和热环境的影响还需要进一步研究和分析。

图 7-14　半透明光伏幕墙

光伏遮阳系统

图 7-15　光伏遮阳

　　光伏组件还可以与各种建筑构件相结合，比如与遮阳系统结合形成光伏遮阳系统（图 7-15）。虽然天然采光是建筑必不可少的一部分，然而天然采光并不是越多越好，当太阳辐射太强时，建筑中需要采用遮阳系统，而光伏遮阳系统将遮挡的这部分太阳辐射利用起来，通过光伏作用转变成电力，具有良好的节能效果。太阳能光伏技术还可以与传统瓦片结合，形成光伏瓦（图 7-16）。光伏瓦不仅比传统瓦片更加美观，而且还能够源源不断地提供清洁的电能。此外，将太阳能光伏技术与车棚结合，还可以形成光伏车棚。

（2）分布式太阳能光伏引导政策

为应对气候变化，可再生能源的发电装机容量将会大幅增长。从2013年到2018年累计装机容量从不到500万kW增长到1.2亿kW。在2020年底的气候雄心峰会上，习近平主席还提出了到2030年风电、太阳能发电总装机容量将达到

图7-16　光伏瓦

12亿kW以上的发展目标。为了推动光伏应用、促进光伏产业发展，国家已陆续出台了一系列政策措施，华北地区积极响应发布了一系列政策，详见表7-3。在"政策回归市场"的大背景下，光伏已逐渐从固定上网电价走到了全面竞价的时代。

我国各地光伏补贴政策　　　　　　　　　　　　　　　表7-3

| 地区 | 相关文件 | 发布时间 | 补贴对象 | 补贴范围 | 补贴金额 | 补贴时效 |
|---|---|---|---|---|---|---|
| 北京市 | 关于进一步支持光伏发电系统推广应用的通知（京发改规〔2020〕6号） | 2020年11月 | 法人单位或个人 | 北京市范围备案，并于2020年1月1日至2021年12月31日期间采用"自发自用为主，余量上网"模式并网发电的分布式光伏发电项目 | 0.3～0.4元/kWh | 补贴期限5年 |
| 河北省 | 国家发展改革委《关于2020年光伏发电上网电价政策有关事项的通知》（发改价格〔2020〕511号） | 2020年4月 | 户用分布式光伏 | 纳入2020年财政补贴规模的 | 0.08元/kWh | |
| | | | 工商业分布式光伏 | 采用"自发自用、余量上网"模式的光伏发电项目 | 0.05元/kWh | |
| | | | | 采用"全额上网"模式的光伏发电项目 | 0.4元/kWh | |

续表

| 地区 | 相关文件 | 发布时间 | 补贴对象 | 补贴范围 | 补贴金额 | 补贴时效 |
|---|---|---|---|---|---|---|
| 广东省广州市 | 广州市发展改革委关于组织开展2020年太阳能光伏发电项目补贴资金申报工作的通知 | 2020年5月 | 装机容量补贴 | 于2020年5月31日前投产并网运行的项目（居民家庭建筑物项目除外，已享受该项补贴除外） | 0.2元/瓦，单个项目最高补贴金额为200万元 | 一次性发放 |
| | | | 发电量补贴 | 于2019年5月31日前投产并网运行的项目（项目建设居民个人或单位） | 0.15元/kWh | 对于初次享受发电量补贴项目，自并网之日起至2020年5月31日期间所发电量计算补贴金额；对于之前已享受发电量补贴项目，自2019年6月1日起至2020年5月31日期间所发电量计算补贴金额 |
| 深圳市南山区 | 2018年度第四批自主创新产业发展专项资金——绿色建筑分项资金 | 2018年10月 | 太阳能光电建设工程一体化的建设项目或分布式光伏发电工程项目 | 装机容量不小于20kWp | 8元/Wp，单个项目最高奖励不超过50万元资助 | 2018-2021 |
| 佛山市 | 《佛山市分布式光伏发电项目补助资金管理办法（2019—2020年）》 | 2020年4月 | 分布式光伏发电项目 | 2019—2020年在我市利用工业、商业、交通、公共机构、居民家庭等各类型建筑物和构筑物投资建成且符合国家、省、市光伏项目管理办法要求的分布式光伏发电项目 | 按实际发电量补助0.3元/kWh（其中市级补助0.06元/kWh、区级补助0.24元/kWh） | 自项目建成的次月1日起计算补助金额，连续补助3年 |

| 地区 | 相关文件 | 发布时间 | 补贴对象 | 补贴范围 | 补贴金额 | 补贴时效 |
|---|---|---|---|---|---|---|
| 上海市 | 关于印发《上海市可再生能源和新能源发展专项资金扶持办法（2020版）》的通知（沪发改规范〔2020〕7号） | 2020年6月 | 光伏电站项目（全额上网）<br>分布式光伏项目（自发自用、余电上网，包括户用光伏）<br>分布式光伏项目（学校光伏） | 2019—2021年投产发电的光伏项目 | 0.3元/kWh<br>0.15元/kWh<br>0.36元/kWh | 5年（2020年、2021年投产光伏项目奖励标准以2019年标准为基准分别减少1/3、2/3） |
| 香港特别行政区 | 政府与电力公司签订《管制计划协议》 | 2017年4月 | 安装≤1MW光伏系统的电力消费者 | 任何非政府机构或个人计划于其处所内安装分布式可再生能源系统，已经接驳到为该系统身处的区域供电的电力公司的电网，上网电价计划推展前已完成安装的分布式可再生能源项目也可参与收取上网电价 | 项目规模≤10kW：<br>5港币/kWh（4.361元/kWh）<br>项目规模10～200W<br>4港币/kWh（3.488元/kWh）<br>项目规模200～1MW<br>3港币/kWh（2.616元/kWh） | 在个别可再生能源系统的整个使用期内，或直至2033年底（以较早者为准），价格将每年进行审查 |

### 7.2.3　分布式太阳能光伏利用

（1）光伏发电在建筑中解决多少问题

从转化效率和经济性出发，晶硅电池仍然是目前的最佳选择，同时再考虑到光伏电池的承重要求，其又多应用于建筑屋顶，所以建筑屋顶面积决定了建筑光伏的安装容量。就住宅建筑而言，户均屋顶面积直接受建筑层数的影响，层数越多则户均分摊得到的屋顶面积越少，屋顶光伏发电量占用户用电量的比例也越小。如图7-17所示，比较夏季典型日中单位建筑面积的城市住宅小区日用电量和屋顶光伏发电量可知，对3层以下的建筑，屋顶光伏的日发电量完全可以满足住宅小区的日用电量甚至还有富余，对于10层以上的建筑屋顶光伏可以满足生活热水加热需求和公区用电需求，这两部分大约占小区总用电量的40％，而对于30层以上的高层住宅屋顶光伏仅能满足公区用电需求，占小区总用电量的15％。所以，层数越低的建筑发展屋顶光伏所产生的节能效果越明显，而且低层建筑的屋顶施工难度本身就比高层建筑低，因此经济性也将更具优势。

　　然而，高层住宅毕竟是目前新建小区的主要形式，未来如何实现它们的低碳能源供给也是关键问题。高层住宅的立面面积远大于屋顶面积，假设南立面的可安装光伏的面积比例和光伏发电效率都只有屋顶的一半，其发电量也有屋顶光伏发电量的1倍以上。通过充分利用屋顶和南立面面积，高层住宅建筑的光伏发电量可以满足建筑用电量的30％以上。而且未来随着建筑光伏一体化技术成熟和薄膜光伏电池效率提高，这一比例有望提升到50％以上。因此，用好高层住宅的立面面积资源对于其未来节能低碳发展十分重要。

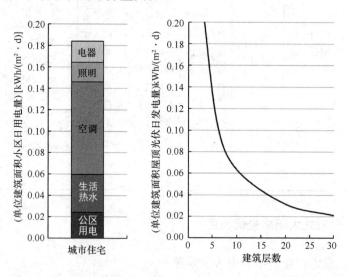

图7-17　夏季典型日单位建筑面积的城市住宅用户日用电量和
屋顶光伏日发电量（屋顶面积40％可安装光伏）

建筑光伏与用户用电的供需关系不仅要考虑总量，还要考虑负荷规律。而住宅小区的用电负荷规律往往与光伏发电负荷规律不匹配，尤其是在工作日。如图 7-18 所示，白天光伏发电量最大的时候恰恰是城市居民用户外出上班的时间段，小区用电负荷较低，而夜间太阳下山后居民回到家中才是小区用电的高峰。即使在建筑上安装足够多的光伏电池板，仍然会出现白天光伏富裕而晚上光伏不足的现象。

建筑光伏不是简单地把光伏安装在建筑外表面上，还必须与建筑中的可转移负载配合运行，充分利用好具有储蓄能力的电热水器、电动汽车以及具有延时启动功能的洗衣机、洗碗机等，甚至在有条件的情况下可以考虑配置一定容量的蓄电池转移电能。此外在建设规划设计阶段还可以考虑商住混合的社区模式，光伏发电负荷曲线与社区用电负荷曲线更加匹配，或者推出隔墙售电等灵活电价机制使住宅小区的富裕光伏电量可以为周边工商业建筑所用。

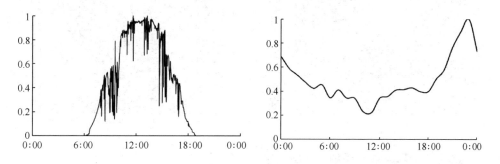

图 7-18　典型光伏日发电曲线和典型住宅小区工作日用电负荷曲线

（2）不同安装倾角对于发电量的影响

光伏组件的发电量与太阳辐射强度、太阳辐射光谱、环境温度、光伏组件温度系数等因素有关。当光伏组件的方位角和倾斜角不同时，单位面积光伏组件接收到的太阳辐射量不同，因此发电量也会有变化。我们将光伏系统年发电量与光伏系统装机容量的比值作为衡量系统发电量大小的指标，从而对不同地区、不同朝向以不同倾斜角安装的光伏系统发电潜力进行了比较。图 7-19 为采用 System Advisor Model（SAM）模拟软件并利用典型气象年数据计算得到的我国几个代表性城市光伏屋顶在不同朝向和不同倾斜角度条件下的发电量。从图 7-19 中可以看出，在哈尔滨、北京、长沙、昆明和广州等五个城市，南向光伏组件的最佳倾斜角分别为 40°、35°、25°、25° 和 20°，单位功率年发电量分别为 1359kWh/kW、1420kWh/kW、

1125kWh/kW、1464kWh/kW 和 1143kWh/kW。

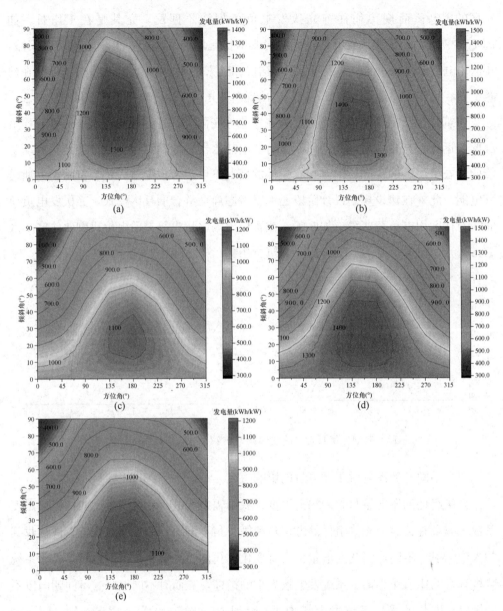

图 7-19    不同朝向和不同倾斜角下我国代表性城市年发电量分布

(a) 哈尔滨；(b) 北京；(c) 长沙；(d) 昆明；(e) 广州

当光伏组件安装倾角不同时，不仅年发电总量不同，而且每个月份的发电量分布也不同。在北京地区和广州地区，当光伏组件水平安装、南向最佳倾斜角安装和南向竖直安装时，光伏组件逐月发电量如图 7-20 和图 7-21 所示。从图 7-20 中可以看出，当光伏组件水平安装时，光伏组件在夏季的发电量较大，在冬季的发电量较小；当光伏组件以最佳倾斜角安装时，光伏组件全年发电量最大，且各月发电量较为平均；当光伏组件竖直安装时，光伏组件夏季发电量较小，而冬季发电量较大。这是由于我国位于北半球，夏季太阳高度角较高，因此水平面太阳辐射强度高，而竖直面太阳辐射强度低；冬季太阳高度角较低，因此水平面太阳辐射强度低，而竖直面太阳辐射强度高。考虑到我国南方地区夏季空调负荷较大，北方地区冬季供暖负荷较大，因此我们可以因地制宜根据负荷需求采用不同的安装方式，在实现光伏系统全年发电量最大的同时兼顾考虑光伏系统每月发电量与负荷需求的匹配性。在我国北方地区，纬度较高，最佳倾斜角也较大，光伏组件按最佳倾斜角安装相对于水平安装发电量提高较多。以北京地区为例，最佳倾斜角为 35°，光伏组件以最佳倾斜角安装是单位功率组件的年发电量为 1420kWh/kW，水平安装时单位功率组件年发电量为 1206kWh/kW，竖直安装时发电量为 946kWh/kW。结合我国北方地区冬季供暖负荷较大的特点，从逐月发电量和负荷匹配情况来看，光伏组件按最佳倾斜角安装更为合适。而在我国南方地区，纬度较低，最佳倾斜角也较低，光伏组件按最佳倾斜角安装相对于水平安装发电量提高不多。如广州地区，最佳倾斜角为 20°，光伏组件以最佳倾斜角安装时单位功率年发电量为 1143kWh/kW，水平安装时

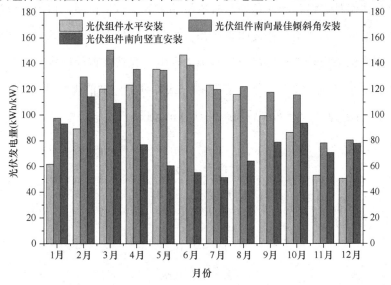

图 7-20　北京地区光伏组件不同安装方式下逐月发电量对比图

发电量为1075kWh/kW，竖直安装时发电量为607kWh/kW。结合南方地区夏季空调负荷较大的特点，从逐月发电量和负荷匹配情况来看，可以选择将光伏组件水平安装，从而达到更好的负荷匹配度。

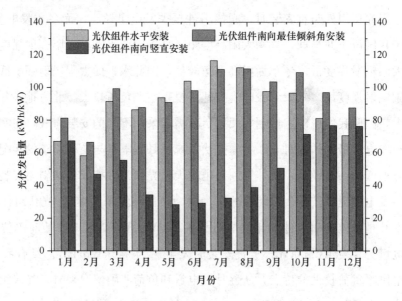

图7-21 广州地区光伏组件不同安装方式下逐月发电量对比图

（3）零度倾角和最佳倾角的辨析

虽然光伏组件以最佳倾斜角安装时单位功率的发电量最高，然而，以最佳倾斜角安装也会对后排光伏组件造成阴影遮挡。光伏阵列的布置非常重要，阵列间的距离对光伏组件的输出功率和转换效率有很大影响，光伏阵列前后排间距的一般确定原则为确保冬至日9：00至15：00，后排光伏阵列不应被前排组件遮挡。

图7-22所示为光伏阵列前后间距的计算示意图。

由图7-22可知：

$$D = L\cos\gamma$$

$$L = H/\tan\alpha$$

由图7-22可知：

$$D = L\cos\gamma$$

$$L = H/\tan\alpha$$

式中：$D$为光伏阵列相对间距，m；$L$为太阳射线在地面上的影长，m；$H$为前

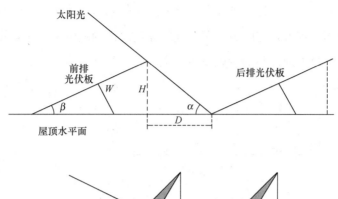

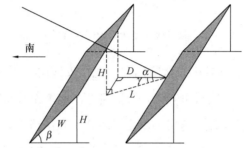

图 7-22    太阳能光伏阵列前后排间距计算示意图

排阵列最高点与地面垂直高度，m；$\alpha$ 为太阳高度角，°；$\gamma$ 为太阳方位角，°。$\alpha$、$\gamma$ 与项目所在地的纬度、赤纬角和时角等参数具有如下关系：

$$\alpha = \arcsin(\sin\varphi\sin\delta + \cos\varphi\cos\delta\cos\omega)$$

$$\gamma = \arcsin(\cos\delta\sin\omega/\cos\alpha)$$

式中：$\varphi$ 为当地纬度，°；$\delta$ 为赤纬角，°；$\omega$ 为时角，°。

以北京为例，纬度 $\varphi = 39.8°$，光伏阵列高 $H$m，则光伏阵列的间距可计算为（取 $\delta = -23.45°$，$\omega = 45°$）

$$\alpha = \arcsin(0.648\cos\varphi - 0.399\sin\varphi) = \arcsin(0.498 - 0.255) = 14.04°$$

$$\gamma = \arcsin(0.917 \times 0.707/\cos\alpha) = 42.0°$$

$$D = H\cos\gamma/\tan\alpha = 1 \times 0.743/0.25 = 2.97H_m$$

如图 7-23 所示，北京地区某光伏阵列沿水平面的长度为 $a$，光伏阵列的宽度为 $b$，光伏组件的安装倾斜角为 $\beta$，光伏阵列的高度为 $b \times \sin\beta$，光伏阵列的间距为 $2.97 \times b \times \sin\beta$，于是得到面积为 $a \times b$ 的光伏阵列的占地面积为 $a \times (b \times \cos\beta + 2.97 \times b \times \sin\beta)$，即 $a \times b(\cos\beta + 2.97 \times \sin\beta)$。将光伏组件的占地面积与光伏组件面积的比值定义为占地率，于是在某一纬度地区，光伏阵列的占地率与倾斜角有关，当倾斜角为 0 时，光伏组件水平放置，此时光伏阵列占地率为 1，而当倾斜角较大时，光伏阵列间距较大，这时虽然单位面积光伏组件的发电量最大，然而由于占地率比较大，其单位占地面积的发电量不一定大。

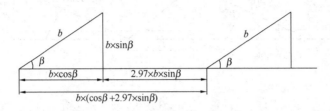

图 7-23    北京地区光伏阵列间距计算示意图

图 7-24 为我国代表性城市光伏阵列在无遮挡安装时占地率随倾斜角变化的示意图。在同一城市，随着倾斜角升高，光伏组件占地率先升高后降低。而城市纬度越高，占地率随着倾斜角升高越快。在北京地区，光伏组件以南向 35°倾角安装时单位面积发电量最大，为 1208kWh/kW，然而考虑到组件间距，以最佳倾斜安装时单位屋顶面积发电量比水平安装光伏组件时的单位屋顶面积发电量低。因此，采用最佳倾斜角安装光伏组件和采用水平安装光伏组件可以产生不同的经济效益。对于屋顶面积比较紧缺、并且对初投资不是很敏感，但是对光伏发电量占比有要求的项目，可以采用水平安装光伏组件，最大化利用占地面积，从而实现单位占地面积

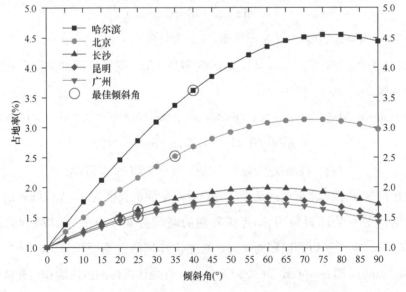

图 7-24    我国代表性城市光伏组件占地率随倾斜角变化示意图

光伏发电量最大。而对于屋顶面积充裕并且对投资性价比要求高的项目，可以采用最佳倾斜角安装光伏组件，虽然单位屋顶面积光伏发电量较低，但是单位面积光伏组件的发电量相比其他安装方式要高，投资收益最大。

　　高纬度地区，若光伏组件以最佳倾斜角安装并且确保前后排阵列无遮挡发生，则光伏组件占地率较大，若允许光伏组件在部分时间有遮挡，则可以增加光伏装机容量，提高屋顶面积利用率，使单位屋顶面积下的光伏总发电量最大化。也就是说，在无遮挡条件下光伏阵列需要的间距较大，而相同屋顶面积下，间距越大可以安装的光伏组件数量就会减少，因此可以适当缩小光伏安装间距，增加光伏系统装机容量以提高光伏总发电量。假设在北京市某屋顶上按南向最佳倾斜角安装数排大小为 1.65m×1m，发电量为 320W 的光伏组件，光伏组件短边与地面平行安装，组件长边为 1.65m，最高点离地 0.95m，那么在不同安装间距下光伏组件的单位功率发电量和单位屋顶面积发电量如图 7-25 所示。可以看出当光伏阵列相对间距较小时，由于遮挡严重，光伏系统发电量较小，单位屋顶面积发电量也较小；而当光伏阵列相对间距较大时，光伏组件单位功率发电量较大，单位屋顶面积发电量较小，且相对间距超过 2m 以后，单位功率组件的发电量增大缓慢，而单位屋顶面积的发电量减小较快。虽然光伏阵列相对间距超过 1.6m 后，以最佳倾斜角安装的光伏组件单位功率发电量超过水平安装的光伏组件的单位功率发电量，但是以最佳倾

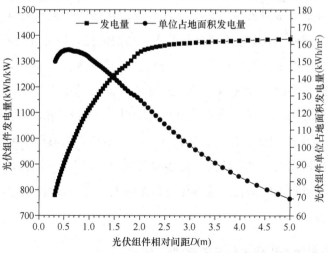

图 7-25　北京地区光伏组件按南向最佳倾斜角安装时在不同相对
间距条件下单位功率发电量与单位屋顶面积发电量对比

斜角安装的光伏组件的单位屋顶面积发电量始终低于水平安装下的单位屋顶面积发电量。因此在此屋顶上安装光伏组件时，可以有如下两种选择参考：①光伏组件以南向最佳倾斜角安装，在保证冬至日 9：00～15：00 无遮挡情况下，光伏组件占地率为 2.52，组件相对间距为 2.82m，此时光伏组件单位功率发电量为 1368kWh/kW，单位屋顶面积的发电量为 105kWh/m²；②光伏组件水平安装，光伏组件占地率为 1，组件相对间距为 0，此时光伏组件单位功率发电量为 1206kWh/kW，单位屋顶面积的发电量为 234kWh/m²。业主可以根据需要从两种方案中进行选择，第一种方案可以让光伏组件单位功率的发电量实现最大化，从而在不考虑屋顶租金的情况下获得最佳投资收益；第二种方案可以使单位屋顶面积的光伏发电量最高，从而最大化利用屋顶面积，使屋顶和组件的综合投资性价比更高。此外，在实际项目中，业主还可以选择以介于最佳倾斜角和水平之间的某个角度进行安装，以追求包括光伏系统和屋顶租金在内的综合效益最大化。

（4）分布式太阳能光伏综合收益有哪些

分布式太阳能光伏系统不仅可以产生电量，而且还有多方面的收益。如屋顶光伏系统和立面光伏系统，可以减少照射在建筑表面上的太阳辐射，从而降低空调能耗。而窗户作为传统建筑中建筑节能的薄弱环节，白天由窗户进入室内的太阳辐射热量和夜晚由窗户损失的热量是导致建筑能耗大的主要原因之一。采用半透明光伏幕墙具有很好的建筑节能效果：一方面，它可以通过减少室内太阳得热从而降低空调制冷负荷，并进一步降低空调系统设备容量，从而实现更大程度节能。另一方面，虽然采用半透明光伏幕墙会增加一些人工照明能耗，但是可以通过调整光伏幕墙的透过率最大限度地利用自然采光，达到良好的节能效果。此外，合理设计的光伏窗可以减少眩光并改善视觉不舒适性。如图 7-26 所示中空光伏窗（左侧）最高日发电量为 2.54kWh（每平方米光伏窗 0.28kWh），单位面积光伏窗全年可以产生 60kWh 电力。同时，相比于右侧中空 Low-e 窗，中空光伏窗全年可以减少 11.6% 的空调能耗，并可将天然采光眩光可能性降低到 0.35 以下。因此，半透明光伏幕墙不仅节能，而且可以营造良好的热环境和光环境，是未来很有潜力的一种建筑光伏一体化技术。

### 7.2.4　分布式太阳能光伏运营模式

建筑分布式光伏的利益相关方主要包括光伏投资运维方、供电公司、电力用

图 7-26　中空光伏窗与中空 Low-e 窗

户、屋顶所有者和政府主管部门，如图 7-27 所示。对于光伏投资运维方而言，它可以通过向供电公司和电力用户售电获得收益，在有补贴政策的地区中光伏投资运维方还能在有效时间内获取发电补贴，与此同时由于占用了建筑屋顶资源所以光伏投资运维方还需要支付给屋顶所有者一定的租赁费用。对于电力用户而言，它可以分别从供电公司和光伏投资运维方获得电力，同时分别支付相应的电费。当然，实际中电力用户、屋顶所有者、光伏投资运维方不一定是三个独立的主体，可能存在身份重叠的现象。

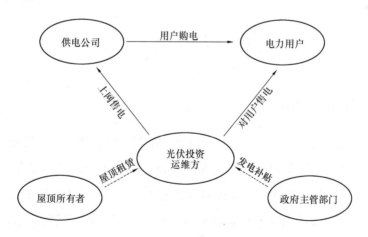

图 7-27　建筑光伏的利益相关方

　　基于这样的利益关系，分布式光伏在实际应用中可能形成多种商业模式。例如业主自投自用模式。这种模式对于拥有整栋建筑所有权的业主，可以自己投资在自家屋顶安装光伏，同时光伏发电优先给自家使用，抵消等额的外购电量，从而获得节省电费收益。当然，余电还可以上网获得售电收益，光伏发电还能获得发电补贴。再如合同能源管理模式。这种模式中建筑业主可以请能源服务公司负责投资、建设、管理、维护和运营分布式光伏系统，建筑业主可以从能源服务公司获得价格便宜的电力，从而节省电费，同时还可能从屋顶租赁中获得另一部分收益；而能源服务公司则可以从对用户售电、余电上网和发电补贴中获得收益，以回收光伏投资运维费用和屋顶租赁费用。此外还有屋顶租赁光伏电站模式。这种模式，建筑业主仅把房屋屋顶租赁给光伏投资运维公司，获取房屋租赁收益；而光伏投资运维公司将光伏发电全额上网，获取售电收益。各式各样的商业模式调动了建筑业主和社会资本的积极性，促进了分布式光伏的落地推广。

目前，建筑分布式光伏多应用于工业厂房、大型公共建筑和自有房屋，在多层和高层一栋多户的商品房住宅中应用较少。这一方面与居民电价较低有关，分布式光伏为居民节省电费的吸引力不足。另一方面还与居民住宅屋顶产权关系不清和利益相关主体数量多有关，尤其是高层住宅，为了让众多业主和物业公司同意安装光伏且处理好收益分配所需开展的协调工作量大、难度高，传统的分布式光伏商业模式难以推行。因此，要想推进城镇住宅建筑的分布式光伏建设和就近利用必须要有商业模式创新和政府引导。

## 7.3  社区充电桩全面普及

### 7.3.1  电动汽车发展背景

为适应能源结构的低碳转型、减少城市汽车大气污染物排放，新能源汽车是未来的重要发展趋势。根据中国汽车工程学会公布的数据，2019年全年新能源汽车销量达到120.6万辆，新能源汽车保有量超过380万辆。虽然在补贴退坡政策下新能汽车产销量要想维持高速增长将面临较大压力，但是在大气污染治理、能源转型、基础设施建设等多重因素驱动下，新能源汽车的发展前景仍然可期。据国务院办公厅发布的《新能源汽车产业发展规划（2021—2035年）》，到2025年新能源汽车新车销售量达到汽车新车销售总量的20%左右，纯电动乘用车新车平均电耗降至12.0kWh/百公里。电动汽车在目前新能源汽车中数量占比最大，而且经过多年推广后电动汽车也逐渐从公交车、出租车向私家车普及，势必会对城市居民的未来生活出行方式产生深远影响。

　　从能源系统角度，电动汽车的推广需要新建大量的充电桩，这一方面会导致电网的峰值负荷增加；另一方面还使城市住宅、办公、商业等片区的配电网面临超载风险。即使电网公司可能通过配电网增容消除超载风险和安全隐患，但是高额改造投资和进一步降低的设施利用率也将导致更高的城市电网输配电成本，影响城市电价。因此，如何减轻电动车数量增长对城市配电网的影响，甚至发挥电动车的储能特性实现与城市电网的能源协同，是电动汽车未来发展的关键问题。为促进电动汽车和城市电力系统的发展协同，有序充电和双向充放电（BVB）等电动汽车新型充电技术正在加紧发展和试验❶。

　　1）电动车有序充电技术。该技术充分考虑用户的用车需求和电网负荷状态等因素，智能控制电动车的充电功率和时间，既能保障配电网安全，又能降低用户充电成本。北京国网公司海淀西八里社区的有序充电试点建设了 30 个有序控制的 7kW 交流充电桩，通过智慧能源服务系统对小区配电网容量进行实时监测，根据小区用电负荷高低控制调整充电桩的输出功率。在对全部电动车进行有效充电时，小区峰谷负荷差降低幅度达 58％，有效实现了削峰填谷，同时也延缓变压器增容投资。

　　2）电动车双向充放电技术（BVB）。电动车除了有序地充电外还可以有序地放电，在保证用户用车需求的前提下，将部分电池电量反馈给配电网。在馈电模式下，电动车作为分布式电源，一方面可以为配电网提供调峰、调频等辅助服务，提高配电网的安全可靠性；另一方面还可以作为备用电源，在电网故障时为重要设施提供一定的电力保障。由于双向充放电模式会导致电池充放电次数增加，增加电池损耗，因此这方面的示范项目相对较少。北京人济大厦则其中的试点之一，其夜间谷时段电动车充电填谷、日间峰时段通过电动车放电来削峰，有效延缓了配网增容，提高了变压器负载率。

　　从建筑电气化角度，电动汽车发展与建筑配电网的升级有着紧密关联。建筑与电动车往往共用小区变压器和配电网。汽车服务于人的出行，绝大多数时间中电动

---

❶　薛露露，夏俊荣，禹如杰等. 新能源汽车如何更友好地接入电网［M/OL］. http://wri.org.cn.

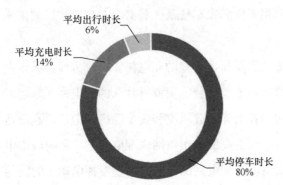

图 7-28    北京私家车日平均停车、行驶和
充电时间分布

数据来源：新能源汽车国家监测与管理中心 2018 年
统一数据。

汽车的停靠车位都位于住宅、办公、商业等建筑的周边，如图 7-28 所示，电动汽车与该区域的建筑共用一个变电站，甚至同一套配电网，因此电动汽车的充放电与建筑用能存在着高度耦合的关系。电动汽车的有序充电和双向充放电都可以与建筑用电负荷协同，根据建筑用电负荷的高低通过充电填谷、放电削峰，保障用电安全、延缓配网增容、提高利用效率。与此同时，建筑需求响应技术的发展，即挖掘空调、分布式能源、分布式储能等建筑内部设备的需求响应潜力，可以提高建筑用电负荷的灵活性。由灵活的建筑用电负荷和智能的电动车充放电共同构成的未来城市电力系统的终端节点，对于提高电网的可靠性和经济性、提升供电质量和服务水平都有重要作用。

此外，建筑还可以是退役电池做储能设施的应用场景。随着分布式光伏在建筑中的普及以及建筑自身对可靠性的需求，分布式蓄电池应用于建筑将发挥重要作用。但是，按照目前电池成本，要想采用新电池做建筑储能要想通过调峰获取收益，峰谷电价差至少在 1 元以上，绝大多数地区的电价政策均不能满足该需求。采用分布式蓄电池实现削峰填谷的技术还有赖于电池成本的进一步下降。而电动车电池使用一段时间、损耗达到一定程度后需要作退役处理。通过梯级利用电动车电池，可以延长电池的有效利用寿命、降低储能投资成本，提高储能经济性。考虑到电动汽车电池退役潮的即将到来，使用梯级利用电动汽车电池作为建筑分布式储能的电池将会是降低建筑储能成本、提高经济性的途径之一。当然，由于场景的转变，对蓄电池要求也随之发生改变，建筑更加注重电池的安全性和充放电效率，反而对能量密度要求不高，因此如何将电动汽车电池梯级利用到建筑中还需要开展全面深入的研究。

## 7.3.2    引导电动车充电回归社区

充电桩是电动汽车发展的基础设施。"十三五"期间，国家有关部门出台了一系列促进电动汽车充电桩发展的政策文件，如表 7-4 所示。其中，《电动汽车充电基础设施发展指南（2015—2020 年）》明确了到 2020 年新增集中式充换电站超过 1.2 万座，分散式充电桩超过 480 万个，以满足全国 500 万辆电动汽车充电需求的总体目标。但是，截至 2019 年我国充电基础设施保有量为 92.1 万个，车桩比为 3.6：1，在北京、上海等充电桩保有量较多的城市其车桩比分别为 1.5：1 和 1.1：1，距离预期目标还有一定差距。未来，作为新型城市基础设施的七大领域之一，结合国家能源转型和大气污染治理战略，势必维持高速增长的态势。

充电桩相关政策 表 7-4

| 年份 | 部门 | 政策文件 |
|---|---|---|
| 2015 | 国务院办公厅 | 《关于加快电动汽车充电基础设施建设的指导意见》 |
| 2015 | 发展改革委、工业和信息化部、住房和城乡建设部等 | 《电动汽车充电基础设施发展指南（2015—2020）》 |
| 2016 | 财政部、科技部、发展改革委等 | 《关于"十三五"新能源汽车充电基础设施奖励政策及加强新能源汽车推广应用的通知》 |
| 2016 | 发展改革委、工业和信息化部、住房和城乡建设部等 | 《加快居民区电动汽车充电基础设施建设的通知》 |
| 2017 | 国资委、国管局、能源局等 | 《关于加快单位内部电动汽车充电基础设施建设的通知》 |
| 2019 | 财政部 | 《关于进一步完善新能源汽车推广应用财政补贴政策的通知》 |

住宅小区的充电桩建设始终面临较大阻力。尤其在大城市的住宅小区，车位紧张导致很多电动车车主没有固定车位，无法随车配建充电桩，只能寄希望于在小区内建立公共充电桩。然而，对于充电基础设施运营商而言，住宅小区安的充电桩对外开放程度不高，而且由于物业疏于管理充电车位还常常被油车所占用，公共充电桩的实际利用率低，投资经济效益不佳。对于物业公司而言，住宅小区的充电桩增加了物业的管理协调难度，还没有获得直接经济效益，因此物业对于充电桩建设和管理的积极性也不高。对于电动车车主而言，既要面临停车费、服务费、高价电费（很多充电基础设施选择与场地物业合作，没有单独报装，因此用电属于商业用电）等诸多费用，在充电桩数量较少时还难以获得充电车位，因此也不愿意使用小区的公共充电桩。而且，电动车车主越不愿意在小区公共充电桩充电，其利用率越低，

经济性越差，未来资本投入的积极性也就越低。当前的市场模式无法普及住宅小区公共充电桩，反而会引导电动车充电向集中充电站聚集。

电动汽车是未来电力系统中难得的柔性负载乃至蓄电资源，而且日常使用中超过 80％的时间处于停车状态，因此随时随地能够接入电网充电才是电动车的理想使用方式。如果未来普遍形成去集中充电站充电的习惯，有限的充电时间根本无法发挥电动汽车的灵活性，而且为减少用户的充电次数和充电时间，大电池容量和大充电功率始终会是电动车不懈追求的性能指标，不仅无法帮助消纳可再生能源，反而增大电网增容压力和调峰难度。所以，如何引导电动车充电回归社区是未来电动车发展的关键问题，这不仅需要有序充电、BVB 等技术的发展，更需要政策机制和商业模式的创新。

发展免费的光伏充电可能是引导电动车充电回归社区的可行模式。目前建筑配电设备利用率不到 20％，年用电量÷建筑入口配电容量仅为 500～1600h，现有配电容量充分有序利用，是电动车充电桩回归社区的很好的技术条件。同时住宅小区还可以充分利用屋顶和外立面配置光伏，光伏所发电量免费供给充电桩的电动车。按照一年行驶 1 万 km 计算，家用小汽车一年所需充电量约 1700kWh，与 8m² 的太阳能板年发电量相当，再考虑到其电池储能能力，电动汽车充电是消纳建筑光伏发电量的有效途径。光伏发电免费充的模式一方面避免了与众多业主的利益纠纷，降低计量成本；另一方面，利用"不充白不充"的心理鼓励车主主动积极地把电动汽车连接电网，为电力系统提供了大量的蓄电池资源。通过推广这种模式，逐渐形成光伏充电免费的文化，对于能源结构转型和电动车发展都有重要意义。

# 7.4　住宅用电直流化

## 7.4.1　直流建筑走进生活

随着建筑中电源和负载的直流化程度越来越高，直流供配电可能是一种更合理的形式。电源侧的分布式光伏、储能电池等普遍输出直流电。用电设备中传统照明灯具正逐渐被 LED 替代，空调、水泵等电机设备也更多考虑变频的需求，此外还有各式各样的数字设备，都是直流负载。建筑内部改用直流供配电网，可以取消直流设备与配电网之间的交直变换环节，同时放开供配电系统对电压和频率的限制，从而展现出能效提升、可靠性提高、变换器成本降低、设备并离网和电力平衡控制更加简单等诸多优势。

直流建筑的供配电系统结构如图 7-29 所示，建筑入口处设有 AC/DC 整流器，其将外电网的交流电整流为直流电为建筑供电，或者在建筑电力富余时将直流电逆变为交流电对外电网供电。而建筑内部通过直流电配电网与所有电源和电器（设备）连接。当电源或电器（设备）的电压等级与配电网电压等级不同时，需设置 DC/DC 变压器。

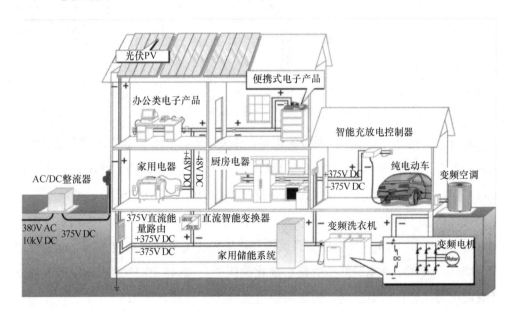

图 7-29　建筑直流供配电系统

早在 21 世纪初就已经有学者意识到可再生能源和电气直流化的发展趋势，提出了将直流微网技术应用于建筑场景。直到今天，建筑低压直流供配电技术在国内外已经有了大量的研究。据不完全统计，国内外实际建成运行的直流建筑项目已有二十余个，如图 7-30 所示，涵盖了办公、校园、住宅和厂房等多个建筑类型，配电容量在 300～10kW 之间。例如 2007 年美国弗吉尼亚理工大学的"Sustainable Building Initiative（SBI）"研究计划提出采用 DC380V 和 DC24V 两个电压等级的直流母线为未来住宅和楼宇提供电力。荷兰和日本等国家也针对住宅建筑提出了不同形态的直流系统，其中日本大阪大学 2006 年提出了一种双极 ±170V 直流微电网系统，在直流母线上通过 DC/DC 变换器接入超级电容器、光伏电池等分布式电源，直流母线通过单相逆变器接入单相交流负载。整体来说，借鉴舰船、航空等专用直流系统的经验，前期研究基本上证明了直流在建筑中应用已基本具备可行性。

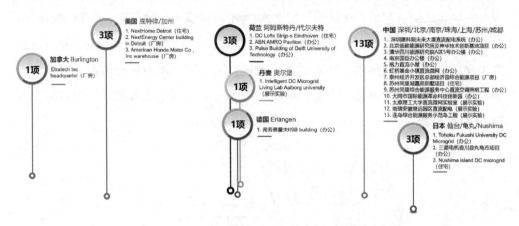

图 7-30　建筑低压直流供配电系统案例

　　随着直流建筑研究和示范项目的积累，相关国际标准组织也已开展直流系统的标准化工作。例如国际电工委员会（IEC）于 2009 年正式启动了低压直流相关标准化工作，先后成立了低压直流配电系统战略组（IEC/SMB/SG4）、低压直流配电系统评估组（IEC/SEG4），并于 2017 年成立了低压直流及其电力应用系统委员会（IEC SyC LVDC）。2018 年 6 月德国电气工程、电子和信息技术行业标准化组织（DKE）发布了"德国低压直流标准化路线图"。2018 年 11 月 IEEE-PES 成立了直流电力系统技术委员会，旨在搭建直流电力系统技术领域的国际信息互通平台，推动直流电力系统技术领域的快速健康发展，促进直流电力系统技术以及产业的支撑配套。

　　未来随着"光"和"储"和直流用电设备越来越多在建筑中应用，低压直流配电技术将在建筑中得到持续关注和研究；同时随着标准的建立和更多家电设备企业的参与，建筑低压直流配电的可推广性也会逐渐增强。根据直流建筑联盟发布的《直流建筑发展路线图 2020—2030 年》，到 2030 年直流供配电技术将涉及每年 7000 亿的市场规模。

### 7.4.2　住宅中的光储直柔

在能源结构转型的趋势下，建筑供配电系统逐渐呈现出几点新的特征——光、储、直、柔。其中"光"指的是分布式建筑外表面或者周边场地的分布式光伏，是建筑普遍能够获得的零碳电力；在住宅建筑中，生活热水、炊事、分散供暖的电气化和电动汽车充电桩的发展导致用电量迅速增长。充分利用住宅建筑的外表面安装光伏不仅可以减缓用电量增长，对于楼层数不高的建筑甚至可以降低用电量，是建筑节能减碳的重要途径。

"储"指的是建筑内储能，是转移用能负荷、实现削峰填谷的基础能力，可以有效提高光伏的自发自用率。建筑储能既包括蓄冷蓄热，也包括蓄电，有些是建筑本来就有的，有些需要后期投资增加。在住宅建筑当中，围护结构热惯性是空调系统可以利用的储能能力，短时间的关闭空调或调整空调输出功率并不会显著影响室内环境温度，因此空调系统可以在不影响用户舒适度的前提下调节电力负荷。具有蓄热水箱的电热水器和自带移动电池的电动汽车可以智能调节加热或者充电时间和功率，错峰用电。此外，为进一步增强建筑的储能能力，还可以主动增加蓄电池装置或者蓄冷蓄热装置。

"直"指低压直流配电系统，灵活高效地连接光伏、蓄电池、电动车以及建筑内的直流设备。相较于历经百年发展的交流系统，直流在建筑中还是新兴技术。目前大多数直流建筑工程针对办公建筑和数据机房、照明系统等开展应用，居住建筑直流化已经逐渐走进我们。建筑屋顶光伏为直流电源，电动汽车充电桩也可作为直流负载，小区景观照明和公区照明如果采用 LED 灯具那么也会是直流负载，还有安防等智能化。实现住户家里的直流化前，可先从公区设施尤其是新增设施的直流化开始，比如住宅小区的直流化可以从光伏、充电桩、公区照明和储能开始，逐步扩大到公共区的其他负载，最后再逐步覆盖户内家电。相较于既有小区改造，在新建小区考虑建设直流配电系统可以避免替代成本，可以先行先试。

"柔"指的是建筑电器的功率调节能力，既能满足建筑用户的使用需求，又能提高供电的可靠性和经济性。具有柔性调节能力的电气设备除了上面提到的基于储能的空调、电热水器和电动汽车充电桩外，洗衣机、洗碗机等智能设备在非急用的情况下也可以通过延迟启动来避开用电高峰，甚至照明系统从技术上也可以考虑在用电高峰时段降低室内照度等级而降低照明功率。这些设备或是可以转移用电负荷，或是可以削减用电负荷，从而改变建筑的负荷规律，协调可再生能源波动性和建筑用户需求的关系。

"光储直柔"四者密切关联、协同发展，低压直流配电系统既方便了光伏和蓄电池（包括电动车）的接入，还有利于实现柔性调节。在直流微电网中基于直流母线电压的能量平衡控制策略被广泛研究和应用，这种技术同样也可以用在建筑直流配电系统中。直流建筑的母线电压可以在较大范围的电压带内变化，而不限于额定电压值的±5％。因此，直流建筑可以控制 AC-DC 控制母线电压，使直流母线电压高低反映实时的电力供需平衡；与此同时，接入建筑直流网的电源设备和负载设备可以据此调节自身功率大小，从而实现不依赖通信的分布式需求侧响应控制。

# 7.5  住宅节能两个问题的探讨

## 7.5.1  电网友好型的零能耗住宅

在城镇化快速发展阶段，我国人民生活水平大幅提升，第三产业蓬勃发展。从 2001 年到 2018 年城镇居民消费支出增长了 4 倍，城镇每百户空调拥有量增长了 3 倍，第三产业 GDP 增长了 9 倍。然而，城镇人均建筑能耗强度从 0.54tce/人增长到 0.94tce/人，仅增长 60％；城镇建筑单位面积能耗仅从 18.9kgce/m² 增长到 21.1kgce/m²，仅增长 12％。相比之下，建筑能耗强度的"缓慢"增长反映了建筑节能工作的显著成效。

然而，随着建筑节能的纵深发展，其关注点也在悄然发生着变化。随着新增智能化等电器设备的增加和供暖空调能耗的显著下降，建筑能耗中供暖空调能耗所占的比例总体呈下降趋势。建筑用能结构中电的比例不断上升，而且在建筑电气化和碳中和目标的实现过程中，电的比例将进一步提高。建筑节能面临挑战一方面是电量总量的增加，更重要的是考虑负荷规律和峰值。以零能耗建筑为例，按照通常的理解当年光伏发电量等于年用电量时，即为零能耗建筑，但由于光伏发电与负荷需求时间不同步，在不采用储能技术的情况下，仍需要从电网购买 70％的电量，如图 7-31 所示。上述这些问题的根源在于峰值负荷增长过快和发用电曲线不匹配，是用电负荷（kW/m²）的问题而不只是用电量（kWh/m²）的问题。可见这样的零能耗并不是我们期望的零能耗，从电网的角度也不是好的选择。

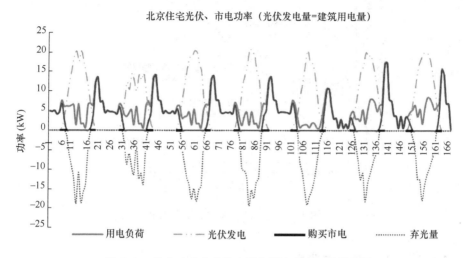

北京住宅光伏、市电功率（光伏发电量=建筑用电量）

——— 用电负荷　　 ─·─·─ 光伏发电　　 ━━━ 购买市电　　 ········ 弃光量

图 7-31　住宅建筑光伏发电量与用电量的时序关系

研究建筑的需求侧响应技术、增加建筑的储能能力、宣传低碳建筑的用电习惯，使建筑用电需求从"用户用多少，电网保多少"的刚性转变"用户电网二者相协调"的柔性，才是降低峰值负荷以实现电网供配电设施的投资节省和利用率提升、增强负荷灵活调节能力以促进可再生能源的电网集中接入和建筑分布式开发的有效途径。建筑节能技术路径将从单一的能效维度拓展为能效和电网互动性的两个维度。建筑节能技术将会从单纯的能效提升技术和需求响应技术开始，结合节能措施的技术、结合需求响应的能效提升技术等，并进一步融合形成分布式能源集成利用技术和电网友好型建筑技术（Grid Efficiency Building），如图 7-32 所示。

随着分布式建筑电源和柔性建筑用电负荷的发展，城市电网的形式也会从以集中为主的形式向集中与分散并存的形式转变。建筑配电网的电流方向从单向流动向局部双向流动转变，分布式蓄电池（包括电动车）可以从不同节点接入建筑配电网，双向充放电；建筑也可以实现与电网的双向交互。建筑之于电网已不限于是消费者，还可以是生产者，必要时甚至可以离网独立运行。在传统大型集中电厂（能源基地）和长输通道构成的基本格局上，越来越多的建筑将转变为"虚拟电厂"，提高可再生能源比例和电网可靠性，促进城市能源结构的低碳转型和建筑、工业、交通的电气化协同发展。

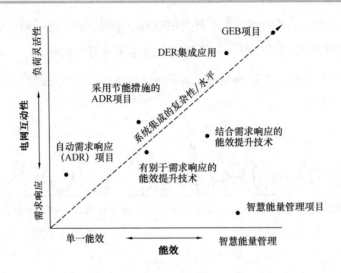

图 7-32　建筑节能路径的二维分析

### 7.5.2　住宅智能化与节能

事实上数字化和信息化在我们生活中已无处不在。根据 IEA 对数字设备的增长统计，2015 年至 2018 年，全球数字设备数量从 155 亿件增至 200 亿件，每年约 8% 的增长远高于全球人口增长或经济增长速度。更快速的连接和越来越多的数字设备，包括用于视频监控、医疗监控、运输、包裹或资产跟踪的智能电表和设备等，同时也促进了智能化的发展，带给人们更方便快捷的生活体验和工作便利。未来随着 5G 和 IoT 技术的发展和普及，数字化、信息化和智能化技术将渗透到我们活动的方方面面。

智能化在开始的时候确实带给过我们烦恼。比如，我们入住酒店刚推开房门的时候，窗帘总是自动打开或者关上，还有一套语音系统不管用户的喜好，会自动重复，甚至在浴室会被突然响起的音乐所吓到等。智能化要与人的自主性相辅相成，并赋予使用者更多的自主权和实现路径。

事实上智能化带给我们更多的是便捷。关于智能化，每个人都有自己的理解。比如：早晨起来的时候鸡蛋自动蒸好，室内温度高的时候空调自动开启，开窗的时候空调自动关闭，晚上我们回家后灯自动亮起，灯光氛围可以根据我们的心情自动调整，准备睡觉的时候灯自动关了、空调温度与风速进入睡眠状态，甚至识别到电器待机时自动断电等。这些功能的实现可以依靠各种传感器，也可以依靠智能语音，甚至通过我们表情识别等，或多或少我们每个人都在经历并体验着科技的力量。

智能化同时给我们带来很好的节能效果。空调开一小时大约 1 度电，电热水器如果一直通电一天大约 2～3 度电，冰箱一天 0.5～1 度电，电马桶圈一天要 1 度电，烘干机一次要 1 度电，洗一次衣服要 0.5 度电，电视待机一天 0.1 度电。正是这每一度电的累计，每户一年的用电量平均约为 2000～3000 度。智能化如何能节能呢？比如我们装在电热水器插座上的智能插座，根据使用习惯设定通断时间，每年热水器的用电量能从 1000 度电以上下降到 500 度电左右；装在电马桶圈插座上的智能插座，每年马桶圈的用电量能从 300 度电下降到 30 度电等。

对于未来生活，我们有着各种美好的憧憬。我们希望住着舒适的房子，呼吸到清洁的空气，喝到洁净的水，过着健康的生活……这是我们共同的愿望。当我们的屋顶更多地用上"光伏蓝"，当我们的汽车更多的是电动车，当我们不是为省钱而是时尚地去节约每一度电……这样的一天近在咫尺。光储直柔等科学技术的进步已使我们有了更多的可能性，在实现我们对于未来憧憬的同时，共同守护这个美丽的地球。